生物多样性 100 +
全球案例集

中华环境保护基金会
深圳市桃花源生态保护基金会
北京市海淀区山水自然保护中心
北京市朝阳区永续全球环境研究所
编

中国环境出版集团 · 北京

图书在版编目（CIP）数据

生物多样性 100+全球案例集/中华环境保护基金会等编.
—北京：中国环境出版集团，2022.9
ISBN 978-7-5111-5320-3

Ⅰ. ①生… Ⅱ. ①中… Ⅲ. ①生物多样性－案例－世界
Ⅳ. ①Q16

中国版本图书馆 CIP 数据核字（2022）第 167231 号

出 版 人　武德凯
责任编辑　张　颖
封面设计　宋　瑞

出版发行　中国环境出版集团
（100062　北京市东城区广渠门内大街 16 号）
网　　址：http://www.cesp.com.cn
电子邮箱：bjgl@cesp.com.cn
联系电话：010-67112765（编辑管理部）
发行热线：010-67125803，010-67113405（传真）

印　　刷　北京鑫益晖印刷有限公司
经　　销　各地新华书店
版　　次　2022 年 9 月第 1 版
印　　次　2022 年 9 月第 1 次印刷
开　　本　787×960　1/16
印　　张　27
字　　数　452 千字
定　　价　183.00 元

编写委员会

主　　编：徐光、吕植、张爽

副 主 编：房志、马剑、龙庆刚、沈卫群

编　　著：中华环境保护基金会
深圳市桃花源生态保护基金会
北京市海淀区山水自然保护中心
北京市朝阳区永续全球环境研究所

顾　　问：杨锐、朱春全、张颖溢、康蔼黎、Terry Townshend、王伟、杨方义、李健、王利兵

编　　委：史湘莹、刘辉、张瑞、徐婷、陈红、彭奎

文稿编写：冯琛、王怡了、刘馨浓、唐玲、崔天也、窦瑞、Jenny Crockett、Oliver R. Wearn、孟吉、韦晔、王岭、邹长新、仇洁、居·扎西桑俄、刘之秋、钱海源、Justine Shanti Alexander、Benjamin Loloju、尹淑冰、关磊、Noam Weiss、任毅、吴其江、Javier A. Arata、初雯雯、袁田、芦昱、郑岚、Achim Hertzke、余惠玲、李潜、何礼文、张继达、彭文洁、刘蓓蓓、张晓川、侯远青、蒋博雅、彭海波、刘煜杰、韦铭、胡衡、Nicholas Anthony Owen Hill、David Obura、邓高寒、Sophie Maxwell、孙胤睿、郑锐强、黄红、鲍沙沙、李彬彬、余辰星、刘熠、王倩、陈韵竹、董亦非、尹杭、于倩、王放、陈涓玲、Achmad Ariefiandy、杨晓君、萧今、兰科其、兰珍

珍、Win Maung、余彪、木文川、黄文彬、梁云、俄项、Imanul Huda、刘德天、Qurbonidin Alamshoev、王晓萌、秦艺源、Briana Okuno、陈智卿、程琛、苏贤文、贺献林、冯育青、马尧、Eric Hammond、罗易、刘观锡、张菁华、高瑞睿、刘怡、Simona D'Amico、拱子凌、Enkhtuvshin Shiilegdamba、刘云帆、黄亚慧、张文婷、桑杰、Riza Aditya、王鑫一、Márcia Soares、窦虹、黄硕、Hem Baral、王昭荣、陈辈乐

序 言

实现人与自然和谐共生是生物多样性保护和生态文明的核心，也是《生物多样性公约》2050 年愿景，与人类命运共同体理念一脉相承。

然而直到今日，全球生物多样性仍不断丧失。世界自然基金会（WWF）发布的《地球生命力报告 2020》指出，1970—2016 年全球监测到的哺乳类、鸟类、两栖类、爬行类和鱼类物种种群规模平均下降了 68%，其中，淡水物种种群规模平均下降比例达 84%，2000—2018 年，物种栖息地指数下降 2%。报告还指出，全球平均生物多样性完整指数为 79%，远低于安全下限值 90%，并且该指数仍在不断下降。生物多样性和生态系统服务政府间科学政策平台（IPBES）的分析表明，地球生态系统衰退的直接驱动因素主要是土地和海洋利用的变化和自然资源的直接消耗，这两项影响占比超过了 50%。

扭转生物多样性下降趋势是人类的共同目标，这一目标的公共性决定其实现需要全社会的参与，并需要形成全民保护的局面。包括社会组织在内的非国家主体多年来通过多种形式的保护试验、实践和示范，为生物多样性保护的新思路和新方法提供了有益的借鉴和依据，也为日益高涨的公众参与提供了平台和桥梁。

为呈现全球范围生物多样性保护工作、案例和模式，展现各国非国家主体在生物多样性保护领域的努力和决心，由联合国《生物多样性公约》秘书处、《生物多样性公约》第十五次缔约方大会筹备工作执行委员会办公室指导，中华环境保护基金会、深圳市桃花源生态保护基金会主办了“生物多样性 100+案例”全球征集活动。活动征集全球由社会组织发起或参与实施的生物多样性保护案例，从来自七大洲 26 个国家 196 个单位申报的 258 个案例中评选出 108 个典型案例，其中约 80%的案例来自中国，其他则来自 20 余个国家及跨区域合作的组织。这些案例中的保护行动按照保护模式分为十大类，将在书中逐一呈现。

在这些案例中，一半是就地保护行动案例，既有针对哺乳动物、植物等物种的保护行动，也有针对森林、草原、干旱地区、湿地和海洋生态系统的保护行动；另一半是其他各类保护模式的案例，包括法律途径、公众参与和网络、传播倡导和教育、政策制定及实施、资金支持机制、技术创新与数据工具、生物多样性可持续利用、遗传资源惠益分享以及传统知识案例。在提交案例的全部主体中，社会组织占50%，企业占20%，政府部门、事业单位和学校等的占比为20%，还有10%的案例主体是乡村、城市社区及个人，这充分展示了生物多样性保护多方参与的特点。

为了呼应《生物多样性公约》缔约方大会第十五次会议“2020年后全球生物多样性框架”的建议结构，我们将案例也相应归纳为3个部分：减少对生物多样性的威胁，通过可持续利用和惠益分享满足人们的需求，实施主流化工具和解决办法。

在减少生物多样性威胁方面：我国生态保护红线这样的顶层空间规划，增强了生态系统的完整性保护，确保生物多样性的重点区域处于综合生物多样性包容性空间规划之下；非洲拯救大象协会的保护动物廊道缓解了“人象冲突”；越南北部的濒危灵长类动物栖息地保护以及盐城黄海湿地世界自然遗产地生态恢复等案例均减少生物多样性威胁。

在通过可持续利用和惠益分享满足人们的需求方面：社区保护、替代生计等展现了丰富的可持续发展方式，如北京大学校园自然保护小区、会呼吸的城市社区生态系统——乐颐生境花园等城市社区案例，为人口稠密地区的生物多样性保护和利用提供参考；大熊猫国家公园内的平武县关坝村，在保护当地社区传统可持续利用方式的同时，实现社区从蜜蜂养殖和自然教育中受益；海岸4C有限公司在菲律宾建立社区海洋保护区、推广再生海藻养殖，在促进栖息地恢复的同时，使社区增收。

在实施主流化工具和解决办法方面：北京市朝阳区自然之友环境研究所的中国绿孔雀栖息地保护行动、巴西的保护亚马孙雨林案以及比利时走私受保护鸟类案等案例突显公益诉讼在生物保护方面的重要作用；澳大利亚新南威尔士州规划、工业和环境部推出的“拯救物种计划”，通过物种信息库、空间建模评估和资金支持等技术和手段从政策层面推动全州的保护行动；联合国开发计划署的“生物多样性实验室”、微软（中国）有限公司的“人工智能予力生物多样性保护”、深圳市腾讯计算机系统有限公司的“企鹅爱地球”等科技手段的运用，使自然保护更为可视化和智能化。

同时，案例也提供了许多创新示范。苏格兰的阿伦海底信托社区通过科学研究、公民科学等方式，增强对海底栖息地的保护，成功建立海洋禁渔区，并不断扩展。蚂蚁集团创立的“蚂蚁森林”项目，通过互联网将保护地的动植物和一线保护者呈现在公众面前，公众可以通过绿色出行等低碳生活方式获得积分，并以此申请在荒漠区种树或在保护地认领一平方米的保护地，2016—2021 年来累积种树 3.26 亿棵，参与人数超过 1 亿人次。而在海南的长臂猿保护中，设计保护措施时考虑长臂猿习性，架设绳桥连接破碎的生境，培育长臂猿喜食的乡土树种，修复栖息地，使海南长臂猿种群数量在 2013—2021 年持续增长。

然而，与生物多样性保护的巨大需求相比，社会组织和公众参与保护的规模仍显不足，社会资金的投入仍然较少，社会组织的国际交流与合作也相对较少。具体而言，可以在以下几个方面有所改进：

对于社会组织来说，需要更多地关注海洋，以及昆虫、水生生物等关键物种的保护。目前多数案例聚焦陆地生态系统保护，海洋保护仍是一个缺乏探索的话题，如果要确立和实现更有雄心的全球保护目标，就需要更多的海洋保护实践和模式做参考。收集到的物种保护方面的案例，绝大多数都以陆生兽类为保护对象，水生生物、昆虫等关键物种缺乏应有的研究和保护行动。法律途径、遗传资源惠益分享、传统知识及技术创新等保护模式须进一步提高认识、加强实践。

从外部支持来说，我们已经看到了社会组织在生物多样性保护中发挥的重要作用和产生的价值，如华泰证券股份有限公司创立“一个长江”项目，为长江流域的诸多社会组织提供了长期的资金支持，很好地支持了多家机构的创新实践。但是也应该看到，目前社会资金对生物多样性的投入还非常欠缺，需要鼓励更多私营部门和慈善机构建立长期资金投入机制，支持社会组织开展更多的生物多样性保护行动。社会资金具有灵活性，有利于推动创新。同时，也应加强生物多样性保护相关社会组织、企业及政府部门间的合作，建立行动实践、模式研究、资助支持等多种模式的合作，形成共同保护生物多样性的合力。

最后，从案例集中，我们看到各个国家社会组织基于实际情况开展了振奋人心的保护行动。同时，社会组织应加强国际交流与合作，提升自身在 2020 年后生物多样性保护中的作用。交流是至关重要的，通过相互间经验、技术的分享，互相帮助，加深对保护路径的整体性认识和探索，突破自身的瓶颈，更好地将创新的保护实践和经验推广开来，创造出因地制宜的做法。

本书呈现了全球范围内生物多样性保护长期努力的成果，展现了各个国家和地区非国家主体在生物多样性保护领域的努力和决心。未来10年是扭转生物多样性下降趋势的关键时期，希望本书收纳、整理、总结的保护经验和模式能激发和促进更多的保护行动，助力生物多样性主流化，更好地迎来一个人与自然和谐共生的未来。

特别感谢联合国《生物多样性公约》秘书处、《生物多样性公约》第十五次缔约方大会筹备工作执行委员会办公室；感谢生态环境部自然生态保护司、国际合作司、宣传教育司对“生物多样性100+案例”全球征集活动的指导；感谢农业农村部长江流域渔政监督管理办公室、自然资源部国土空间生态修复司、国家海洋局极地考察办公室、世界自然保护联盟、中国环境报社、中国林业科学研究院、中国中医科学院中药资源中心、保护国际基金会、克莱恩斯欧洲环保协会、联合国开发计划署全球环境基金小额赠款计划、微梦创科网络科技（中国）有限公司、北京市朝阳区永续全球环境研究所的支持。本书由兴业国际信托有限公司与中华环境保护基金会合作设立的“兴慈善1号绿色慈善信托”之“生物多样性保护001号绿色慈善信托”首期产品支持出版。

本书（包括全部的资料及照片等）均由“生物多样性 100+案例”全球征集活动申报单位提供，案例的真实性、原创性，内容的准确性、合法性，以及相关资料及照片所涉权利人授权等事宜均由申报单位自行负责，并由其自行承担相关责任。若发现申报案例（包括但不限于其中的文字资料及照片）存在侵犯他人合法权益等不当行为，或拟提起权利主张的，请与申报单位联系。

因时间及专业知识有限，书中难免有疏漏或不足之处，敬请广大读者不吝赐教。

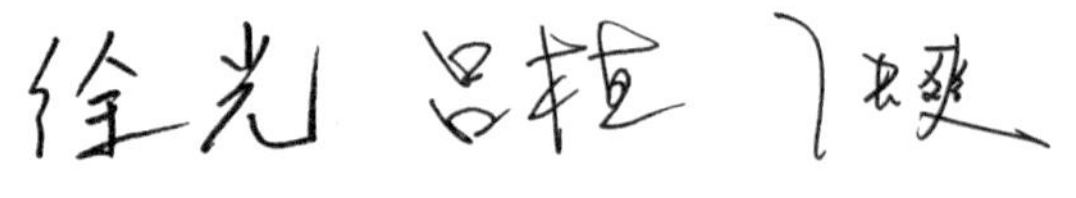

2022年4月22日

目录

第一篇　就地保护行动/1

第二篇　法律途径/183

第七篇　技术创新与数据工具/295

第八篇　生物多样性可持续利用/327

第九篇　遗传资源惠益分享/379

第一篇

就地保护行动

与虎豹同行

申报单位：中国绿化基金会
保护模式：就地保护行动　公众参与　传播倡导　生物多样性可持续利用[1]
保护对象：森林生态系统　兽类　遗传多样性
地　　点：东北虎豹国家公园
开始时间：2018年

背景介绍

东北虎（*Panthera tigris altaica*）和东北豹（*Panthera pardus orientalis*）分别被《世界自然保护联盟濒危物种红色名录》（简称 IUCN 红色名录）归为濒危（EN）和极危（CR）物种，是我国具有世界意义的两种珍稀动物。这两种动物处于食物链的顶端，是生物多样性保护的旗舰物种，它们的存在是温带森林生态系统健康的标志。在我国东北虎豹国家公园试点建设期间，连续记录到虎、豹家族，其中新生的东北虎幼崽有 12 只以上，东北豹幼崽有 11 只以上。

镇安岭村是吉林省延边朝鲜族自治州珲春市春化镇的下辖村，村子周边就是东北虎豹国家公园的核心区。随着东北虎豹国家公园建设的推进，野生动物数量快速增加，虎豹家族开始在镇安岭村周边森林定居，镇安岭村居民成为距离东北虎豹最近的人群之一，他们的日常生产生活也因此发生了前所未有的改变。村子周围森林中的梅花鹿（*Cervus nippon*）、野猪（*Sus scrofa*）等动物越来越频繁地进入农田取食，使不少村民遭受很大的损失。同时由于林下放牧、采

① “生物多样性可持续利用”一词由“2020 年后全球生物多样性框架”提出。

集等破坏动物栖息地的传统生产生活方式被禁止，村民经济收入受到影响，村民对保护虎豹行动感到不理解甚至产生抵触情绪。

红外相机拍摄的东北虎

主要活动

2018 年，中国绿化基金会发起的“与虎豹同行”项目，致力于打造环境友好型乡村社区，营建人与自然和谐共生的幸福家园。

本项目以镇安岭村为试点，采取综合措施，推动当地社区村民生计可持续发展，推动野生东北虎豹种群安全健康发展。

（1）建好“生态田”，实施生态补偿，缓解人与野生动物的矛盾

通过预估产量的方式购买被野生动物践踏的粮食作物，为村民补贴因保护虎豹造成的经济损失，从而使村民由“驱赶者”变成“饲养员”。此后又帮助村民转变生产生活方式，发展蜜蜂养殖业等绿色农业，获得可持续收入。

（2）建立村民生态巡护队，开展专业培训，提高村民生态服务技能

巡护队队长带头返回家乡，村民在中国绿化基金会的推动下很快成立了一支由当地人组成的巡护队，负责除去山林兽套，推动实现村域范围内的“零盗猎”，保护本地虎豹种群安全，为野生动物提供安全的栖息地。巡护队也负责科学采集动物粪便的工作，并将其提交科研团队，用于东北虎豹食性及遗传性的辅助分析。截至 2021 年 9 月，巡护队的巡护里程超过 10 000 千米，清理兽套 50 余个，配合科研团队安装科研设备 40 余套，开展 20 处样地调查，收集的动物粪便等科学样品超过 600 份。

（3）支持社区发展，帮助村民依托自然优势开发生态旅游项目和自然教育营地

通过支持社区发展，改善了村民居住条件，进一步增强了村民的自豪感和责任感；通过转变生产生活方式，为创造“虎豹村庄”美好幸福的生活提供了条件，促进了当地经济社会的稳定发展。

以上 3 个版块协同实施，打造了生态友好型乡村社区，营建了人与自然和谐共生的幸福家园。

主要影响力

（1）生态环境价值

本项目为虎豹和其他野生动物提供了安全的栖息地条件，增加了食草动物

种群数量，提高了食物链质量，有效促进了生态系统修复和生物多样性保护。一只定居雌虎通常需要 300 平方千米的良好栖息地，本项目覆盖了一只雌虎的定居面积，最终实现留住一个雌虎家族（约占中国当前定居雌虎家族数量的 5%）、保护其赖以生存的生态系统的目标。

巡护员正在清除兽套

测量虎豹脚印

（2）社会经济价值

本项目把生态保护与国家公园社区建设统筹结合，通过进行科研监测、组建巡护队、建好“生态田”、实施生计替代和社区自然教育等一系列措施，为当地居民提供了多形式、多融合的工作机会。

自本项目实施以来，当地的物种多样性不断提高，红外线摄像头记录的野生动物视频也引起了诸多企业和公众的关注。通过媒体采访、新媒体传播、线上活动、平台合作、项目地探访等多种途径，吸引受众群体超过 20 万人次，发展月捐、次捐的用户超过 13 万人次。

（3）创新性

生态保护和“人兽冲突”是国家公园建设面临的共性问题。本项目因地制宜地设计项目内容，发动当地村民组建虎豹保护巡护队，以清山清套等实践行动切实转变村民观念，从不伤害虎豹的群众，上升为护虎养虎的践行者和倡导者；以“生态田”建设为途径，满足梅花鹿等食草动物的觅食需求，自下而上建立完整的生物链；通过支持当地村民开展养蜂、种植农作物等替代生计，逐步建立人虎和谐相处的社区建设路径；不断创新公众参与模式，通过公益朗读、大学生社会实践、社会组织共建等方式，不断提高项目的社会影响力，引导公众逐步树立生物多样性保护意识，激发公众成为虎豹保护的支持者、参与者和推动者。

申报单位简介：中国绿化基金会成立于 1985 年，是全国性公募基金会，现业务主管单位是国家林业和草原局。2002 年，获联合国经社理事会特别咨商地位。享有国家税务总局规定的企业所得税纳税人向中国绿化基金会捐赠的优惠政策。

促进东北虎种群在中国的恢复

申报单位：野生生物保护学会（美国）北京代表处
保护模式：就地保护行动
保护对象：兽类
地　　点：珲春东北虎国家级自然保护区　东北虎豹国家公园
开始时间：2008年

背景介绍

东北虎是我国东北地区森林生态系统恢复的旗舰物种，也是当今濒危的大型猫科动物，是国家一级保护野生动物，在我国曾广泛分布于北部。自19世纪末到20世纪中叶，东北虎的分布范围逐渐退缩，种群数量逐渐减少，分布区不断向东部、北部地区转移，且日趋破碎化。1998年和1999年两次大规模东北虎数量调查结果显示，吉林省长白山区东北虎的数量为7～9只。

较长时间以来，盗猎、食物匮乏、“人虎冲突”、栖息地破碎化一直是东北虎种群恢复面临的主要威胁。为了促进东北虎种群在我国的恢复，从20世纪90年代末开始，野生生物保护学会（Wildlife Conservation Society，简称WCS）长期开展东北虎保护、研究与宣传教育工作。

主要活动

①2001年，WCS与我国当地保护部门合作，以东北虎为保护对象，推动当地建立珲春东北虎自然保护区，一方面通过开展机会监测和红外相机监测，了解

2021年5月，WCS、自然资源保护协会和东北虎豹国家公园共同推动公园内第一支社区共管巡护队的成立

东北虎种群结构及数量变化；另一方面，联合当地保护部门开展巡护及清套工作，率先引进国外先进的自我监测分析与报告技术（Self-Monitoring，Analysis and Reporting Technology，简称SMART）巡护管理系统，基本消除栖息地内东北虎的生存威胁，包括来自猎套的直接威胁以及盗猎引起的食物匮乏等间接威胁。

② 2008年至今，随着SMART巡护管理系统不断升级至新版本，WCS持续对使用单位开展技术培训和应用指导，不断加强反盗猎执法和野生动物资源监测力度。为了缓和“人虎冲突”，WCS于2017年和2020年分别组织了两次“人虎冲突”培训会，培养冲突应急团队，开展社区“人虎冲突”宣传教育，加强社区村民的野生动物保护意识及自我保护意识。

③积极推动社区参与保护活动，开辟了反盗猎工作的新思路——社区共管。2021年5月，WCS在东北虎豹国家公园内推动成立了第一支社区共管巡护队，通过社区共管的方式，当地相关政府部门与当地居民共同建立了野生动物保护的巡护体制。

随着栖息地环境质量的不断提高和东北虎猎物种群数量的恢复，“人虎冲突”得到有效控制和预防，东北虎种群数量不断增多。2013年至今，WCS在珲春东北虎国家级自然保护区内监测到45只东北虎，其中包含6个虎家族，成员最多的虎家族包含4只幼虎。东北虎不再游走于中俄边境地区，而是在中国安家了。

主要影响力

（1）生态环境价值

东北虎作为一种大型食肉动物，在维系食物链、保护物种多样性和维护生态平衡中起着不可或缺的作用。一个物种的消亡会影响多个物种的生存，对整个食物链、生态系统、生物多样性也会产生影响。东北虎自然种群的生存需要适当面积的森林植被、一定数量的猎物种群，以及较好的周边环境。保护好东北虎，也

2018 年拍摄到的东北虎家庭（1 只母虎带着 2 只小虎）

就保护了一大片森林和大量的野生动物，保护了其栖息地的生物多样性，维护了生态平衡。

（2）社会经济价值

本项目在一定程度上促进了地区经济的发展。东北虎是一种重要的野生动物资源，不仅具有很高的观赏价值、美学价值、文化价值，也是全球受关注的热点动物之一。它的存在有利于提高当地知名度和开展广泛的国际交流与合作，利用东北虎的品牌有利于发展地区品牌经济和旅游业。

（3）创新性

用来猎捕有蹄类动物的套子对东北虎的生存一直是个巨大的威胁，为打击非法盗猎，保护东北虎及其猎物，WCS 率先将国外先进的 SMART 巡护体系引入我国，这个体系综合了地理信息系统（GIS）、全球定位系统（GPS）和统计分析等先进技术，在反盗猎中发挥着重要作用。

申报单位简介：国际野生生物保护学会成立于 1895 年，总部位于美国纽约，是全球历史最悠久、最成功的自然保护机构之一。2017 年 9 月，野生生物保护学会（美国）北京代表处正式注册，现主管单位为国家林业和草原局。目前，WCS 在中国西部地区重点聚焦三江源雪豹保护与学会能力建设及“人兽冲突”的研究工作，在东北地区推动跨国界东北虎保护工作，在长江中下游长期参与扬子鳄的研究与保护工作，在华南地区开展旨在遏制非法野生动物消费和贸易的工作。

拯救越南北部濒危灵长类动物

申报单位：野生动植物保护国际越南项目组
保护模式：就地保护行动　公众参与　技术创新　生物多样性可持续利用　传统知识
保护对象：森林生态系统 兽类
地　　点：越南北部石灰岩山区
开始时间：1998年

背景介绍

越南是全球灵长类动物分布热点地区之一，虽然国土面积相对较小，却生活着25种灵长类动物。1998年，野生动植物保护国际（Fauna and Flora International，FFI）在越南制订了一项工作计划，最初的工作重点是在越南北部调查濒临灭绝的灵长类动物。1999年，重新发现了西黑冠长臂猿（*Nomascus concolor*）种群，这是越南唯一已知的西黑冠长臂猿种群。2002年和2003年，在进一步的灵长类动物调查中，发现了一个新的越南金丝猴（*Rhinopithecus avunculus*）种群，并重新发现了之前被认为已经灭绝的东黑冠长臂猿（*Nomascus nasutus*）。在这些发现之后，FFI 致力于保护这些地区的生物多样性，使灵长类动物种群自那时起一直缓慢恢复。本项目重点关注3种受灭绝威胁的灵长类动物——西黑冠长臂猿、东黑冠长臂猿和越南金丝猴。

主要活动

FFI 越南项目组阻止这些物种灭绝的方法可以概括为以下 3 种。

（1）以社区为中心

当地儿童参加长臂猿“庆祝节”活动（Ho Hai Yen /摄）

FFI 与越南北部石灰岩山区的民族群体紧密合作，这些民族群体在该地区生活了数百年，与当地灵长类动物共同生活在森林和山脉中。FFI 与政府合作，开创了一种让当地社区在保护区管理中拥有发言权的方法，即设立管理咨询委员会（Management Advisory Committee，简称 MAC），在决策过程中赋予当地人一定的权利，并发现了当地民族村寨中潜在的“保护能手”，FFI 为这些人提供就业机会、培训和装备，组成社区保护小组。在北部石灰岩山区灵长类动物保护区内，FFI 以这种方式聘用了 51 名当地民族居民。现在，这个团队已具备进行高质量、以社区为主的长臂猿监测和研究的能力，并协助 FFI 举办了长臂猿“庆祝节”活动。

（2）以实证为基础

两种长臂猿和越南金丝猴的保护管理得到了现有先进科学技术的支持，在资金有限、物种生存较艰难的情况下，这一点至关重要。FFI 对难以发现且极度濒危的西黑冠长臂猿进行种群数量统计，对其栖息地使用情况进行长期监测,结果表明，其种群虽小但相对稳定。对于东黑冠长臂猿，FFI 对焦点群体进行 24 小时监测，获取繁殖率、死亡率、活动范围和分布情况等关键数据，分析种群生存能力。FFI 对东黑冠长臂猿进行种群恢复，通过本地物种的富集种植和廊道建立，辅助其自然再生。FFI 还运用社会科学研究方法补充了自然科学研究方法的不足，在三大项目中通过问卷调查、半结构化访谈和村讨论小组的方式，加深对当地人提出的观点、问题和需求的理解。

（3）建立长效保护机制

FFI 从悠久的历史中认识到，要改变人们的态度和行为，改变一个物种的保护状况，长期、坚定的方法是根本，“救急式保护”不起作用。FFI 在北部石灰岩山区已经连续工作了近 20 年，积累了丰富的经验，并对决定这些地区生物多

社区保护队的队员正在巡护（Ryan Deboodt /摄）

样性保护成效的背景、机构和当地居民进行了深入了解。FFI 属于被当地社区认可和理解的利益相关者，拥有在这里工作的社会“许可”。通过在保护区进行能力建设、对保护队队员进行指导，以及在当地学校进行教育工作，FFI 为未来 20 年的发展打下了基础。可持续的资金来源至关重要，FFI 已经开创性地打通了从水电公司收取生态系统服务费的资金渠道，现在这项资金正用于资助西黑冠长臂猿栖息地的巡护工作。

主要影响力

（1）生态环境价值

西黑冠长臂猿种群在越南现仅存于一个地区，种群数量不超过 70 只。在邻国，西黑冠长臂猿的种群数量也在减少。东黑冠长臂猿全球现仅在一个林区有分布，分布区横跨越南和中国的边界，该物种总数不超过 140 只。而越南特有

生计改善：节能炉灶（Ryan Deboodt/摄）

种越南金丝猴仅存约250只，集中分布在越南北部。FFI在越南北部石灰岩山区的工作可能暂时避免了东黑冠长臂猿和越南金丝猴的灭绝，也拯救了西黑冠长臂猿在越南的最后一个种群。

（2）社会经济价值

越南受威胁的灵长类物种分布地区，恰好是当地贫困率很高的地区。FFI解决了部分当地居民的直接就业（兼职）问题，通过提供低成本的节能炉灶、农业设备、小额贷款，以及耕作和市场准入方面的技术支持改善他们的生计。FFI每两年对当地人进行一次调查，并召开村民会议，以收集社会影响方面的实证。调查显示，当地居民的生计正在得到改善，随之得到改善的是支持保护的态度。

（3）创新性

设在越南的FFI项目组与全球网络相连，在当地保护措施和全球专业知识之间建立了“地方对全球”的联系，促进在可持续农业和生物多样性监测等方面的工作。

应用尖端监测技术，其成果包括开发长臂猿数据收集应用程序，在所有的项目点使用智能连接技术，使用低成本记录仪对长臂猿进行声学监测，等等。这些成果对完善灵长类动物保护工作的数据支撑非常重要。

申报单位简介：野生动植物保护国际（FFI）成立于1903年，是世界上历史悠久的国际保护组织之一，也是公认的保护领域创新者。纵观其100多年的历史，FFI一直通过与地方政府、非政府组织、机构和社区合作和赋权的方式，倡导物种和生态系统保护，这些方式是FFI活动的标志。FFI现在是越南保护灵长类动物的主要社会组织之一，在多个地区开展工作，重点关注 7 种高度受威胁的物种，其中包括5种极危物种和地方性物种。

与尼泊尔的大型野生猫科动物——老虎共存

申报单位：伦敦动物学会
保护模式：就地保护行动 公众参与 生物多样性可持续利用 传统知识
保护对象：森林生态系统 草原生态系统 淡水生态系统与湿地生态系统 农田生态系统
植物类 兽类
地　　点：尼泊尔
开始时间：2016年

背景介绍

虎（*Panthera tigris*）是受威胁的野生猫科动物之一。老虎栖息地所在国家和有关保护组织的长期保护措施会决定该物种的可持续性。全球老虎恢复计划等计划代表了对保护和恢复全球范围内老虎数量的最高承诺。尼泊尔承诺到2022年将成年野生老虎的数量从121只（2009年）增加到250只，为此实施了关键保护措施并产生了一定的效果。尼泊尔老虎数量在2013年增加到约198只。然而，这在一定程度上也加剧了“人虎冲突”，并对尼泊尔老虎保护的共存政策产生了不利影响。

在全球范围内，目前近4 000只老虎的活动范围仅占其历史活动范围的6%，全球70%的老虎集中分布在大约40个“来源地点”，其中3个在横跨尼泊尔的5个保护区内。对这些地点的保护和有效管理构成了老虎保护战略的基石。老虎一般在面积小、受保护的栖息地中出现，其分布密度低，且保护措施可以达到

项目地景观，尼泊尔西部的国家公园

种群保护和数量恢复的目的，所以对其的保护、投资行为必须依据已知和潜在老虎种群特定栖息地评估、威胁评估的结果和缓解策略。

因此，自 2016 年以来，通过综合老虎栖息地保护项目，伦敦动物学会（Zoological Society London，简称 ZSL）在尼泊尔 4 个国家公园的综合区内开展工作。

主要活动

ZSL 进行栖息地管理使森林走廊中的老虎数量不断增加，并通过为当地社区提供替代方案减少社区对森林资源的依赖，缓解“人虎冲突”。

①ZSL 与保护区合作，支持当地社区发起各种替代生计计划，包括改良畜牧业产品、渔业产品、养猪场、蔬菜种植方式等。该项目提供了启动资金[如为 22 个社区提供资金 885 万尼泊尔卢比（约 73 633 美元）]，缓冲区的社区以合作社的方式进行管理。该资金已用于生态旅游的接待家庭，为缓冲区范围内的社区成员提供了促进生态旅游的培训，包括寄宿家庭管理、自然向导和其他生

保护牲畜的防掠食者围栏

计技能的培训。

②该项目支持重点社区采取“人虎冲突”缓解措施，促进人虎共存。这些措施包括在当地家庭建造防掠食者围栏以保护牲畜，在重点地区设置铁丝网围栏以防止作物遭到野兽践踏，为受“人虎冲突”影响的家庭提供救济款等。此外，该项目还支持通过不同媒体提高公众保护老虎意识的行为。在项目中，政府工作人员稳定和转移“肇事”老虎的能力也得到了提高。该项目确保对当地社区、地方政府和有关部门长期、稳定地进行干预措施的可持续投入。

③该项目支持定期监测，了解老虎状况和活动轨迹。全球移动通信系统（GSM）相机作为缓解“人虎冲突”的先进技术，可用于老虎定期监控，特别是在“人虎冲突”的多发地区。这些相机配备了红外线闪光灯和触发机制，任何经过的物体都会触发相机进行拍摄。并且，GSM 相机的手机卡可以通过电子邮件发送警告图像，相机的预警功能可有效地避免“人虎相遇”。

④根据《国家老虎和虎猎物种群监测议定书》，该项目支持对尼泊尔所有老虎保护区的老虎和虎猎物种群进行的年度监测（2014—2015 年、2016—2017 年和 2017—2018 年），还制定了规范调查的协议。项目报告明确指出，尼泊尔的老虎数量从 2013 年的 198 只增加到 2018 年的 235 只，增幅约为 19%。通过该项目的支持，尼泊尔监测老虎和虎猎物种群的能力显著提高，政府工作人员、保护组织（包括国家自然保护信托组织、喜马拉雅自然）和地方社区能够更顺利地进行调查。ZSL 还与政府和国家自然保护信托组织合作，调查位于保护区之外的老虎栖息地，红外相机已在保护区外记录到了 4 只老虎。这表明尼泊尔的老虎栖息地正在扩大，老虎数量正朝着 2022 年“T×2”（老虎数量翻倍）的目标迈进。

主要影响力

（1）生态环境价值

2016—2017 年的第一次调查显示，4 个地区的老虎栖息地覆盖了 2 580 平方千米的土地；2017—2018 年的第二次调查表明，老虎栖息地覆盖面积为 6 572

平方千米，其中也包括尼泊尔以外的潜在栖息地。

此外，ZSL 与政府一起预测了气候变化对老虎保护的影响，使该项目为连接当前和未来老虎栖息地走廊社区建设提供了可能，并为这种濒危物种提供了避难所。

国家公园河边的老虎

（2）社会经济价值

在尼泊尔，人群定居点是分散的，其生计依赖自然资源，尤其是贫困和边缘社区。本项目通过可持续生计计划，帮助贫困和处于经济弱势的小农户保障生计，当地妇女参与项目支持的生计活动的比例超过 50%。当地社区对保护工作的态度已由敌意转变为积极支持。

项目还培养当地青年自然向导，带来收益的同时也为当地保护事业储备了长期的倡导者。受“人虎冲突”严重影响的 70%以上的边缘社区受益于该项目。同时项目也创新地通过种子基金和技能培训支持“人虎冲突”受害者自主开展干预行动。

申报单位简介：伦敦动物学会是一家成立于 1826 年的慈善机构，是世界知名的保护科学和应用保护中心。伦敦动物学会的使命是实现和加强全球动物及其栖息地的保护，通过在全球 50 多个国家和地区开展的实地保护和研究工作，在伦敦动物学会的伦敦动物园和惠普斯奈德动物园开展教育活动，提高公众认识，激励人们过上可持续的生活并支持和实施直接保护行动。

拯救大象

申报单位：拯救大象协会
保护模式：就地保护行动 传播倡导 资金支持机制 技术创新 传统知识
保护对象：草原生态系统 干旱半干旱
地　　点：肯尼亚奥多瑞（Oldonyiro）保护区
开始时间：2019年

背景介绍

受人口增长和基础设施建设以及环境退化的影响，野生动物的自然栖息地正面临威胁。这给人类和野生动物带来了与日俱增的压力，因为我们共享着空间和资源。肯尼亚北部的奥多瑞保护区就是这样一个典型地区。

一群移动中的大象（Daryl Balfour/摄）

奥多瑞保护区是一个半干旱地区，占地面积约625平方千米。奥多瑞北面和东面分别被风景秀丽的山丘和悬崖环绕，居民主要是游牧民，生产生活方式以饲养牲畜为主，并保留着自己的传统和文化。该地区正在高速发展，给人与非洲象（*Loxodonta* spp.）的共存带来了一系列问题。

奥多瑞生态廊道附近的侵蚀沟壑

主要活动

拯救大象协会（Save the Elephant，简称 STE）20 多年的项圈追踪数据分析表明，奥多瑞保护区是肯尼亚北部重点野生动物的“走廊”之一，将桑布鲁半干旱区的大型哺乳动物种群分布区与莱基皮亚高原连接了起来。然而，人口数量的增加、沟壑深度侵蚀规模的扩大，使“走廊”变得越来越“堵塞”。“生态走廊”的未来是保护工作的重大挑战之一。

大象仍在使用开放路线，在夜间快速迁徙到人类居住区以外的安全区域。因此，为了使当地社区能够继续与大象和平共处，STE 将维持人类与野生动物共存和可持续发展作为“生态走廊”沿线的首要任务，制订了创新的保护措施。鼓励对人类居住区扩展进行适当管理可以避免进一步侵占“走廊”，这需要通过改善现有和未来基础设施的空间规划来实现。在这方面，信息学的方法可以为保护工作提供帮助，如对奥多瑞保护区数据进行可视化显示，使一些居民从“走廊”搬离。

分析环境和保护数据可知，当地还应采取措施防治土壤侵蚀。该地区畜牧业的发展是土壤侵蚀的主要成因，多年的过度放牧使植被覆盖率降低，降雨后的土地也很难恢复如初。牲畜使用过的路常常形成小沟壑，沟壑不断扩大使植被难以生长。植被减少和土地裸露导致那些对人和动物都无用的外来物种生长。人、牲畜以及大象穿过这些纵横交错的侵蚀沟壑，可能会受伤，甚至会丧命。因此，

大象“托尼”和伙伴使用“生态走廊”（Jason Straziuso/摄）

STE 研究避免野生动物“走廊”发生极端侵蚀，降低人类和大象生存、生活成本的方法；同时，STE 鼓励保护区通过调整可持续的放牧规模避免过度放牧和土地退化。

主要影响力

（1）生态环境价值

大象通过季节性迁徙满足自身对食物、水、安全和配偶的需求。这些大规模迁徙需要经过的迁徙“走廊”是大象栖息地之间的重要纽带。由于气候、人类等因素带来的直接和间接影响，大象被迫寻找替代路线或改变迁徙行为，从而对种群动态产生负面影响。STE 的保护方法有助于保持大象栖息地间的连通性，确保依靠奥多瑞“走廊”迁徙和扩散的动物种群能够长期生存。

大象扮演着生态工程师的角色，帮助维持半干旱草原生态系统中的景观异质性，让种群较小的物种繁衍生息，从而促进生物多样性增加。大象迁徙有助于种子的传播，并通过在茂密的植被中开辟道路，帮助其他野生哺乳动物和牲畜获得水等资源。例如，在干旱季节，它们会在干燥的沙层中刨坑取水，人类、牲畜和其他野生动物也会使用这些水坑。

奥多瑞居民的畜牧文化有助于保持当地的景观多样性。牲畜和野生动物都在没有围栏的草场上漫步，这意味着传统的土地利用模式没有发生改变，人与动物可以共存。STE 的参与对将当地居民积累的传统生态知识纳入地方土地利用规划方案的工作至关重要。

（2）社会经济价值

STE 的追踪数据有助于景观规划，使国家及地方政府、社区和开发商意识到保护奥多瑞等地区连通性的重要性。根据这些数据，目前正在实施远离主要野生动物迁徙“走廊”的定居区和基础设施空间规划。

“走廊”有助于减少“人象冲突”，因为适当的景观连通性可减少大象和人类之间的互动。

野生动物和“走廊”可以成为开展旅游活动的关键驱动力。当地人可以从旅游业带来的经济利益中看到保护环境和野生动物的切实好处。社区还可以从销售传统饰物、表演传统戏剧等活动中获益。这种由保护驱动参与的方式，可以使他们认识到保护野生动物和“走廊”的必要性。

STE 支持当地教育，为经济条件欠佳的学生提供奖学金，他们或将成为新一代的野生动物保护大使和自然保护主义者，继续开展宣传和维护“走廊”。

（3）创新性

STE 创新了大象无线电追踪技术，进一步了解大象的生活，了解大象的移动模式、活动行为以及大象之间互动的细节。再加上 GIS 的发展和进步，使数据的收集和分析成为可能，为大象及其栖息地保护和大象行为分析提供更多信息。

在跟踪数据的帮助下，STE 鼓励奥多瑞社区为“走廊”附近的居民制订管理计划，使他们融入该地区的可持续发展。改进当地社区土地利用的空间规划方法，可进一步避免对大象栖息地的侵占，加强对野生动物“走廊”的保护。

申报单位简介：拯救大象协会，一个致力于保护非洲大象的社会组织。

多彩生活源于多样自然——云南热带雨林生物多样性及景观恢复

申报单位：深圳市一个地球自然基金会
保护模式：就地保护行动 公众参与 生物多样性可持续利用
保护对象：森林生态系统 植物类 兽类
地　　点：云南省西双版纳傣族自治州和普洱市
开始时间：2016年

背景介绍

在我国，西双版纳傣族自治州是热带雨林生态系统保存最完整、最典型、面积最大的地区。西双版纳热带雨林自然保护区植物种类数约占全国植物种类数的1/6，动物种类数约占全国动物种类数的1/4，森林覆盖率达80.8%，是我国生物种类较丰富的地区之一。这里丰富的自然资源和完整的生态系统，在生物多样性保护以及澜沧江下游地区的生态平衡方面起到了重要的作用，也是野生亚洲象（*Elephas maximus*）的“生存乐园”。

然而当地的橡胶树和香蕉种植正在威胁着热带雨林的生物多样性。橡胶树种植在云南的历史可以追溯到20世纪50年代，虽然橡胶带来了经济收益，但橡胶林基本上为纯林，不科学的种植方式会导致水土流失、野生动物栖息地破碎化等环境问题增多。近几年，在橡胶价格走低后，香蕉又成为当地增加经济收入的“新宠”。人们砍掉一些低产胶的橡胶树，改种香蕉，而香蕉的集约化种植对水土保持及生物多样性也存在威胁。再加上人类活动足迹的扩大，使“人象冲突”更为频发，亚洲象到周边社区觅食、破坏生产生活设施的情况屡屡发生。

主要活动

深圳市一个地球自然基金会（OPF）联合世界自然基金会（WWF）在西双版纳傣族自治州和普洱市同时开展了一系列工作。针对当地森林生态系统退化所引发的一系列问题，项目支持了种植珍贵乡土树种、探索环境友好型胶园、发展社区替代型经济等项目的实施，恢复野生亚洲象生态廊道，以提高地区生物多样性，发展社区经济。

林下种植中草药的胶园

为建立环境友好型胶园，通过间作、套种当地珍贵乡土树种增加林地的生物多样性。在西双版纳傣族自治州和普洱市的多个乡镇社区和少数民族居住地，深圳市 OPF 为当地林业主管部门和社区提供种苗和培训，引导社区提高生态保护意识，提升引种珍稀及高价值树种的技术水平，使人们看到建立环境友好型胶园的经济效益。纳板河流域国家级自然保护区（简称纳板河保护区）的纳板村民小组，建立了低海拔橡胶园生态改良示范园 100 亩[①]，以混农林种植理念为基础，采取不同搭配模式，在原有橡胶林中种植了紫姜（*Zingiber officinale*）、姜黄（*Curcuma longa*）、羯布罗香（*Dipterocarpus turbinatus*）、云南红豆杉（*Taxus yunnanensis*）等具有药用价值的植物。

地涌金莲（*Musella lasiocarpa*）

为进一步增加当地亚洲象食物种类、扩大其生存空间，项目支持云南西双版纳国家级自然保护区管护局在关坪管护站种植象草、竹子等大象喜欢的植物，吸引它们来此觅食而不是破坏农田作物；还通过购买或租赁耕地、退耕还林等方式，扩大大象栖息地，增加栖息地之间的连通性。

---

① 1 亩≈0.067 公顷。

主要影响力

（1）社会经济价值

环境友好型胶园示范园

种植珍贵树种和药用植物给当地农户发展替代生计带来帮助。本项目希望带动农户在自家橡胶林里进行长周期树种和短周期作物的种植，既能提高他们的经济收入，又能兼顾生态环境保护。

为了和社区建立良好关系，深圳市 OPF 还在纳板河保护区的傣族村庄里开展了傣族庭院经济恢复示范活动，为 52 户农户提供石斛、芒果、木奶果等庭院经济植物或传统傣药，支持庭院经济植物种植，为社区的协同发展和持续增收创造积极有利的条件。这些示范点使周围的农户真切地看到社区可持续替代生计的多种可能，从而愿意参与到环境友好型胶园的建设中。

（2）创新性

项目为发展中国家在面对生物多样性保护和社区经济发展的挑战时提供了有效的实践模式，适用于“大湄公河次区域”、非洲地区等生物多样性丰富但保护效率较低，同时又需要经济发展的区域。

①尊重森林周边社区的文化习俗。当地傣族人世代依赖森林，也保留了自身特有的文化和智慧。本项目在了解当地亚洲象栖息地恢复、“人象冲突”等现状时，还特意收集了少数民族保护自然的相关传统知识；在选择替代树种时首推珍贵乡土树种，并延续当地庭院经济的传统。

②关注当地社区生计问题。项目通过在传统橡胶园中种植替代型经济价值高的珍贵乡土树种等方式，提高了小农户或合作社承受市场风险的能力，从而长期且系统地推进森林景观恢复工作，也能规避农户在面对经济压力时将具有可持续性的做法转变为不负责任的做法。

申报单位简介：深圳市一个地球自然基金会是注册在深圳市的非公募基金会，其宗旨是保护生物多样性、降低生态足迹、确保自然资源的可持续利用，从而创造人与自然和谐相处的美好未来。

保护亚洲象

申报单位：昆明中远环境保护科技咨询中心
保护模式：就地保护行动 公众参与 传播倡导 资金支持机制 技术创新 生物多样性可持续利用
保护对象：森林生态系统 兽类 遗传多样性
地　　点：云南省西双版纳傣族自治州
开始时间：2015年

背景介绍

在我国，亚洲象曾经广泛分布于黄河流域。由于大规模的农垦、战争等人类活动，亚洲象数量大幅度减少，截至20世纪后半叶其种群在我国仅分布于云南。西双版纳傣族自治州的热带雨林中，有46.4万公顷的森林被橡胶林取代。再加上咖啡、茶叶等商用植物种植面积大幅度增加，导致亚洲象从自然中获取足量食物变得越发困难，而村寨周围大量种植的农作物恰恰是人与象共食的，人与象活动的重叠区域明显增大，“人象冲突”日益突出。昆明中远环境保护科技咨询中心为此开展了亚洲象保护项目。

主要活动

（1）生态监测：勐养子保护区的关坪村

2018年，本项目研发完成2项预警系统专利，完成亚洲象图像智能识别模块的基础开发和后台数据展示与自动调度预警平台的开发，安装了10台物候相机及3套雨量筒、3套温湿度计。2019年，项目进入村寨进行推广，并通过红

声光报警系统

外相机获得的数据不断训练智能识别模块。目前项目在 213 国道关坪新寨至农场五队段的 5 个小组周边，共布设 33 台无线回传红外相机，通过红外相机对 31 个亚洲象活动监测点进行实时值守。

（2）栖息地生境优化：尚勇子保护区、勐养子保护区

2018 年，项目在尚勇子保护区的冷山河和勐养子保护区的莲花塘，对外来物种及杂草进行了清理及铲除，种植亚洲象喜食的植物，完成 1 500 亩亚洲象食源地优化工作。

（3）栖息地建设，缓解“人象冲突”：诺亚方舟守护亚洲象——勐海项目

①勐海项目完成 5 个人工硝塘建设、3 157 亩林地的抚育间伐、1 000 亩地的计划烧除、1 300 亩地的亚洲象喜食植物种植、399.8 亩耕地的补偿工作，共完成 5 856.8 亩亚洲象食源地的优化工作。

②布设 24 台红外相机，获取区域内照片 19 410 张，其中，有 551 张照片拍摄到亚洲象在项目优化的栖息地内活动，有 494 张照片拍摄到亚洲象在项目建

设的人工硝塘附近活动。

③设计制作了 200 个亚洲象警示宣传牌和 2.5 万份宣传折页，并进行了安装与分发；项目设计制作了《看见亚洲象》科普绘本，为涉象乡镇学校分发了 3 万本。

主要影响力

（1）生态环境价值

项目布置物候相机、自记式雨量桶、自记式温湿计等设备，初步实现亚洲象喜食植物的物候变化影像及项目区温度、湿度、降水量等基本气候数据的在线采集，从而对亚洲象行为进行预判和解释。

亚洲象食源植物种植有效增加了栖息地内可食用草本植物的种类和数量，吸引了大量的食草动物，为区域内野生动物生存及种群复壮提供了保障。保护亚洲象项目形成了伞护效应，在莲花塘区域内近 20 年来首次监测到印度野牛，红外相机在勐海项目区拍摄到野猪、北豚尾猴（*Macaca leonina*）（国家一级保护野生动物）、白鹇（*Lophura nycthemera*）等动物。

项目建设的人工硝塘为亚洲象提供了盐分及微量元素补充地，红外相机记录照片显示，亚洲象使用了项目建设的人工硝塘并在栖息地优化区域活动。

（2）社会经济价值

从 2015 年 5 月至 2020 年 6 月，勐养子保护区关坪村村民委员会亚洲象监测预警项目监测到 293 次亚洲象活动，对其中 266 次（占比约为 91%）活动发布预警。发布预警后，项目覆盖区域内未发生人与亚洲象正面相遇的情况。

项目还补偿了亚洲象勐海栖息地周边村民农田作物损失，减少了村民的经济损失。

项目在 2019 年世界大象日召开了亚洲象保护成果展示会，为有亚洲象种群分布的各地区之间的互相借鉴与交流提供了机会与平台。

为孩子们制作了亚洲象绘本并在勐阿镇中学进行自然导读

（3）创新性

项目联合保护区科学研究所、政府部门、社区进行共同探索，分享亚洲象保护、

摄影师熊王星拍摄的亚洲象

热带雨林栖息地保护及食源地建设的经验，为其他地区开展亚洲象的保护与管理提供示范和借鉴。亚洲象食源地项目的工作方案，纳入《云南省亚洲象栖息地保护与恢复及食源地建设实施方案（2018—2022年）（咨询稿）》，成为云南省缓解“人象冲突”的主要方案之一，获得了国家资金支持。

申报单位简介：昆明中远环境保护科技咨询中心，是阿拉善 SEE [Society（社会），Entrepreneur（企业家），Ecology（生态）] 生态协会西南项目中心的在地执行机构，致力于中国西南山地原始森林和高原湿地生物多样性保护，探索建立中国西南山地核心区域生物多样性全面保护机制，推动当地人参与保护。

发挥社会组织在跨境保护中的作用

——老挝跨境亚洲象保护区域贫困少数民族村寨生态示范村案例

申报单位：云南省绿色环境发展基金会
保护模式：就地保护行动
保护对象：森林生态系统 兽类
地　　点：中国和老挝（中老）的边境地区
开始时间：2019年

背景介绍

亚洲象是我国一级保护野生动物，被世界自然保护联盟（IUCN）列为濒危物种，被《濒危野生动植物种国际贸易公约》（简称 CITES）列入附录 I。亚洲象曾经在我国广泛分布，但目前我国野生亚洲象仅分布在云南省南部。云南省西双版纳傣族自治州勐腊县是与老挝相邻的边境地带，生活着 5 个跨境亚洲象种群。该区域内自然环境优越，保留着较完整且集中的适宜栖息地，是亚洲象的重要活动区域之一。这些亚洲象经常游走于两国（中国和老挝）边境。两国边境地区均为相对偏僻、发展滞后的地区，政府在这些区域的管理相对薄弱，因此成为毁林、盗猎等非法活动多发的区域。

当地世居居民有狩猎习惯和靠山吃山的生活方式，对自然资源的依赖程度较大。近年来，随着人口数量不断增长，土地被大力开发和过度利用，大量的原始森林用地变成农田，再加上当地居民毁林烧山后大面积种植橡胶树、茶树等经济植物，导致原始森林面积急剧减少，亚洲象的生存环境不断恶化，不得不与人类争夺有限的资源和生存空间。

主要活动

为保护西双版纳和老挝交界处的亚洲象种群，促进老挝当地社区参与亚洲象及其生境的保护，在云南省商务厅的支持下，2019 年，云南省绿色环境发展基金会联合云南西双版纳国家级自然保护区管护局，与老挝林业部门合作，在“中老跨境联合生物多样性保护区域”老挝一侧的一个村寨实施了社区试点项目，生态示范村的工作方法与当地保护和社区发展需求相结合的方式，受到当地政府和村民的认可与欢迎。老挝林业部门希望以此次合作为范例，建议老挝政府开放边境区域进行生态保护领域的民间合作与交流。

本项目以中老双方确立的中老跨境生物多样性联合保护框架和西双版纳傣族自治州人民政府的联合保护规划为基础，发挥了社会组织在两国基层交流与合作中的优势，通过云南省绿色环境发展基金会与政府和社区建立的合作，将保护宣传和培训、社区参与生态保护的能力建设与促进社区可持续发展进行了有机结合。

老挝社区联合巡护培训

主要影响力

（1）生态环境价值

在亚洲象于边境区域觅食、迁移的过程中，经常深入老挝的村寨，造成村民伤亡和财产损失，当地“人象冲突”十分严重。项目所在村寨地处中缅生物多样性热点地区核心区域的北部，距离中国边境线仅 1 千米，所处区域是全球十大不可替代的生物多样性热点地区之一，也是“大湄公河次区域”7 个重要的跨境生物多样性保护区域之一，同时还是中老跨境生物多样性保护重点合作区域，保护好这一区域至关重要。本项目在较大程度上减轻了当地人对自然资源的依赖和破坏，有利于亚洲象栖息地的保存和保护。

（2）社会经济价值

本项目应对和缓解了人与象之间的冲突和矛盾，同时改善了亚洲象保护区域老挝一侧村民的生活水平。

中老两国分别把居住在跨境联合保护区域的护林员及德高望重的村民邀请到西双版纳，进行一对一交流。中老双方持续开展联合巡护工作，在跨境联合保护区域内设定巡护路线，邀请对方人员参加巡护工作。在此基础上，推动了当地降低薪柴资源消耗的工作，避免了“人象冲突”，改善了村民居住条件，提高了村民参与生态保护的能力与积极性。

节柴灶减轻老挝社区对森林资源的依赖

老挝社区援建蓄水池，解决当地多年的用水难题

（3）创新性

本项目是对中老两国联合保护工作的有益补充。中老两国边境山水相连，具有较相似的风俗文化，双方对生物多样性保护都十分重视。2006 年，云南西双版纳国家级自然保护区管护局与老挝有关部门建立了年会交流机制，开始了跨境联合保护工作。双方经过 10 多年的努力，建立了较为完善的联合巡护、会议交流等合作形式。在良好的合作背景下，本项目首次纳入老挝社区当地人参与保护的工作，是政府层面联合保护的民间补充。

申报单位简介：云南省绿色环境发展基金会成立于 2008 年 1 月，是在云南省民政厅登记注册的地方性公募基金会，业务主管为云南省林业和草原局，主要从事生态环境保护事业，长期致力于云南濒危野生动植物保护、森林植被恢复、农村可持续发展和生态扶贫等工作。

修复荒野　带豹回家

申报单位：重庆江北飞地猫盟生态科普保护中心
保护模式：就地保护行动 公众参与 传播倡导
保护对象：物种多样性 兽类
地　　点：华北荒野
开始时间：2017年

背景介绍

华北豹（*Panthera pardus japonensis*）是我国独有的豹亚种，其模式标本采自北京西部的山区。作为大型食肉动物，豹（*Panthera pardus*）的存在意味着森林生态系统的完整。历史上，华北豹曾广布于华北，但由于栖息地丧失、非法盗猎等情况的发生，目前华北豹在太行山、子午岭等山脉中有少量孤立的种群，而华北豹原本的“家乡”——北京，已经多年未曾记录到华北豹的活动。2017年4月，凭借山西华北豹保护项目多年的经验积累，重庆江北飞地猫盟生态科普保护中心（简称猫盟）发起“带豹回家”项目，目的是修复、保护现有的华北荒野，让华北豹沿太行山脉和燕山山脉自然扩散，重新回到北京“老家”。

主要活动

（1）科学评估

有效的保护必须基于科学的评估，自2013年以来，猫盟与北京师范大学、北京大学、清华大学等院校共同开展了以下监测及评估分析：红外相机监测发现，位于山西省晋中市和顺县的华北豹种群稳定、繁殖力强，可作源种群；栖息地模

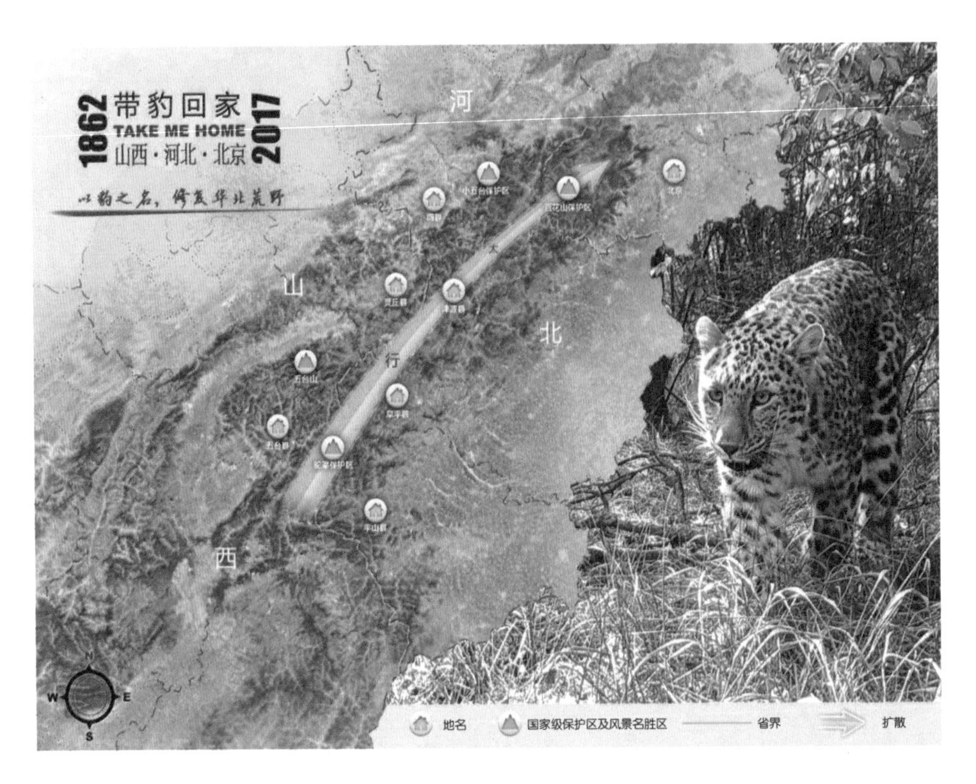

带豹回家示意图

拟分析可识别出驼梁、小五台山等多个华北豹潜在栖息地，这些栖息地成为华北豹种群恢复的第一梯队；项目通过荒野度电流模型，找到华北豹扩散中会遇到的由高速公路、居民点形成的断裂带，同时揭示了扩散通道将成为需要解决的主要问题之一。此外，还针对修建道路和放牧这两种关键人为干扰开展研究，评估人为干扰对华北豹及其栖息地的影响。

（2）社区参与的保护行动

开展社区反盗猎巡护、“豹吃牛”生态补偿、野猪损害防控等工作，逐步消除华北豹及其栖息地所面临的关键威胁。

（3）公众参与的宣传教育

猫盟一直通过自媒体传播、线下活动两部分开展科普，倡导公众参与保护。仅 2020 年，猫盟的微信公众号阅读量就达到了 167 万次，微博阅读量达到 2 亿次，组织线下活动 26 场，直接受众人数过万。

（4）政府合作

针对识别出的威胁因素，猫盟与华北豹核心栖息地所在的相关政府建立起沟通反馈机制，2019—2020 年，先后针对相关工程递交豹种群及其栖息地的生态影响评估报告。

主要影响力

（1）生态环境价值

自 20 世纪中叶以来，华北豹历史分布区丧失的问题变得尤为严重。现存华北豹种群小且高度分散，面临极为强烈的人为干扰。华北豹是华北森林里的顶级捕食者和关键物种，但与大熊猫（*Ailuropoda melanoleuca*）、雪豹（*Panthera uncia*）、虎等旗舰物种相比，华北豹受到关注和投入研究的起步时间较晚，投入研究和保护的资源较少。因此，关注华北豹种群恢复和保护，对生物多样性保护至关重要。

华北豹

（2）社会经济价值

项目与清华大学、北京大学等高等院校合作，开展生态廊道评估，并发表相关论文及报告，为华北地区生态廊道建设提供了总体思路和宏观规划。对华北豹进行的监测研究及评估，为我国开展华北豹监测及华北生物多样性保护提供了科学参考。

项目协助森林公安执法，记录和提交盗猎信息20余条，教育或抓捕盗猎者10余人，还在整个华北地区开展了反盗猎宣传，提高了公众的野生动物保护意识及法律意识。

“豹吃牛”肇事补偿和“野猪拱庄稼”肇事防御已连续开展了4年，降低了社区居民的经济损失，减轻了报复性猎杀导致华北豹种群数量下降的威胁。

4年来，项目在中央电视台新闻频道、新华社等多个媒体上进行传播，加上猫盟举办的上百次线下活动，进一步提高了项目的传播影响力。

（3）创新性

①民间首个关注华北豹保护的项目：21世纪以前，较少有学者对华北豹进行研究，早期的调查研究大多是熊猫等其他旗舰物种的研究，“带豹回家”项目是我国民间发起的第一个重点关注华北豹及其栖息地的保护项目。

②跨领域保护：“带豹回家”项目最终的愿景是实现华北豹与人类的共存，项目不仅关注华北豹的监测研究及就地保护，同时也在社区的“人兽冲突”补偿、生态农产品开发及推广、公众倡导和自然教育等领域做了卓有成效的工作。

③基于科学评估的保护行动：保护策略只有符合事实规律才能取得成效。项目基础是科学的调查评估，针对华北豹种群动态研究，栖息地模拟以及道路、放牧等威胁的评估，猫盟均与专业科研院所达成合作，设计严谨的评估方法，形成科学评估结果。

申报单位简介：重庆江北飞地猫盟生态科普保护中心是一个专注于保护中国本土12种野生猫科动物的民间公益组织，长期开展野生猫科动物保护评估，制定就地保护策略，通过公众倡导推进人与野生猫科动物共存。保护中心在国内与多个保护区、政府，以及科研院所等单位紧密合作，已持续进行野外监测十余年，调查区域涉及13个省、直辖市。

促进祁连山国家公园盐池湾片区社区参与雪豹保护

申报单位：北京市海淀区陆桥生态中心
保护模式：就地保护行动　公众参与　传播倡导　技术创新　生物多样性可持续利用
保护对象：物种多样性　兽类
地　　点：祁连山国家公园盐池湾片区
开始时间：2019年

背景介绍

甘肃盐池湾国家级自然保护区位于肃北蒙古族自治县东南部，是以雪豹、白唇鹿（*Cervus albirostris*）、野牦牛（*Bos mutus*）、藏原羚（*Procapra picticaudata*）等高原珍稀野生动物保护为主的大型自然保护区，总面积为 136 万公顷。该保护区内有盐池湾和石包城两个乡，另有鱼儿红乡的部分区域划归保护区范围，社区总户数 289 户，常住人口不足千人。该保护区内社区的产业以畜牧业为主、种植业为辅。

在国家生态功能区划体系之下，甘肃盐池湾国家级自然保护区被确定为生态保护区和水源保护区，该区域已整体划入祁连山国家公园体制试点区域，大规模建设活动的全面禁止使以雪豹为主的野生动物得到有效保护。但是，该区域的雪豹和其他物种仍然面临不同的问题，主要包括栖息地破碎化、家畜放牧、气候变化，以及社区对保护工作的支持欠缺等问题。

生物多样性丧失不仅可能会造成“生态崩溃”，也会直接影响生态系统服务功能，从而影响人类的生活。人类与野生动物的冲突既是生物多样性丧失的原因之一，又是生物多样性丧失所引发的后果之 。然而至今为止，将生物多样性丧失作为“人兽冲突”诱因的研究仍相对较少。在这方面，北京市海淀区陆桥生态中心（简称陆桥）通过本项目做了有益的探索。

主要活动

项目在盐池湾完善了雪豹巡护监测体系，开展了牲畜围栏改善技术试点、牲畜保险补偿计划、生态系统健康计划等保护活动，使基于社区的雪豹保护队伍得以建立，“人兽冲突”得到减缓，保护了雪豹并保持了生态系统的健康和完整，实现了当地社区的可持续发展。

（1）加强科研监测：培植社区保护力量

陆桥为甘肃盐池湾国家级自然保护区管理局的工作人员组织了两次雪豹巡护技能培训，与保护区合作新增了 4 个保护监测站点。项目通过技能培训，培养了一批熟知雪豹活动规律、能独立布设红外相机的牧民护林员，他们多次拍摄到了雪豹、豺（*Cuon alpinus*）、西藏棕熊（*Ursus arctos pruinosus*）、猞猁（*Lynx lynx*）等野生动物，留下了珍贵的影像资料。

牧民护林员那音在布设红外相机

（2）支持可持续生计：降低野生动物致害损失

陆桥通过社区调查，深入了解了盐池湾的野生动物肇事等情况，设计了电子围栏、灯光驱赶及警报驱赶系统等3 套畜栏改善技术方案，为12户积极参与试点工作的牧民家庭安装了畜栏改善装置，希望以此减少野生动物致害事件的发生。

陆桥与保护区及各利益相关方开展了肃北蒙古族自治县牲畜保险补偿方案研讨会，希望通过优化野生动物肇事补偿保险，降低当地牧民和野生动物之间的冲突所带来的损失。

（3）科普宣传：生态系统“同一健康”

陆桥与肃北蒙古族自治县畜牧兽医局合作，共为 194 只牧羊犬注射了狂犬疫苗（人二倍体细胞狂犬病疫苗），希望通过保障牧区牧羊犬的健康，从而保障保护区野生动物的健康，实现生态系统的“同一健康”。

陆桥在当地社区广泛开展了疫病相关知识的宣传，推广生态系统“同一健康”理念。此外，还在当地社区和学校开展了野生动植物保护和生态保护的科普宣传。

电围栏

为牧羊犬注射狂犬疫苗

主要影响力

（1）社会经济价值

畜栏改善计划和保险补偿等措施的实施既保障了社区居民的基本生活，又能引导实现当地社区经济发展与自然资源保护相协调。

（2）创新性

本项目是野生动物保护、可持续生计和社区参与相结合的创新型项目。项目取得的相关成果和积累的经验，可推广至其他同类型保护地的工作中，同时为未来规划和国家公园建设提供长久的科技理论支撑和实践指导。

申报单位简介：北京市海淀区陆桥生态中心成立于 2015 年，是专注于中国自然保护事业的社会组织。该中心与北京林业大学野生动物研究所结为战略合作伙伴，聚焦雪豹、亚洲象等陆生旗舰物种的保护问题，聚焦森林、草原、荒漠等陆地生态系统开展野生动物科学研究和生态保护实践，探索人与自然的共生策略，推动生态文明建设事业的发展。

珠峰雪豹保护计划

申报单位：万科公益基金会
保护模式：就地保护行动　资金支持机制
保护对象：森林生态系统　草原生态系统　淡水生态系统与湿地生态系统　高山　植物类　兽类　鸟类
地　　点：珠穆朗玛峰国家级自然保护区
开始时间：2013年

背景介绍

雪豹，生活在雪域高原，雄踞于冰峰雪岭之中，被人们称为“雪山之王”。据科学家粗略估计，全球雪豹种群数量为 7 446～7 996 只（2016 年），分布于 12 个国家，全部位于亚洲特别是中亚地区，其中全球 60%的雪豹栖息地位于中国。受气候变化、非法盗猎、栖息地退化等因素影响，雪豹的生存遇到了严重威胁，保护工作迫在眉睫。

西藏珠穆朗玛峰（简称珠峰）地区是我国雪豹分布的重要区域，2013 年，万科公益基金会与西藏自治区林业和草原局建立战略合作关系，共同发布珠峰雪豹保护计划。

主要活动

（1）成立珠峰雪豹保护中心

2014 年 5 月，万科公益基金会和珠穆朗玛峰国家级自然保护区管理局（珠峰

珠峰野生动物救护培训

管理局）联合成立珠峰雪豹保护中心，由万科公益基金会资助项目资金（每年200万元，截至2020年总投入1 100万元）及招募执行人员，珠峰管理局统筹领导业务方向、协调各级管理部门配合项目落地工作。珠峰雪豹保护中心旨在结合政府管理的方向性和稳定性、社会组织执行的灵活性和资源广泛性，共同探索在珠峰地区开展物种保护行动的有效方式。

（2）推进珠峰雪豹保护行动规划一一落地

珠峰雪豹保护中心根据“自然保护系统工程”理念建立了珠穆朗玛峰国家级自然保护区（简称珠峰保护区）雪豹保护概念模型，制定了珠峰雪豹保护行动规划。2014—2017年，重点推动珠峰雪豹种群研究与栖息地调查项目实施，在1 936平方千米范围内布设523台红外相机，初步掌握了珠峰雪豹的分布及生存现状。2017—2020年，在当地社区生计发展支持、保护队伍能力提升、社会公众传播等相关领域加大投入力度，资助10余次专项调研与培训，帮助珠峰保护区完善了保护管理工作机制，提升了基层管护员的能力。项目以小额资助形式支持社区小型基础设施完善，全面调查了珠峰保护区范围内的社区概况，探索以合作社为主体的本地社区生计转型路径。

（3）搭建珠峰地区雪豹保护合作网络

珠峰雪豹保护中心的工作机制紧密贴合珠峰具体情况调整优化，经历了由“重业务”模式向“重平台”模式转变的过程。已初步搭建起珠峰地区雪豹保护合作网络，建立以 4 所科研院所为核心力量的专家指导团队，同时以珠峰雪豹保护中心为纽带，联合物种研究、社区发展、保护管理、自然影像传播等多领域的合作伙伴，积极探索珠峰地区雪豹及其栖息地保护机制的创新与优化路径。

主要影响力

（1）生态环境价值

珠峰保护区总面积为 3.38 万平方千米，拥有以珠穆朗玛峰为代表的极高山景观群，同时具有青藏高原和中喜马拉雅山地两大自然地理单元的地域特征。珠峰保护区特殊的地理位置、复杂的自然条件、多样的气候类型孕育了丰富的生物多样性，雪豹是其中的典型生物代表。自珠峰雪豹保护计划实施以来，推动了以旗舰物种雪豹为抓手的珠峰生物多样性保护行动，保护了珠峰地区独一无二的极高山生态环境。

（2）社会经济价值

①珠峰是举世瞩目的地理标识之一，拥有复杂独特的生态系统，受自然气候、社会氛围等多重因素影响，鲜有公益组织介入这个地区进行尝试。珠峰雪豹保护计划目前是我国唯一一个在珠峰保护区内进行尝试的社会组织合作项目。

珠峰脚下的雪豹家庭（红外相机拍摄）

②珠峰雪豹保护计划集政策支持、科学研究、传统文化传承于一体，重视国家和地方支持政策、保护生物学等政策和科学基础与当地藏族文化、生态保育知识的紧密结合。在设计、执行保护行动时，依据相关政策背景，充分依循当地民族传统习惯和文化，以客

在卓奥友峰大本营巡护

观务实、尊重理解的态度，推动当地社区参与在现代科学理念规划下的生物多样性保护行动。

（3）创新性

①合作模式的创新。创建了保护管理机构与社会组织共建共管的珠峰雪豹保护中心。这种“政府＋基金会”提供政策和经费支持、专业科研队伍落地执行的互补型合作模式，在西藏的生态保护工作方面具有借鉴作用。

②保护行动规划的制定兼顾“回应已有问题”与“预防新问题”两个方面。珠峰雪豹保护计划的保护行动规划制定具有前瞻性，基于扎实的各专项基线调查，不仅重视解决现有问题（如野生动物肇事等），同时借鉴国内外类似项目的经验与理念，设计、实施相应的保护行动规划来避免、减缓可能发生的问题影响（如气候应对等）。

申报单位简介：万科公益基金会由万科企业股份有限公司发起，经民政部、国务院审核批准，于 2008 年成立，是由民政部主管的全国性非公募基金会，2017 年被认定为慈善组织。截至 2020 年年底，万科公益基金会已经在社区废弃物管理、绿色环保（含生物多样性保护）、救灾抗疫、古建筑保护、教育发展等诸多领域累计公益支出 6.3 亿元。

云龙天池多重效益森林的生态修复

申报单位：广汽丰田汽车有限公司
保护模式：就地保护行动　公众参与　生物多样性可持续利用
保护对象：森林生态系统　物种多样性
地　　点：云南云龙天池国家级自然保护区及其周边社区
开始时间：2017年

背景介绍

2014 年 3 月，五宝山国有林场辖属的位于云南省大理白族自治州云龙县功果桥镇海沧村的林地发生火灾，约 4 200 亩植被遭到破坏。2015 年，在火烧迹地山坡背面发现滇金丝猴（*Rhinopithecus bieti*）足迹，刷新了滇金丝猴最南端分布位置的纪录，这片火烧迹地的植被恢复对滇金丝猴栖息地的保护至关重要。同时，云龙天池及周边的湿地、白族村寨自然和人文景观类型十分丰富，特色农产品多样，极具自然体验基地和生态产品的开发和推广价值。

主要活动

广汽丰田汽车有限公司（简称广汽丰田）联合中国绿化基金会、北京市海淀区山水自然保护中心（简称山水自然保护中心）、云南云龙天池国家级自然保护区管护局，整合多方资源，2017—2021 年开展了云龙天池多重效益森林恢复项目。

①科学有效地开展多重效益森林恢复。项目在 5 年的执行期间，分批修复五宝山国有林场共 1 000 亩火烧迹地，通过混交种植共计 17.33 万株本地树种，恢复

社区参与火烧迹地的抚育工作

在火烧迹地进行科研监测

云南松（*Pinus yunnanensis*）林地的生态功能。组织当地村民巡护森林，对400亩恢复林区进行修枝抚育管护，人工促进云南松林更新。

②建立长期科研监测体系，评估恢复成效。从2018年起，持续进行火烧迹地气象、鸟兽、昆虫、土壤、水质等各项指标的综合监测，阐明火干扰后不同干预恢复方式下生态系统的变化情况，为指导火灾后生态系统构建、合理进行人工干预提供了理论依据。

③举办自然观察节和科学志愿者活动，使项目的价值和理念得到广泛传播，推动公众参与保护行动。活动期间，参与者共拍摄到动植物822种，在云南云龙天池国家级自然保护区物种新增纪录289种，植物新种1种（待发表），昆虫新种3种，并编制了云南云龙天池国家级自然保护区动植物手册和社区导赏手册。

主要影响力

（1）生态环境价值

项目在进行森林生态修复的同时，帮助修复濒危物种滇金丝猴的栖息地，增强了项目区森林生态系统的碳汇功能，发挥了森林的保护生物多样性、涵养水源、改善生态环境和自然景观等多重效益。

2020 年开展的科学志愿者活动

（2）社会经济价值

项目通过培训合作社的专业能力、产品开发实践，协助合作社销售生态产品；护林员向导、社区自然体验示范户的选拔，使当地村民在可持续利用周边森林资源方面有了新的理念和认识。项目在增加村民收入的同时，充分调动村民参与保护的积极性，为云龙县当地生态脱贫提供了新的思路和方向。

（3）创新性

项目为我国森林经营提供了多方参与的行动示范。

申报单位简介：广汽丰田汽车有限公司在企业经营活动中奉行绿色环保理念，倡议公司员工、客户、合作伙伴、社会公众等各方力量积极加入植树造林、生态建设、自然保护等绿色公益活动，为我国的自然保护公益事业做出贡献。

广西渠楠白头叶猴社区保护地的治理建设

申报单位：广西生物多样性研究和保护协会
保护模式：就地保护行动　政策制定及实施　资金支持机制　生物多样性可持续利用　传统知识
保护对象：森林生态系统　兽类　种质资源
地　　点：广西渠楠白头叶猴社区保护地
开始时间：2014年

背景介绍

渠楠是广西壮族自治区崇左市扶绥县内的壮族村寨，有近 300 年历史，保留着壮族的传统知识、实践与信仰体系。村寨的风水林被认为与村庄福祉紧密相连，其存在有利于保护水源、防止滑坡滚石等自然灾害，是许多动植物的庇护所。

渠楠地处喀斯特石山丘陵地带，位于印缅生物多样性热点区内，是极危物种白头叶猴（*Trachypithecus leucocephalus*）的重要栖息地。

白头叶猴的栖息地属社区集体林，为获得村民对栖息地保护的有力支持，2014年，渠楠村民小组（简称屯委）在全体村民事先知情和同意下，自筹、自建、自管理保护地，以自然保护小区的形式获得县林业局挂牌认可。全村同意在联合国环境规划署世界保护监测中心（简称 UNEP-WCMC）进行注册，从而被外界认可。

主要活动

在 UNEP-WCMC 注册后，广西生物多样性研究和保护协会与渠楠屯委一起开展了以下工作。

在屯委之下成立了社区保护地管理小组，其内部有明确分工，在财务、政府关系、对外合作与巡护上各司其职，通过召开共管会议推动社区参与村规民约和保护计划的制订，建立内部协商机制。与政府自上而下建立的保护区不同，渠楠社区保护地的管理与决策并不依赖常见的管理制度，而是靠习惯法及村民的共同监督实现。

巡护员、导赏员共同讲解白头叶猴

渠楠社区集体文艺汇演（郭潇滢/摄）

巡护队成员参加红外相机培训（邑农/摄）

得益于良好的生态和文化条件，渠楠通过与自然教育机构合作共建自然教育基地，接待来自全国的自然体验和教育活动，以推动绿色发展。村民加入营期建设，从而内部发展出围绕自然教育经营活动的社区团体，参与或独立提供民俗文化类课程。社区团体与屯委之间逐步建立起有效的民主议事与决策机制。

主要影响力

（1）生态环境价值

渠楠社区保护地自成立以来，白头叶猴的数量不断增加、种群的分布面积在扩大、违法违规捕猎或采集野生动植物和破坏栖息地的现象已经杜绝。在社区保护地成立之前，保护地 2012 年调查显示渠楠共有 50 多只白头叶猴，2018 年已增长到 160 只左右。

村民的保护意愿和监督意愿都明显提高。渠楠社区保护地自成立以来，发生在保护地内的 90%以上的破坏现象都是由村民举报的。生态公益林项目实施后，森林被保护，石山上的植被不断恢复，再没有发生过村民蚕食栖息地的行为。

（2）社会经济价值

①赋权与管理。建立社区保护地得到了政府认可。采用自筹、自建、自管理和自受益的方式，屯委和管理小组积极听取村民意见，让村民参与决策并从中受益，村民对屯委和村民委员会的态度明显改善，对政府也更加信任和支持。社区弱势群体（如妇女、儿童）被动员起来，以社区团体的角色参与到活动和公共事务中，完善了基层治理空间结构，社区公共活动数量明显增加。

②对外关系和影响力。渠楠通过社区保护地与政府部门、公益机构、企业等建立起良好关系，与自然教育、生态农业行业伙伴建立了合作关系，社会影响力明显提升。

（3）创新性

①基层治理有效，组织建设助力行政管理。在村民小组监督下的共管委员会为基层民主协商平台，协助基层屯委进行管理。参与其中的社区团体从生态、经济、文化、公共服务上组织动员群众，实现共同发展。

②自然教育产业发展，农民合作经济初探。围绕自然教育，社区兼顾集体与个人收益，协商建立一整套利益分配机制，保证生态效益集体共享；同时尽可能激励、培养社区群众参与市场机制，在产业链上直接受益，提高农民参与生态产业发展的积极性。

③以社区为主体，多方构建农民生态发展道路。围绕生态保护与发展，增加了农民收入，铺设了政府、社会与市场多方参与的投资通道，从而兑现了农民创造的生态系统服务价值，实现了社区在乡村治理与发展中的主体位置。

申报单位简介：广西生物多样性研究和保护协会是 2014 年在广西壮族自治区民政厅注册、由广西壮族自治区林业局主管的慈善组织，其宗旨是在科学研究的基础上，充分考虑当地人的需求，鼓励公众参与，选择具有可持续性的解决方法保护广西的濒危物种和关键生态系统。

为蒙新河狸建“方舟”

申报单位：阿勒泰地区自然保护协会
保护模式：就地保护行动　公众参与　传播倡导
保护对象：兽类
地　　点：阿勒泰地区的乌伦古河流域
开始时间：2018年

背景介绍

阿勒泰地区以乌伦古湖为尾闾的乌伦古河流域是国家一级保护野生动物，即有着“动物界工程师”之称的蒙新河狸（*Castor fiber birulai*）在我国的唯一栖息地。乌伦古河流域生长的灌木柳（*Salix saposhnikovii*）是蒙新河狸生存必需的因子，不仅是它们的食物，也是它们用来搭建巢穴、修筑水坝的“建筑材料”。近年来，受气候变化等原因影响，乌伦古河的灌木柳出现了老龄化、覆盖度较大幅度降低的情况。食物资源开始不足，环境容纳量成为了制约蒙新河狸种群发展的主要因素。与此同时，当地长期以来受地理位置偏远和经济发展水平的制约，自然保护工作一直存在着招聘难、留人难的“人才荒”现象，工作人员、专业野生动物兽医、保育人员缺乏。

主要活动

针对蒙新河狸的生存困境，阿勒泰地区自然保护协会（简称保护协会）发起 3 个河狸保护公益项目：“河狸食堂”为河狸种下 42 万棵灌木柳树苗，较大程度地改善了蒙新河狸栖息地食物资源环境；“河狸守护者”动员了乌伦古河畔

野外拍摄到的蒙新河狸

190 户牧民成为公益巡护员，解决了自然保护工作人员缺乏的问题；“河狸方舟”为蒙新河狸建起国内第一所专业医疗救助中心，极大地降低了蒙新河狸的意外死亡率。

上述项目 3 年间联动当地政府、国内多家自然保护基金会、企业参与，共获得全网百万网友的支持，成功促进蒙新河狸种群数量由 500 只增长为 598 只，增幅约 20%，达到我国自然保护工作自有蒙新河狸观测数据以来的最高峰值。

“河狸食堂”种树

主要影响力

（1）生态环境价值

①蒙新河狸被誉为“动物界工程师”，它修筑的水坝能将周围环境创造成小湿地、小生境，可为更多物种提供生存环境。蒙新河狸保护系列公益项目实施后，极大地拓展了蒙新河狸的栖息地范围。据观测显示，新增蒙新河狸窝创造出的生境为更多鸟类、鱼类、兽类打造了新的栖息地，对巩固乌伦古河流域的生态稳定起到了积极作用。

②“河狸食堂”项目在乌伦古河流域种植下的42 万棵灌木柳，以发达的根系为多发洪涝灾害的乌伦古河发挥了涵养水土作用。

③蒙新河狸保护系列项目 3 年间为乌伦古河流域增添了近 30 个蒙新河狸家族，且蒙新河狸作为国家一级重点保护野生动物，数量能够有 100 只左右的增长，对于生物多样性的保护具有重大意义。

“河狸食堂”灌木柳生长情况

（2）社会经济价值

①系列公益项目影响力较大。3 年间，在“河狸食堂”项目地进行的河狸直播登上多家直播平台，在线观看人数最高达 40 余万人；保护协会的自媒体粉丝数量有近 200 万人，短视频播放总量过 2 亿次。

②培养自然保护志愿者，促使更多社会成员参与。在宣传公益项目过程中，保护协会带动更多人关注自然保护工作，为更多人提供了参与自然保护的机会。目前，已培养出 200 余名线上志愿者。3 个项目募捐人数达 59 万人/次，河狸直播观看人数累计超过 1 000 万人次。

（3）创新性

①打造河狸成为“养成系团宠”。项目采取将河狸打造成野生动物小明星，将“粉丝”及捐赠人打造成河狸主人的方式，用年轻人更能接受的方式进行保护。

②落地河狸保护“云认领”。项目为动员牧民参与河狸保护，每户大约需要价值 500 元的牧草。保护协会将牧草购买名额发放给网友们，并在河狸窝安置红外相机。网友们在认养河狸的同时可以看到认养河狸的近况。这既缓解了保护协会的经济压力，又激发了更多人的保护热情，收到了较好的效果。

③项目总结出可在全国推广的标准化“工具包”。保护协会将公益项目的发起方法、执行要点、宣传思路、野生动物救助中的治疗方案、保育办法等经验、方法形成了可标准化推广的自然保护及野生动物救助实用“工具包”，提供给其他社会组织及政府部门，协助其他机构结合自身情况建立起不同的野生动物保护体系。

④实现公益项目与社区居民收入融合发展。保护协会通过工作中拍摄短视频产生流量分成、公益店铺售卖社区农牧产品等方式，帮助牧民提高收入，实现了保护协会日常运营收支平衡，探索出了“前期互联网公募立项—中期引导社区牧民参与—后期自媒体带货反哺牧民”的自然保护可持续发展模式。

申报单位简介：阿勒泰地区自然保护协会成立于 2018 年 9 月，是新疆维吾尔自治区阿勒泰地区唯一具有野生动物救助资质的社会团体，发起人为初雯雯。协会的工作理念是连接人类社会与自然，促进保护区之外的野生动物和人类和谐共存，2019 年荣获“福特汽车环保奖——年度先锋奖”，2020 年其“河狸食堂项目”荣获中国互联网公益峰会“活力推荐点赞项目”。

为蒙古国有蹄类动物建铁路走廊

申报单位：国际野生生物保护学会
保护模式：就地保护行动
保护对象：草原生态系统 兽类
地　　点：蒙古国
开始时间：2020年

背景介绍

蒙古国是亚洲为数不多的拥有大型未破碎牧场和山地景观以及全球重要的大型陆生野生动物种群的地方之一，拥有现存最大的连续温带草原和大量野生动物物种，野生动物们利用这里的大片土地进行迁徙。国际野生生物保护学会与蒙古国政府、当地社区和私营部门合作，确保景观之间的连通性，引导当地对生物自然资源进行可持续管理，更好地管理好蒙古国的“野生遗产”。这些努力将保护景观的完整性、维持野生动物种群繁衍，并改善当地社区的生计。

主要活动

项目包括对铁路沿线现有的安全围栏廊道进行修复，以允许大量迁移的大中型有蹄类动物［蒙古野驴（*Equus hemionus*）、蒙原羚（*Procapra gutturosa*）、鹅喉羚（*Gazella subgutturosa*）］不受阻碍地穿越蒙古纵贯铁路。这有助于增加戈壁草原生态系统的渗透性，戈壁草原也是地球上最大的放牧系统之一。项目在实施中确定穿越地点，完全或部分移除围栏，这样蒙古野驴就可以通过，或重新设计围栏，让羚羊可以从围栏下面穿越过去。

这项工作包括了解旨在保护生态系统和物种安全的法律框架，对居住在铁路附近的牧民进行宣传，以提高他们对让牲畜远离轨道的义务的认识和理解；与国家和地方政府机构沟通，让他们了解项目的进展和成就；与铁路工作人员合作，帮助确立项目的所有权，并让他们理解栖息地连接的重要性，以及他们在遵守环境法的同时需要承担的安全运营的义务。

围栏被拆除或重新设计之后，便启动监测工作，包括使用自动摄像机确认野生动物的穿越情况，使用GPS技术追踪牲畜以确定风险点，并准备和传播相关宣传材料，以便公众了解和支持项目。

去掉围栏的区域（铁路两旁）

国际野生生物保护学会对无围栏地区的监测

主要影响力

（1）生态环境价值

戈壁草原生态系统栖息地的连通性对于活动范围广的物种的生存至关重要，这些物种的生存依赖于所获取的牧草资源，而牧草资源在各个季节的分布都是不可预测的。一个屏障如围栏，就可以对动物栖息地产生深远的影响。蒙古野驴曾经在整个戈壁草原生态系统内活动，如今已经从围栏的东面消失了；每年数以千计的蒙原羚被围栏电线缠绕或被通过的火车撞伤，或背离它们的自

区域内的蒙古野驴种群

然活动路线。为这些物种建立一个野生动物友好型的围栏廊道，有助于增强它们在生态系统中的活动能力，使它们在以前的活动范围内重新繁育，恢复长途迁徙。项目增加了生态景观的完整性，改善了这些物种的生存前景，提供了自给狩猎、野生动物旅游收益等重要生态系统服务项目。

（2）社会经济价值

该地区生活着游牧民，项目的实施能使他们在这片土地上更自由地活动。此外，消除造成动物死亡和栖息地减少的长期屏障，使当地的生态景观和物种得到保护。

（3）创新性

项目建设了一个全新的安全走廊围栏，内置多种设计，以确保在必要的地方保障人类的安全，并移除限制各种动物活动的装置。

申报单位简介：国际野生生物保护学会（Wildlife Conservation Society，简称 WCS）成立于 1895 年，100 多年来学会一直致力于全球野生动物以及野外环境的保护。WCS 的首次活动是在 20 世纪初开展的，成功地使西部平原美洲野牛的数量恢复。至今，WCS 已经对世界各地多种地标性生物实施过保护措施。

天行长臂猿及其栖息地保护

申报单位：大理白族自治州云山生物多样性保护与研究中心
保护模式：就地保护行动 公众参与 传播倡导 政策制定及实施
保护对象：森林生态系统 兽类
地　　点：云南省德宏傣族景颇族自治州盈江县
开始时间：2017年

背景介绍

目前中国野外仅有 4 种长臂猿分布，总数不足 1 500 只，其中高黎贡白眉长臂猿，也叫天行长臂猿（*Hoolock tianxing*），野外数量仅存 150 只。作为新命名且濒危的物种，所有的保护行动都依赖该物种的基础调查研究。据调查，国内一半的天行长臂猿分布在位于中缅边境的云南省德宏傣族景颇族自治州盈江县，且多数位于保护区外。人类活动和基础建设造成的栖息地破碎化阻隔种群繁衍，部分种群分布在海拔较低的集体林、个人林中。保护这些低海拔栖息地对保护天行长臂猿、推动社区参与生态保护从而维护生态系统功

雄性天行长臂猿（欧阳凯/摄）

能可持续性具有重要意义。

主要活动

大理白族自治州云山生物多样性保护与研究中心（简称云山保护）在盈江县的工作包括以下三大部分。

（1）野外调查监测

从2017年开始，云山保护与云南铜壁关省级自然保护区合作，对盈江县天行长臂猿开展深入调查和种群监测工作，包括目击信息收集、种群数量监测调查、栖息地质量调查、猿粪收集用于遗传多样性研究等。在几年的持续监测中，云山保护摸清了盈江县天行长臂猿的种群数量及分布信息，与当地保护区建立了数据沟通分享机制，随时更新种群动态。也因此与当地各级政府部门、社区建立了联系，科普宣传让公众对天行长臂猿的认知得到了提升。

（2）推动社区保护

云山保护通过深度访谈了解当地社区的情况和真实需求，并结合当地的生态调查数据，与社区共同确定片区栖息地恢复威胁因素并针对威胁因素确定社区参与保护方案。和社区共同开展参与式农村评估（PRA）调查，将了解到的情况分享给当地居民，共同开展社区能理解、能操作的长臂猿保护工作。

野外工作人员正在森林中跟踪监测长臂猿（欧阳凯/摄）

自然教育项目官员杨洵正带领村寨的孩子们做自然体验游戏（大锤/摄）

（3）面向公众的宣传教育

云山保护通过社区青少年自然教育项目推动社区日常关注自然环境和长臂猿保护，打造“意识—理念—行动”的教育闭环。通过与盈江县教育局及当地学校的讨论，云山保护结合当地自然环境，推出了长臂猿主题自然科普课程，目前已经编写出一套原创教材并将在盈江县当地学校试用。针对村寨里的儿童和青少年，云山保护结合社区传统文化，组织了自然体验活动，促进孩子们对家乡环境的了解、对自然保护的认同。

主要影响力

（1）生态环境价值

多年的野外调查和实地研究为天行长臂猿这一濒危灵长类动物的保护提供了科学依据。云山保护在盈江县共记录到 3 只天行长臂猿的诞生、5 只青年天行长臂猿迁出家庭、1 个新天行长臂猿家庭群的分布等信息。云山保护积极共享多年积累的经验、数据，为政府在制定保护决策中提供充足可靠的资料，为云南铜壁关省级自然保护区形成《天行长臂猿物种监测项目方案》提供了协助。

盈江县蕴含着极其丰富的生物多样性，对以天行长臂猿为代表的亚热带中低海拔森林生态系统中的物种缺少研究和保护重视。保护天行长臂猿及其栖息地，能更全面深入地了解生物资源和生态系统服务功能。

（2）社会经济价值

2019 年，云山保护通过一对一深度访谈完成 271 份问卷，并采取公共空间设计、自然教育等方式提高当地对保护工作的认可和投入。同时还和政府部门及保护区合作，提供巡护技能培训支持。目前云山保护在两个活动地引导社区小学生各开展 7 次家乡自然活动，共计参与 322 人次。

在公众倡导方面，从 2019 年开始云山保护联合北京、南京等城市的 10 家动物园开展了国际长臂猿日宣传活动，影响人数超 5 万人次；在十几个城市举行了超过 30 场线上线下分享会，观看人数逾 10 万人次。

（3）创新性

其创新性主要体现在强调在社区主体性前提下的共同保护行动。

盈江县的天行长臂猿主要分布在非保护区的国有林和集体林中，通过前期的社区调查和走访，云山保护希望在天行长臂猿栖息地建立社区保护地，推动社区成为保护的主体，这样可保证通过项目的支持为社区找到开展生态保护的内驱力。在过去的工作中，云山保护看到村民为了减少对长臂猿栖息地的干扰，勇敢建议工程项目“绕道”进行，也看到乡村孩子在自然教育体验活动中迸发出来的创造力，还看到了当地政府工作人员对外部保护项目的支持。这让云山保护有信心通过试点社区保护的实践，找到一种“保护传统文化—促进社区管理和保护自然资源—产生可持续的经济来源—保护和发展齐头并进”的模式。

申报单位简介：大理白族自治州云山生物多样性保护与研究中心是专注于保护长臂猿及其所处森林生态系统的公益机构，由经验丰富的兽类和鸟类研究专家、保护项目主管、自然摄影师等共同创立。中心已经坚持 6 年开展野外调查监测和科普宣教工作，为相关保护区和林业和草原局等合作伙伴提供了长臂猿保护的科学依据及保护建议，并为公众提供了大量的长臂猿科普优质活动支持和知识。

17 世界濒危灵长类——海南长臂猿的全方位保育

申报单位：嘉道理农场暨植物园（香港）北京代表处
保护模式：就地保护行动 传播倡导 政策制定及实施 技术创新
保护对象：森林生态系统 兽类
地　　点：海南热带雨林国家公园霸王岭片区
开始时间：2003年

背景介绍

海南长臂猿（*Nomascus hainanus*）是全球最珍稀灵长类之一、国家一级保护野生动物，目前只分布在霸王岭一带。由于过去的捕猎和生境破坏，其种群数量曾急剧下降至10只以下。1980年，海南霸王岭自然保护区成立，虽然阻止了海南长臂猿走向灭绝，但其种群一直未有明显恢复。

2003年，嘉道理农场暨植物园（Kadoorie Farm and Botanic Garden，简称KFBG）受海南省林业局邀请参与海南长臂猿的保护工作。KFBG和保护区开展了首次种群数量同步调查，并制订了首份长远保护行动计划。调查结果确认，仅有2种群13只长臂猿生活在海南霸王岭一片狭小的原始森林内，保护行动刻不容缓。当时的威胁包括栖息地过小及破碎化、关键低海拔森林严重退化和强烈的人为干扰。时值农村栽种橡胶的热潮，违法开垦严重，村民采集林产品也相当普遍。同时，保护区经费周转困难，无法有效应对这些问题，与周边社区的矛盾日益积累。为拯救海南长臂猿，KFBG和保护区实施了一系列措施。

主要活动

（1）长期监测，贴身保护

自 2005 年起，KFBG 向保护区提供资金和技术支持成立海南长臂猿监测队，开始每天监测，保护猿群和了解其习性；自 2013 年起，每年 10 月组织长臂猿同步调查工作，更准确掌握其数量变化。

（2）修复生境，连接森林

KFBG 培训和资助保护区人员建立了苗圃，就地采集种子，培育长臂猿爱吃的本土树种，现已在 150 公顷退化低地种植了 51 种共 8 万多株树苗，为将来的猿群贮粮。KFBG 在受滑坡破坏的林区架设起人工树冠廊道以连接关键栖息地。

2010 年成立社区长臂猿监测队

（3）社区参与，化敌为友

KFBG与保护区开展社区工作，如在紧邻保护区的白沙黎族自治县青松乡推广永续农业以改善生计，还举行学校宣教活动。KFBG在2010年成立由世居当地的黎族和苗族村民组成的社区监测队，协助保护区进行猿群监测。

（4）科研数据，支撑保育

KFBG共资助了6名科研人员进行海南长臂猿的生态、栖息地和保育管理方面的研究，成果均有助于完善保护行动。

KFBG人员事必躬亲，与保护区人员同甘共苦。经过十余年的努力，海南长臂猿在2021年数量已增加一倍多，达5群35只，成为全球唯一能维持稳定种群数量的长臂猿物种，成果令人鼓舞。

主要影响力

（1）生态环境价值

长臂猿被公认为是兽类中最有效的种子传播者之一，有效保护海南长臂猿对海南热带雨林生态系统的恢复和演替具有极为重要的价值。项目成功促进海南长臂猿种群逐渐恢复与扩大，令其数量由2003年的2群13只增加至2021年5群35只，其活动区域也在不断扩展，并重新回到长臂猿绝迹数10年的林区。在此基础上，海南长臂猿将进一步扩展其种群分布范围，重新填补长臂猿在海南热带雨林国家公园生态系统缺席多时的生态位。

项目在保护长臂猿的同时，高强度巡护和社区宣传教育工作也降低了人类活动对保护区的干扰，产生的伞护效应有助于保护海南热带雨林生态系统的完整性，惠及在其中生活的数以千计的物种。

（2）社会经济价值

海南长臂猿是海南热带雨林生态系统保护中最有代表性的物种之一，曾5次登上《濒危灵长类动物：世界25种最濒危灵长类名录》（*Primates in peril*：*the world's 25 most endangered primates*）。作为中国唯一特有的长臂猿物种、国家一级保护野生动物，每年10月的长臂猿同步调查常获得主流媒体广泛报道。为海南长臂猿架设人工树冠廊道的研究报告发表后，多家具影响力的国际媒体纷纷采访及转载，令本项目进一步受到全球关注。海南长臂猿数量恢复的正面成效亦给全球动物保育工作者带来极大鼓舞，海南人民也对此与有荣焉，关心自然保护的社会氛围间接支持了海南热带雨林国家公园的建设。与此同时，KFBG和保护区培养出一支对长臂猿保护工作充满热情的监测队伍，加上多年的宣传教

海南长臂猿使用人工树冠廊道

育活动开展及永续农业推广，令周边社区更支持自然保护工作。

（3）创新性

公益组织在保护地开展物种保护项目并取得成效的例子数不胜数，但能够如 KFBG 这样一直与自然保护区紧密合作，并持续全方位投入近 20 年的个案并不多见。此外，项目成功为长臂猿架设绳桥连接起破碎的生境，是全球鲜见的针对长臂猿而建的人工廊道。

申报单位简介：嘉道理农场暨植物园为香港特别行政区的环保机构，1998 年起，在内地开展各类生态保育项目，项目包括保护和研究自然生态系统及濒危物种、培育当地保育人才，提高社区保育意识和推广可持续生活模式。2019 年，嘉道理农场暨植物园（香港）北京代表处正式在内地注册为境外社会组织，目前正开展的项目遍布中国海南、云南、广东、北京，以及柬埔寨等地。

那仁保护小区

申报单位：大理白族自治州野性大理自然教育与研究中心
保护模式：就地保护行动 公众参与 生物多样性可持续利用 传统知识
保护对象：森林生态系统 草原生态系统 农田生态系统 高山 干旱半干旱地区
地　　点：云南省迪庆藏族自治州德钦县
开始时间：1998年

背景介绍

那仁位于云南省迪庆藏族自治州德钦县羊拉乡茂顶村，地处云南、四川、西藏三省、自治区交界处，长期以来交通不便、物资不畅，曾经是深度贫困地区。那仁共 40 户，人口近 300 人，均为康巴藏族。那仁拥有极为丰富的自然资源和生物多样性，位于白马雪山保护区的北部边界之外，是滇金丝猴一个大种群的栖息地。

那仁位于德钦县最大的一块平地坝子上，村民用半农半牧的方式与自然和谐共生

1998 年 12 月那仁举行了一次全村大会，大会向村民宣传了国家环境保护相关法律，要求村民懂法、守法，不乱砍滥伐森林，保护环境，同时起草村规民约，特意设置了保护生态、

保护森林资源方面的条款，标志着以全体村民为主体的那仁保护小区正式成立。自此，那仁开始了 20 多年的自发保护实践。

2020 年 7 月，那仁大学生向小学生展示红外相机拍摄的野生动物，图为中华鬣羚（*Capricornis milneedwardsii*）

主要活动

从 1998 年起，全体村民自发承诺不打猎，一致严格保护森林。原先已经砍伐的树林重新补种并已经恢复成林；上交猎枪、栓起猎狗、从森林中回收铁丝扣。那仁社区的强烈意识和行动，也影响到了周边村落，不再来此盗猎、盗伐。

那仁保护小区的保护工作实际上依靠村子自治、自发的保护，村规民约发挥了重要作用。村民信奉藏传佛教中的众生平等的理念，同时也接受外部的科学保护指导，从村庄内部治理、科学理念、宗教信仰、法律法规等层面认可保护，并把保护意识转化为行动，多层约束机制齐头并举。村民的义务与权利相适应，他们在保护自然的前提下，获得自然的馈赠；学习外界理念的同时，保持团结互助的精神，村庄得以永续发展，这就是那仁提倡的“养山吃山”。村庄计划开展不破坏环境的产业，如高山药材种植和生态旅游，以期改善村民的生活水平，吸引年轻人回村就业。

自 2019 年以来，在外部专家指导下，那仁居民积极学习填写记录表，辨认动植物种类，使用红外相机、GPS 和电子地图等工具，把原有的传统知识和朴实保护措施与现代化的科学研究手段结合，护林能力不断增强，探索出独特的融合保护方式，有望打造全学科的长期科研基地。

主要影响力

（1）生态环境价值

①那仁的地形地貌多样、生态系统种类丰富，包括了海拔 5 200～2100 米垂直区间的雪山、高山流石滩、原始森林、高山草甸、高山灌丛、高原湖泊、金沙江沿岸的干热河谷等。那仁有德钦县最大的坝子和最大片的原始森林。那仁的长期保护工作使人与自然的关系更紧密、生态系统的服务功能更健全。

②那仁周边的山林是滇金丝猴吾牙普牙种群的栖息地。在村民的保护下，滇金丝猴吾牙普牙种群的生活环境稳定、数量持续增长，从1996年确认的175只以上，增长至最新调查的至少450只，约占滇金丝猴总数的13%。

那仁社区村民大合影

（2）社会经济价值

20多年来，那仁配合白马雪山保护区完成多项保护工作，成为滇金丝猴全境保护网络的项目地，并与众多科研院所，如中国科学院昆明动物研究所等，民间保护机构展开合作。那仁的努力得到外界认可，那仁入选中国公益保护地名录，护林员获得多次褒奖，村子出现在《美国国家地理》、美德法等国的纪录片、中央电视台综艺频道的节目、联合国环境规划署的宣传资料中。

（3）创新性

①自主性与前瞻性。那仁社区的带路人具有远见卓识，了解国家政策法规，也深知自己村子的条件和特色，带领村民走上保护优先的道路，且不轻易被短期利益所动摇，强调全村发扬公平、艰苦奋斗的精神，污染治理水平较高。村民坚持与山共生，拒绝具有破坏性的生计方式，禁伐禁猎，20多年的保护行动均由全体村民自发完成，没有依赖外部资助。

②自发的全民保护模式。在我国现行保护地体系中，政府部门一直扮演管理者和执行者的角色，村民往往是被管理的对象。而在社区保护地中，村民是保护的主体，在生产生活中进行自我约束，在保护的基础上谋求发展。多方利益一致，共同合作促成保护目标。此模式避免了国家保护与乡村发展的对立，减轻了国家财政和行政负担，运用村民世居于自然的生态智慧，尊重本地文化和治理方式，是一种自发、公平、可持续的全民保护模式。

申报单位简介：大理白族自治州野性大理自然教育与研究中心是一家致力于用影像的方式传播和推广自然保护理念的公益机构，通过对中国野生生物和自然环境进行拍摄，努力实现“用影像保护自然”的信念。

鄱阳湖白鹤保护的探索与实践

申报单位：国际鹤类基金会（美国）北京代表处　江西鄱阳湖国家级自然保护区管理局
保护模式：就地保护行动 公众参与 传播倡导 生物多样性可持续利用
保护对象：淡水生态系统与湿地生态系统 鸟类
地　　点：江西鄱阳湖国家级自然保护区
开始时间：1983年

背景介绍

白鹤（*Grus leucogeranus*）是IUCN红色名录中的极危物种，国家一级保护野生动物，全球种群数量 3 600～4 000 只。目前，在印度和伊朗越冬的中部和西部种群近乎灭绝，只剩下在鄱阳湖越冬的东部种群。

鄱阳湖大群白鹤

国际鹤类基金会（International Crane foundation，简称ICF）为一家关注15种鹤类及其栖息地保护的国际非营利组织。为了解白鹤东部种群生存状况，ICF自1979年起与中国科学家开展合作，在科学家们的努力搜寻下，最终于1980年冬季首次在鄱阳湖发现100余只白鹤，由此展开对该物种的不懈研究与保护工作。在ICF及国内专家的建议下，江西省政府于1983年成立了以保护白鹤为主要目标的江西省鄱阳湖候鸟保护区，1988年晋升为国家级，更名为江西鄱阳湖国家级自然保护区（简称鄱阳湖保护区）。

主要活动

①1998年，长江特大洪水对鄱阳湖湿地生态系统造成了严重影响，白鹤面临着严重的食物短缺问题，其生存状况令人担忧。为掌握白鹤等鹤类的种群数量与分布情况，以指导有效保护，在江西省林业部门的支持下，ICF与鄱阳湖保护区于1999年共同启动了鄱阳湖鹤类与湿地生态监测项目，项目实施持续至今，项目积累的监测资料为鄱阳湖湿地及白鹤等水鸟的保护提供了决策依据。为改善白鹤越冬栖息地环境，2014年，双方基于多年的监测数据，为保护区核心区的碟形湖制订了水资源管理方案并加以实施。同时，对保护区的其他碟形湖也开展了水鸟栖息地管理试点工作。

鄱阳湖白鹤保护经验交流

鄱阳湖国际观鸟周

②鹤类保护不仅需要政府的决策支持，也需要公众尤其是当地社区的理解与支持。从 2003 年开始，双方在公众和社区环境教育方面开展了卓有成效的工作，包括编写乡土教材，设计制作了大量宣传材料，如以鹤类与湿地为主题的手册、年历和挂历等，定期开展公众倡导和社区宣传，在当地学校开展“环境教育进课堂”等活动，显著提高了当地社区特别是青少年对鹤类及其栖息地的保护意识。

③ICF 与鄱阳湖保护区通过长达近 30 年的战略合作，发挥社会组织与保护区的各自优势，使白鹤保护逐步得到越来越多利益相关方的关注和支持，白鹤种群数量从 20 世纪 80 年代的 100 余只增长到 90 年代的 2 900～3 000 只，现在稳定在 3 600～4 000 只。

主要影响力

（1）生态环境价值

白鹤是湿地中的旗舰保护物种，项目不仅维持了该物种东部种群的稳定增长，也促进了鄱阳湖流域湿地生态系统及生物多样性的保护。鄱阳湖湿地不仅每年为超过 50 万只的越冬候鸟提供安全庇护所，也为其他物种如长江江豚（*Neophocaena asiaeorientalis*）、河麂（*Hydropotes inermis*）等提供了适宜栖息地。鄱阳湖是东亚—澳大利西亚水鸟迁飞路线上最重要的栖息地，在全球具有不可替代的地位，鄱阳湖湿地生态系统的保护意义重大。

（2）社会经济价值

鄱阳湖的白鹤保护既提高了全社会对白鹤的关注度，也推动了对鄱阳湖的保护：

①白鹤在 2019 年被确定为江西省鸟，为促进白鹤及鄱阳湖生态保护，江西省政府每两年举办一次鄱阳湖国际观鸟周，践行生态保护与绿色发展理念。

②健全了鄱阳湖水鸟保护网络，鄱阳湖保护区在湖区已成立了 11 个保护管理站，另有 1 个国家级、2 个省级和 10 个县级保护区先后成立。

③鄱阳湖长期生态监测与研究为鄱阳湖有关的重大工程的论证提供了有力的数据支撑，也为国内外的科研院校开展鹤类和湿地生态相关研究提供了基础数据，有多名博士生和十余名硕士生得到支持。

④ICF 与鄱阳湖保护区的长期合作使得保护区的监测体系完善，保护管理能力加强。

（3）创新性

鄱阳湖的白鹤保护坚持科学规划、政府主导、多方参与的原则，在多方面开展了创新工作：

①保护区在 ICF 的协助下共同制订了监测规程，为全国为数不多的开展长期生态监测的保护区提供依据。

②专门开发了数据库管理系统并数次更新，使用至今已近 20 年，实现了数据的有效存储和快速提取。

申报单位简介：国际鹤类基金会成立于 1973 年，是全球唯一一家致力于研究和保护鹤类的非营利组织，在全球 50 多个国家以多种方式保护鹤类及其赖以生存的栖息环境。江西鄱阳湖国家级自然保护区管理局成立于 1983 年，现隶属于江西省林业局，其主要职能是保护鄱阳湖以白鹤为代表的珍稀候鸟和湿地生态环境，开展与生态保护相关的科学研究，科学地、可持续地利用自然资源，同时监管长江江豚自然保护区范围内长江江豚等物种及其栖息地的生态环境。

利益相关者全参与、共筑黑颈鹤保护大网络

申报单位：中国科学院昆明动物研究所　中国林业科学研究院森林生态环境与保护研究所　国际鹤类基金会

保护模式：就地保护行动　公众参与　传播倡导　政策制定及实施　技术创新　遗传资源惠益分享　传统知识

保护对象：淡水生态系统与湿地生态系统　鸟类　种质资源

地　　点：青藏高原及其周边区域

开始时间：2004年

背景介绍

黑颈鹤（*Grus nigricollis*）是世界 15 种鹤中唯一生活在高原的鹤类，主要分布于青藏高原及其周边区域，涉及中国、印度、不丹 3 个国家，为青藏高原湿地的旗舰物种。因分布地域偏远、交通闭塞、环境复杂多变等，黑颈鹤是发现最晚和研究最少的鹤类物种。

主要活动

2004—2006 年，中国科学院昆明动物研究所、中国林业科学研究院森林生态环境与保护研究所下属的全国鸟类环志中心和国际鹤类基金会联合开展了国内首次黑颈鹤卫星跟踪研究，揭示了黑颈鹤的重要栖息地和迁徙路线，并对其开展保护与研究。多年的实践让上述 3 家单位的杨晓君、钱法文和李凤山 3 位研究员认识到：黑颈鹤的有效保护需要繁殖地、迁徙路线停歇地和越冬地相关机构和组织及利益相关方的共同参与。三人遂于 2011 年建立黑颈鹤保护网络，建立年会及核心小组沟通协调机制，共同推动从事黑颈鹤保护和研究的各保护主体和主管部门、研究机构以及社会组织和志愿者团体进行信息沟通和经验分享，合作开展科研、同步调查并协调联合保护行动。

历经10年，网络不断发展壮大，目前已有来自中国、印度、不丹、美国等国家的68个研究机构和保护单位加入，持续进行黑颈鹤保护的科研监测、就地保护、科普宣传、环境教育、国际交流等系列活动。

黑颈鹤越冬“肖像照”

主要影响力

（1）生态环境价值

黑颈鹤终生生活在高原，分布区涵盖了中国西部高原的大部分地区，与中国荒野和典型高原生态系统保护区高度重合，生态环境极度脆弱。保护网络的建设不但促使黑颈鹤种群数量显著增长，也促进了黑颈鹤保护面积显著增加。目前以黑颈鹤为主要保护对象的湿地类型保护区达27处，包括13处国家级和14处省级自然保护区，总面积逾25.5万平方千米。作为青藏高原湿地生态系统的旗舰物种，黑颈鹤保护地系统的构建，以及栖息地的保护和修复，也保护了高原湿地中生存的多种物种，提升了青藏高原“第三极”区域生物多样性保护的成效。

2020年1月中国野生动物保护协会鹤类联合保护委员会组织的全国越冬鹤类同步调查结果显示，我国黑颈鹤越冬种群数量已达1.6万余只，较15年前数量增加了近3倍。2020年7月，IUCN将黑颈鹤从受胁物种名录中移除，濒危等级由易危调整为近危。

（2）社会经济价值

黑颈鹤保护网络整合了黑颈鹤保护的所有利益相关者，他们发挥各自资源优势，通过高效沟通、协作和人才培养，实现了对黑颈鹤全面而有效的保护。网络成立后，研究论文剧增，培养了众多从事黑颈鹤研究和保护科研人员、保护管理人员和志愿者。保护网络也极大地激发了保护管理部门的热情，工作人员积极争取项目、开展调查研究、保护与恢复栖息地、制定管理办法或工作条例。社会组织通过环境教育、能力建设和国际交流等，提高公众和社区的保护

雅江河谷越冬黑颈鹤群体

意识和能力，促进和推动国内外经验分享，向国际社会宣讲中国保护故事。目前保护网络已经发展成为全球黑颈鹤研究与保护工作者的信息交流学习平台。

（3）创新性

迁徙物种的保护离不开繁殖地、中途停歇地和越冬地各个地区的有效工作和积极协作，任何一环的缺失都将影响物种的生存繁衍。保护网络以黑颈鹤为中心，集聚了国内外一大批关注该物种的研究与保护工作者，通过开放、平等、灵活的方式，为科研工作者、就地保护管理者、行政主管部门、社会组织以及志愿者之间搭建了一个可以实时分享信息、交流经验、协调合作的平台，鼓励所有利益相关者积极参与其中。年会机制则有效提高了成员单位的专业水平和网络凝聚力。这种组织模式避免了迁徙鸟类研究和保护中经常遇到的信息缺乏或滞后而导致保护工作缺少系统性和科学性的状况发生，也打下了合作调查、联合研究和协同保护的基础。

申报单位简介：中国科学院昆明动物研究所是我国生物多样性演化、保护与可持续利用领域的综合性研究机构，主要开展生物多样性演化、保护和利用研究。中国林业科学研究院森林生态环境与保护研究所下属的全国鸟类环志中心，隶属于研究所鸟类环志与迁徙研究学科组，主要从事鸟类迁徙和濒危鸟类保护生物学的研究。国际鹤类基金会成立于 1973 年，是一家研究和保护鹤类的非营利组织，在全球 50 多个国家以多种方式保护鹤类及其赖以生存的栖息环境。

恢复泥炭地：石南灌丛和森林沼泽地修复

申报单位：德国环境与自然保护联盟
保护模式：就地保护行动 公众参与 生物多样性可持续利用
保护对象：森林生态系统 淡水生态系统与湿地生态系统 植物类 两爬类 鸟类
地　　点：德国
开始时间：2019年

背景介绍

项目地位于德国莱茵河附近，最初这里有许多湿地栖息地，包括泥炭地。后来为了发展林业，这些栖息地被排水疏干。如今，该地区人口稠密，道路等基础设施严重过剩，但同时又为许多物种提供了避难所。德国环境与自然保护联盟（简称德国联合会）在这一区域的调查结果表明，迫切需要采取自然保护行动来恢复泥炭地。

主要活动

德国联合会在当地收集了有关土壤、植物和排水结构的数据，寻找可以进行修复的栖息地。结果表明，69 个栖息地需要还湿，其覆盖面积达 500 公顷左右。根据欧盟或德国当地的分类系统，这些栖息地属于泥塘、沼泽、湿地和其他类型的湿润或潮湿生态系统，它们在该地区已十分稀少且濒临消失。因此，必须通过关闭当地的排水沟渠还湿。还湿将促进不同类型栖息地的恢复，对保护生物多样性具有积极的作用。此外，泥炭地还湿是最有效和最经济的气候变化缓解措施之一，具有很高的二氧化碳当量减排潜力。德国联合会计划了后续项目以恢复栖息地和保护生物多样性。

调研队在野外工作，左：布雷纳（Brenner）教授；右：格朗德（Grund）博士

新鲜泥炭

主要影响力

（1）生态环境价值

泥炭地栖息地的恢复是基于自然的解决方案之一，可以同时应对物种灭绝风险和气候危机。这也是应对气候变化所带来的负面影响的有效措施。

泥炭地提供的生态系统服务包括：

泥炭藓（*Sphagnum* sp.）和地杖菌（*Mitrula paludosa*）

①珍稀动植物栖息地。随着泥炭地栖息地的消退，栖息在此的物种也濒临灭绝。只有保护它们的栖息地才能保护它们。项目地区为当地物种，即 IUCN 红色名录上的 700 多个动植物物种和德国至少 37 个重点保护物种提供了庇护所。

②景观水平衡。泥炭地栖息地可以储存水，也可以作漫滩（有储存作用）。在项目区域，降水通常通过人工排水沟排走。拆除这些排水结构提高了该区域的吸水率，强化了其缓冲功能，降低了暴雨、洪水和干旱所带来的影响。

③过滤功能。泥炭地能够改善水质。

④气候保护。泥炭地栖息地的恢复对气候变化具有积极作用，完整的泥炭地具有碳汇的作用，它们从大气中捕捉二氧化碳，并以泥炭的形式将碳永久储存在土壤中。另外，在排干的泥炭地中，泥炭被矿化，二氧化碳被释放。泥炭地从水库变成温室气体的来源地，这些都会导致气候变化。栖息地恢复使泥炭地更能抵御气候变化所带来的负面影响。

（2）社会经济价值

泥炭地的还湿将是由当地人在德国联合会科学家的指导下进行。因此，当地人可以了解他们所处的自然环境，培养敬畏之心。曾被鼓励和教育过的当地人是栖息地及生物多样性的最佳捍卫者。

泥炭地有水陆栖息地之间的过渡地带这一生物学特点，因此其特殊的动植物群落为环境教育提供了极好的机会。物种保护和气候保护是十分热门的话题，许多人对此感兴趣，尤其是年轻人。

由于项目所在地是大都市，因此自然栖息地对这里的人们十分重要。泥炭地自身也具有美学吸引力。

（3）创新性

项目地区以前从未尝试过这种规模的泥炭地恢复项目。

申报单位简介：德国环境与自然保护联盟（BUND）总部设在柏林，是一个全国性组织，在每个联邦州，都有一个 BUND 区域协会致力于自然保护。

海口五源河下游的蜂虎保护小区

申报单位：海口畓嶅湿地研究所
保护模式：就地保护行动 公众参与 资金支持机制 生物多样性可持续利用
保护对象：城市生态系统 淡水生态系统与湿地生态系统 鸟类
地　　点：海南省海口市五源河湿地
开始时间：2019年

背景介绍

海南的海口西海岸一带历来是栗喉蜂虎（*Merops philippinus*）和蓝喉蜂虎（*Merops viridis*）的繁殖地。这两种鸟类属于蜂虎科（Meropidae），夏季于中国南方繁殖，冬季则飞到东南亚越冬，在海南为不常见留鸟或夏候鸟。根据 2021 年发布的《国家重点保护野生动物名录》，二者均为国家二级保护野生动物。由于蜂虎外貌出众、习性有趣，深受观鸟和鸟类摄影爱好者的喜爱，被称为“中国最美小鸟”。

蜂虎这类物种喜欢在河流下游或沿海地区的沙壁营巢，这些区域同时是人类活动较强的区域。它们可以耐受一定的人为干扰，在城市中生存。许多有过蜂虎繁殖记录的城市，都有生态改造、城市保护地发展的潜力与价值。同时，蜂虎作为一种具有强公众号召力和吸引力的旗舰物种，适合推广宣传，不仅能够使本地生态环境受到更好的保护，也能连带保护那些影响力较小的物种。

2018 年在海南海口五源河国家湿地公园旁，20 多只蜂虎被发现在此筑巢繁殖，这里成为目前已知蜂虎离市区最近的繁殖点。2019 年 4 月，海口市政府设立五源河下游蜂虎保护小区，面积约 8.39 公顷。

栗喉蜂虎和它的巢穴

蜂虎保护小区全貌

生境营造

主要活动

①海口畓畓湿地研究所与海口市湿地保护管理中心、海口市秀英区湿地保护管理中心共同合作对这里进行了小规模生境营造：修整出可供蜂虎筑巢的沙土坡面，清理坡面杂草，种植蜜源植物可吸引蜂虎爱吃的昆虫，开挖水沟营造人工湿地。为方便人们观赏蜂虎，同时降低人类活动对蜂虎繁殖的影响，还搭建了观鸟棚。

②自 2019 年以来，连续 3 年进行蜂虎栖息地营造工作，积极主动开展蜂虎保护工作。生境营造的成效立竿见影，很快就吸引了更多的蜂虎前来繁殖，2019—2021 年，分别监测到蜂虎数量最多为 56 只、58 只、72 只。2021 年 5 月，这里已成为海口市蜂虎数量最多的集群繁殖点。

③蜂虎保护小区是海口五源河湿地教育中心中最受欢迎的自然教育场所，

共计举办过宣传教育活动 20 余场。多方单位参与的 2020 年 7 月“再见蜂虎”主题活动和 2021 年 5 月“你好蜂虎”国际生物多样性日主题宣传活动，吸引了近 600 名市民前来参加，参观蜂虎栖息地、了解蜂虎生活习性等活动，取得很好的社会影响。

蜂虎已经成为海口靓丽的“生态名片”之一，吸引全国各地摄影爱好者前来拍摄。2019 年，首届蜂虎摄影大赛收集到蜂虎摄影作品 500 多幅，2020 年继续开展第二届，并取得良好的社会反响。

主要影响力

（1）生态环境价值

案例通过生态整治、生境营造等措施保留了城市滨海沙地生境，为栗喉蜂虎和蓝喉蜂虎提供了栖息繁衍的空间。除此之外，五源河国家湿地公园孕育着红树林、草地、河流和浅海水域等多样的生境，为众多的野生动物提供了庇护与栖息场所。这里除明星鸟类蜂虎外，还能见到红原鸡（*Gallus gallus*）、褐翅鸦鹃（*Centropus sinensis*）、白胸翡翠（*Halcyon smyrnensis*）等国家二级保护野生动物。

（2）社会经济价值

五源河下游蜂虎保护工作得到省市媒体的争相报道，这成为建设海口国际湿地城市的亮点。在这里举办的持续不断的自然教育激发了市民的生物多样性保护意识，取得良好的社会效果。

（3）创新性

五源河下游蜂虎保护小区是海南省首个政府与社会组织、志愿者共建共管的保护地，是海南省第一个城市中的鸟类繁殖地保护地。项目依托邻近城市中心的地理优势，积极探索湿地合理利用方式，充分发挥保护地社会服务功能，坚持“政府主导，多方治理，市民监督”的管理模式，为市民休闲游憩、湿地自然教育、生态文明教育提供了场所。

申报单位简介：海口畓畓湿地研究所是在海口市民政局登记的民办非企业单位，其宗旨是通过科学研究指导对湿地进行有效管理，促进湿地保护和资源可持续利用的实现，业务范围包括调查、规划、监测、科普宣传和管理培训等。

南黄海迁徙鸟类栖息地生态修复

申报单位：南京大学环境规划设计研究院集团股份公司
保护模式：就地保护行动
保护对象：海洋和沿海地区生态系统 鸟类
地　　点：江苏盐城湿地珍禽国家级自然保护区
开始时间：2014年

背景介绍

南黄海湿地是以鹤类、鸻鹬类、雁鸭类、鹭类、鸥类为代表的东亚—澳大利西亚国际候鸟迁徙通道上五大类水鸟赖以生存的重要栖息地，河口滩地、盐场扬水滩、水库等生境对湿地保育、迁徙鸟类保护具有十分重要的意义。

自 2014 年以来，南京大学环境规划设计研究院集团股份公司（简称南大环规院）联合江苏绿色之友（南京大地文化发展交流中心）对江苏盐城湿地珍禽国家级自然保护区（简称珍禽保护区）内的鸟类现状进行了连续考察，发现受气候变化、互花米草（*Spartina alterniflora*）入侵、盐场水库冬季蓄水等因素影响，以丹顶鹤（*Grus japonensis*）为代表的湿地水鸟的优质栖息地数量呈明显减少趋势，同时深水精养塘面积的扩大使该区域以丹顶鹤为代表的大部分湿地水鸟的承载能力下降。

主要活动

为恢复以丹顶鹤为主的水鸟的栖息地，南大环规院与江苏绿色之友、珍禽保护区经过反复论证后，在珍禽保护区代表区域盐城市响水县灌东盐场的两处养殖塘开展“退养还湿”工程，基于多种鸟类的生态需求，开展多目标的湿地生境修复营造工作。

丹顶鹤家族选择在修复区越冬

灌东盐场有两处生态修复区，第一处总面积 3 000 亩，第二处总面积 342.2 亩，都是根据以丹顶鹤为代表的湿地水鸟的生态习性而设计的，包括浅滩区、浅水区、深水区、生态岛、生态隔离区 5 个主要功能区。定期引退水和适度增殖放流保证修复区所模拟的南黄海原始自然湿地生态系统能够得到快速重建、恢复。区域内通过定期换水（主要是涨落潮换水，必要时辅以水泵机械换水）实现能量和物质自流动、自循环，无须过多人工干预。区内浅滩区主要供丹顶鹤等涉禽及游禽类栖息使用；浅水区水深 10～30 厘米，主要供丹顶鹤等涉禽类觅食使用；深水区水深 2 米左右，为增殖放流的鱼类提供了繁殖和避险区，确保了修复区内水鸟有稳定的食物来源；生态岛土方来自深水区挖深后的土壤，岛上种植先锋植物碱蓬（*Suaeda glauca*），可作为鸥类或燕鸥类的重要繁殖地；生态隔离区位于修复区边界，由沟渠和高大的芦竹（*Arundo donax*）带组成，发挥了防止人类干扰的功能。

主要影响力

（1）生态环境价值

灌东盐场的两处生态修复区建成后，一是构建了多种水鸟的栖息地，它既是丹顶鹤及其他水禽的越冬栖息地，也是鸥类或燕鸥类的集中繁殖地、黄海湿地鸻鹬类的高潮位栖息地。在繁殖季，修复区生态岛可承载近 4 000 对繁殖燕鸥及少量繁殖鸻鹬，并吸引了东方白鹳（*Ciconia boyciana*）、白琵鹭（*Platalea leucorodia*）、鹗（*Pandion haliaetus*）等珍稀鸟类，共观测到国家一级保护鸟类 2 种、二级保护鸟类 8 种，IUCN 红色名录中近危及以上等级鸟类 11 种。二是成功控制了实施区域内的外来入侵物种——互花米草，恢复了原生的碱蓬地。三是构建了可自循环的稳定生态系统，将人为干扰严重的深水精养塘最大限度地恢复为近自然的滨海湿地。

迁徙鸟类选择灌东盐场生态修复区集中栖息的生态效果已经显现，浮游生物、底栖生物、水生生物、陆生植被、鸟类数量之间基本实现动态平衡，监测到的水鸟已达 68 种，对提高南黄海湿地鸟类承载力、扩大东亚—澳大利西亚迁飞候鸟种群数量起到了明显作用。

（2）社会经济价值

在项目实施及后期监测过程中，南大环规院不仅注重修复区内的生态治理效果，还以提升周边养殖户自然保护意识为己任，结合生态修复效果，通过宣讲、多媒体宣传等方式，带动周边的企事业单位、养殖户、种植户等参与鸟类保护；通过协助周边养殖户创立生态养殖品牌，保障养殖户经济利益，使生态养殖概念及相关技术要点得到普及，助力人与自然和谐共生。

（3）创新性

面对互花米草入侵性强、区域人为干扰大、水系连通差等问题，项目坚持目标导向和生态原则，形成了具有滨海特色的创新经验：

①多目标的水位调控和地形改造。在破碎化养殖塘景观基础上，构建了“浅滩—深潭—小岛”等生境，实现不同生境类型水鸟栖息地的季节性动态管理，弥补了自然生态系统的不足。项目通过水位管理，实现不同季

修复区同时也是鸻鹬类的高潮位栖息地
[图为黑腹滨鹬（*Calidris alpina*）集群]

生态岛燕鸥繁殖区一角

节、不同生态位鸟类种群利用同一块栖息地的目标，显著提升了生态修复的效果。

②低干预的湿地生态系统运维模式。营造潮汐型半开放水系统，建立水文、植被覆盖综合调控管理模式，形成稳定的高潮位水鸟栖息地，通过自然潮汐和水生生物群落的构建实现修复区内食物网的自我维持和平衡。

③滨海湿地修复先锋植物搭配模式。总结出了一套适用于南黄海滩涂湿地的先锋植被搭配模式，迅速修复、建立湿地植物群落，用自然的方法防止互花米草的二次入侵。

申报单位简介: 南京大学环境规划设计研究院集团股份公司是直属于“双一流”南京大学的国有生态环保类咨询企业，持续开展江苏沿海生物多样性监测、湿地生态系统修复、生态补偿研究、科普宣传等生物多样性保护工作，同时整合南京大学有关学科资源，开展跨学科的生物多样性监测和保护设备、技术研发或转化工作。

黑嘴鸥及其繁殖地的保护

申报单位：盘锦市黑嘴鸥保护协会
保护模式：就地保护行动 生物多样性可持续利用 迁地保护
保护对象：海洋和沿海地区生态系统 淡水生态系统与湿地生态系统 鸟类
地　　点：辽宁省盘锦市
开始时间：1991年

背景介绍

辽宁省盘锦市地处辽河入海口，有湿地24.96万公顷，有由面积1 330公顷的碱蓬群落构成的特殊景观“红海滩”，有世界最大的黑嘴鸥（*Chroicocephalus saundersi*）繁殖地，是丹顶鹤繁殖的最南限，西太平洋斑海豹（*Phoca largha*）也在这里繁殖。

特殊的地理位置和适宜的生态环境使这里成为东亚——澳大利西亚涉禽迁徙路线、中国东部雁鸭类迁徙路线、中国东部丹顶鹤迁徙路线、中日黑嘴鸥迁徙路线上的重要停歇地。每年在这里迁飞、停歇的候鸟多达182种、数百万只以上。

黑嘴鸥是世界珍稀物种，1871年首次在福建厦门被发现。此后一个多世纪，黑嘴鸥成为鸟类学家探寻、研究的对象。盘锦市黑嘴鸥保护协会（简称黑嘴鸥保护协会）历时30年，有效保护了黑嘴鸥及其繁殖地。

主要活动

黑嘴鸥保护协会用“四步法”解决栖息地保护问题：

①开展环境教育。组织利益相关方到现场进行环境教育，使各方达成关注黑嘴鸥重要繁殖地、保护黑嘴鸥繁殖地南小河的共识。

②借助舆论监督。对破坏环境的行为进行新闻曝光，停止对南小河的环境破坏。

③发挥专家智慧。为农民水产养殖提供科学办法；科学恢复黑嘴鸥觅食地生态，封闭黑嘴鸥觅食地，避免采挖沙蚕。

④给政府决策提建议。合理的意见上达，使一些开发计划得到更改。如原计划从黑嘴鸥繁殖地南小河通过的滨海大道向北绕弯通过；原本难以建成的南小河保护站得到兴建；开发面积 30 万亩的刚刚动工的开发计划由政府出面叫停；向政府提出的 12 条环保建议得到接受和实施。

黑嘴鸥保护协会与政府、媒体等合作，有效制止计划开发 30 万亩湿地的行动

主要保护活动：组织志愿者开展护鸟、保护海洋、清洁海岸等活动；拆除影响环境的建筑和设施；组织宣传队伍（包括媒体记者）对保护湿地、保护鸟类的先进单位和先进人物进行宣传；曝光破坏生态环境的事件；创建环境教育基地使绿色环保理念得到传承；培育生态文化，用文化的力量保护黑嘴鸥；修复黑嘴鸥觅食地生态。

主要影响力

（1）生态环境价值

黑嘴鸥属于珍稀物种，对环境要求极为苛刻，本案例使黑嘴鸥得到有效保护，种群数量明显增加。

面对栖息地不断地被大面积围垦，虾、海参等水产，其养殖排放的废污水不仅污染了海水，也导致周围的鱼虾几乎绝迹，黑嘴鸥捕食的沙蚕被滥采乱挖，黑嘴鸥保护协会开展了有效地保护行动，30 年来累计保护湿地 50 余万亩，恢复 510 亩黑嘴鸥觅食地生态。30 年来，黑嘴鸥数量由 1990 年的 1 200 只增至 2021 年的 10 507 只。

（2）社会经济价值

30 年来一直在宣传，从《中国发现黑嘴鸥繁殖地，揭开世界百年未解之谜》的新闻报道，到盘锦“市鸟”产生、“中国黑嘴鸥之乡”夺冠的宣传，黑嘴鸥从鲜为人知到成为明星鸟类；随着保护等级调整为国家一级保护野生动物，黑嘴鸥数量由千越万。大量地、持续地宣传，使盘锦当地保护动物蔚然成风。

（3）创新性

①首次提出并实施“飞鸟战略”。不是单纯就鸟论鸟，而是围绕护鸟开展有效的工作，把各项工作比作鸟的各个部分，如鸟头代表方向是以黑嘴鸥为旗舰物种的保护；鸟身代表栖息地保护；左翅代表环境教育；右翅代表生态文化培育；鸟爪代表生态修复；鸟尾代表跨地区全方位保护。各个部分协调配合，相得益彰。

②首次提出“用文化的力量保护黑嘴鸥”，从零做起培育黑嘴鸥文化，用 18 种艺术形式生产出黑嘴鸥文化产品 6 000 件（个），其中舞蹈《飞吧，黑嘴鸥》在北京鸟巢演出。《古渔雁民间故事》中《吉祥鸟》（又名《黑嘴鸥救罕王》）等 3 篇民间传说故事被国务院批准列入国家级非物质文化遗产代表性项目名录。文化起到了潜移默化的保护作用。

③运用人工孵化沙蚕苗的方式修复觅食地生态。

国家级非物质文化遗产《古渔雁》中的《黑嘴鸥救罕王》插图

申报单位简介：盘锦市黑嘴鸥保护协会成立于 1991 年，旨在保护以黑嘴鸥为旗舰物种的动物及其栖息地，为社会组织提供了保护濒危物种的成功案例。

昭通市黑颈鹤及湿地的宣传和保护

申报单位：昭通市黑颈鹤保护志愿者协会
保护模式：就地保护行动 公众参与 传播倡导 资金支持机制 传统知识
保护对象：淡水生态系统与湿地生态系统 鸟类
地　　点：云南省昭通市大山包
开始时间：1998年

背景介绍

昭通 4 县（区）共有 19 个黑颈鹤越冬栖息地。由于高原气候严酷，食物短缺，“人鹤争食”及“人鹤争地”的矛盾显著。昭通市黑颈鹤保护志愿者协会成立 20 多年来围绕黑颈鹤及其栖息地开展宣传教育和生境保护工作。

主要活动

（1）宣传倡导保护黑颈鹤及其栖息地生态的重要性

①针对村民：利用宣传展板向当地村民宣传普及黑颈鹤及湿地生态系统保护知识，并分发协会编写的会刊《黑颈鹤》以及湿地保护知识折页。②针对学生：开展保护黑颈鹤及湿地生态环境的知识讲座，开展黑颈鹤保护相关主题绘画和征文活动。③针对社会各界人士：创办黑颈鹤保护协会门户网站（http://www.hjhbh.com）以及“黑颈鹤”微信公众号（共发布 81 期 500 多篇消息），组织志愿者参加以“亲近自然关爱自然”为主题的爱鸟护鹤环境保护志愿服务活动，践行保护理念和引领时代风尚。

2018 年 11 月 25 日，“保护黑颈鹤我们在行动”摄影展走进云南大学呈贡校区（单佑清/摄）

（2）改善村民生活条件，解决“人鹤争地”问题

16 年 32 个学期持续资助贫困学生 2 983 人次，资助资金 63 万元；投入资金 106 万元修建便民桥、教学楼等，为村民搭建免费义诊平台，使当地村民享受到环保带来的好处，从而发自内心保护黑颈鹤。

（3）聘请村民对黑颈鹤进行人工投食，解决“人鹤争食”问题

积极争取国际爱护动物基金会、全球绿色资助基金、WWF 等国际组织的援助和支持，聘请当地村民做护鹤员，投放 3 万多千克食物。

（4）协助开展科研工作和提供决策信息

协助省内科研机构对黑颈鹤进行监测，撰写环评报告；提交政协提案，参与当地政府决策。

昭通黑颈鹤保护志愿者协会成立 20 多年来，持续推进黑颈鹤栖息地保护宣传工作，获得首届“中国青年志愿服务项目大赛金奖”。

协会聘请大山包大海子护鹤员陈光会在大海子为黑颈鹤进行人工投食（王昭荣/摄）

主要影响力

（1）生态环境价值

20 多年来持续不断、多措并举，使大山包黑颈鹤的数量持续增长。昭通境内最大的黑颈鹤栖息地大山包，1992 年黑颈鹤数量仅 350 只，截至 2021 年 1 月，黑颈鹤固定栖息数量为 1 680 只，大山包成为全球黑颈鹤东部越冬种群密度最大、数量最多的地方。

昭通黑颈鹤保护志愿者协会卓有成效的工作也保护了黑颈鹤栖息地的生态环境和物种多样性。大山包沼泽湿地面积占全省沼泽湿地面积的 22.35%，其中泥炭沼泽为重要的碳储存库。大山包共有鸟类 134 种，包含国家重点保护鸟类 14 种；昆虫 223 种，其中 1 个新亚种和 10 个中国新纪录种；植物 72 科，197 属，358 种。黑颈鹤栖息的沼泽湿地能有效涵养水源，阻截泥沙，大山包湿地生态系统的恢复，对金沙江下游的水土保持具有重要意义。

（2）社会经济价值

黑颈鹤及其栖息地的保护及宣传，提升了社会各界人士的生态环境保护意识，昭通市昭阳区也成为 “中国黑颈鹤之乡”，黑颈鹤栖息地大山包也成为了国家级自然保护区和国际重要湿地，促进了有关黑颈鹤文学的绘画、摄影等艺术作品的繁荣发展，打造了城市的特色文旅标签。

昭通黑颈鹤保护志愿者协会成立 20 多年来共募集社会资金 170 万元，资助了大山包及周边地区近 3 000 名学生，为当地新修了便民桥及教学楼，邀请省内外中医专家提供了多次免费医疗救助服务。

昭通黑颈鹤保护志愿者协会通过开展科研工作，为多个机构提供了环境影响评价服务，提出相关对策及意见，促进了经济发展与环境保护“双赢”的实现。

申报单位简介：昭通市黑颈鹤保护志愿者协会成立于 1998 年 12 月 4 日，为非营利社会组织，从以保护黑颈鹤为宗旨拓展为“保护野生动物，维护生态平衡”，并以实现“人与自然和谐发展”的美好愿景为终极目标。20 多年来，协会组织和个人获得首届“中华慈善奖”、2010 年“全国先进社会组织”、2015 年首批“全国志愿服务示范团队”等近 30 项荣誉奖项或称号，为中国西南地区珍禽保护做出重要贡献。

多学科保护弗洛雷斯海岸森林生境和科莫多巨蜥

申报单位：科莫多巨蜥保护计划
保护模式：就地保护行动 公众参与
保护对象：森林生态系统 海洋和沿海地区生态系统 物种多样性
地　　点：印度尼西亚
开始时间：2016年

背景介绍

科莫多巨蜥（*Varanus komodoensis*）是印度尼西亚东部特有体型最大的蜥蜴，部分分布在包括科莫多国家公园在内的保护区中，然而，还有近一半的种群分布于弗洛雷斯岛周边未受保护的地区。虽然科莫多巨蜥和人类已经共同生活了数千年，但我们愈发认识到，持续地栖息地丧失和相关冲突正在威胁弗洛雷斯岛未受保护地区的巨蜥种群。当地社区也面临巨蜥袭击人畜的风险。

科莫多巨蜥

自 2007 年成立以来，科莫多巨蜥保护计划（Komodo Survival Program，简称 KSP）一直与印度尼西亚政府合作，帮助推进科莫多巨蜥研究和种群监测工作。从 2016 年开始，KSP 开展了综合保护计划，让弗洛雷斯社区民众参与到巨蜥的保护工作中，并为当地人建立可持续的生产方式。KSP 帮助社区了解维护强大且多样的生态系统，并缓解了科莫多巨蜥与人之间的冲突。

主要活动

项目包括科莫多种群数量和分布监测、政府能力建设以及人与科莫多巨蜥冲突缓解。KSP 首先与社区代表举行了非正式会议，讨论了 2016 年减少科莫多巨蜥袭击人畜的替代畜牧方法，继续实施缓解策略；2017 年改善了放牧方法，实施了公众教育项目、公民科学项目、能力建设，以及开展参与式和焦点小组讨论；2018 年组织关于放牧和管理方法的研讨会。

项目进度和成果评估采用多种评估方法，帮助 KSP 更好地量化核心问题：① 记录科莫多巨蜥当前分布范围；② 社会心理量表评估人们对科莫多巨蜥和野生动物的看法；③ 进行“人兽冲突”调查，记录“人兽冲突”事件并提出缓解策略；④民族志研究，记录科莫多巨蜥分布区域周边社区的社会和文化背景；⑤参与式制图，包括参与式观察，以鼓励当地人支持 KSP 实施缓解冲突的战略。除综合评估外，KSP 还组织了许多公众参与活动。例如，绘制项目地区科莫多巨蜥栖息地的潜在生态旅游地点的地图，为当地社区成员提供从导游英语到木雕像和手工艺品制作的各类技能培训。与当地最大的部落协作，并在该地区建立地方旅游局，保护巨蜥栖息地。

主要影响力

（1）生态环境价值

在科学杂志上发表下列成果：

①进行了广泛的红外相机调查，评估科莫多巨蜥在北海岸的当前分布，并评估了土地使用变化对其分布的影响。

②直接评估了最近主要道路建设对科莫多巨蜥死亡率的影响。

③进行了预测性建模实践，以了解未来气候变化对科莫多巨蜥种群的影响。

（2）社会经济价值

①项目通过学校教育项目，提高了儿童对科莫多巨蜥保护的认识。方式包括传统的演示、观看纪录片和看故事书讲故事。通过这些活动，人们对科莫多巨蜥采取必要保护行动的理解度提高了 36.5%，2018 年提升幅度增至 18.4%。

使用红外相机监测科莫多巨蜥

学校教育项目

②提高公众意识、加强牲畜管理，增进人与科莫多巨蜥共存的意愿。KSP 举办了社区意识项目会议，参加会议的有宗教领袖、村长和社区成员。会议播放了纪录片，介绍科莫多巨蜥生态，讲解科莫多巨蜥生态和生物多样性保护的基础背景知识。KSP 还开展了牲畜管理培训。2016 年和 2017 年，项目地的牲畜袭击事件总数分别减少了 81%和 85%。

③提高政府和社区的技能。KSP 在 2016 年、2017 年和 2018 年为巡护员和政府官员举办了 3 次培训，还为当地社区居民提供了各种培训，如英语、导游和考察团接待，提高他们的旅游管理技能，除畜牧业外，提供了一种替代生计模式。这也促成了由当地部落领导的地方旅游局的成立，各方达成一致意见，保护鬣鹿（*Rusa timorensis*）（科莫多巨蜥猎物之一）免遭非法捕猎。

（3）创新性

项目最重要的创新是多学科方法、多重利益相关方参与和提高效率的多方努力。项目通过了解栖息地、物种和人类的所有要素，建立严格策略，生成可实现的建议，成功实现栖息地、物种和人员管理等众多问题的同时应对。

申报单位简介：科莫多巨蜥保护计划是总部位于印度尼西亚的非营利组织，成立于 2007 年 3 月，其使命是为科莫多巨蜥及其自然栖息地和区域群落制订管理和保护行动计划。

云南特有珍稀濒危植物茈碧莲资源调查和人工培育

申报单位：中航信托股份有限公司
保护模式：迁地保护 资金支持机制 生物多样性可持续利用
保护对象：淡水生态系统与湿地生态系统 植物类 淡水生物类
地　　点：云南省洱源县
开始时间：2020年

背景介绍

茈碧莲（*Nymphaea tetragona*）又名茈碧花，子午莲，小白睡莲，属睡莲科（Nymphaeaceae）睡莲属（*Nymphaea*），是睡莲在云南高原湖泊的野生类群，为我国原产的 5 种野生睡莲之一。一般认为只有生长于云南洱源县和苍山上少数茈碧湖中的茈碧莲才是野生原种，近年来茈碧莲濒临灭绝。

2020 年 5 月 22 日，第 27 个国际生物多样性日，中华环境保护基金会、中航信托股份有限公司联合云南省生态环境厅、中国科学院昆明植物研究所共同启动了云南特有珍稀濒危植物茈碧莲资源调查和人工培育项目。该项目作为支持《生物多样性公约》缔约方大会第十五次会议（COP15）的系列活动之一，由“中航信托·绿色生态慈善信托”特别支持，旨在通过野生资源调查评估、种群生态学特征研究、种质资源人工高效培育与栽培展示等方式，对云南野生茈碧莲进行综合保护和利用研究。

洱源县巫泊茈碧莲保护小区，盛开的茈碧莲俯视图

主要活动

“中航信托•绿色生态慈善信托”是国内首个以绿色生态为主题的慈善信托，由中航信托股份有限公司担任主要受托人，以支持绿色生态事业发展、传播绿色生态理念为慈善目的。中国科学院昆明植物研究所担任实施机构，借助其在云南开展珍稀濒危植物保护的丰富经验和专业团队力量，拯救野生茈碧莲这一重要物种。

项目对茈碧湖的茈碧莲进行了综合保护和利用研究，包括目标物种野生资源调查与种群生态学研究、种质资源人工高效培育与栽培展示，并开展知识传播与科普宣传活动。

在项目支持下，昆明植物园极小种群野生植物综合研究保护团队于 2020 年 5 月在大理茈碧湖周围的亚高山湖泊中发现了野生茈碧莲种群，并进行了人工繁育和迁地保护，精心栽培的种群有朝一日能重返故里、回归自然。

洱源县巫泊茈碧莲保护小区，研究人员开展茈碧莲生物学研究

主要影响力

（1）生态环境价值

项目通过拯救野生茈碧莲，实现茈碧莲科学保护与可持续利用，为云南乃至全国珍稀高原湿地水生植物保护提供可复制典型案例。

（2）社会经济价值

在 2021 年 COP15 第一阶段大会召开期间，茈碧莲作为 COP15 生物多样性体验园的明星物种之一，对其进行了展示和宣传。

（3）创新性

“中航信托·绿色生态慈善信托”以慈善信托的形式支持濒危植物茈碧莲的保护，是慈善信托参与绿色生态环保的一次新尝试，慈善信托精准而灵活的制度优势，提高了慈善项目执行的针对性和施行效力，为茈碧莲保护开启了保驾护航的专项通道，同时慈善信托开放融合的特性，也为生物多样性公益事业提高社会关注度、引入多元化公益主体打开了新局面。

洱源县茈碧湖保护小区，野生茈碧莲生长状况良好

从模式上来看，由信托公司作为主要受托人，依托于信托公司专业的资金管理能力，对慈善信托资金进行独立管理，具有较强的安全性；由公益组织作为共同受托人，依托于其在环境保护方面专业的资源和经验，选择推荐具有较强环境价值和社会价值的优质项目。

案例的模式创新、遴选程序严谨、资金利用率高、生态环境效益明显，具备较强的可推广性。

申报单位简介：中航信托股份有限公司是由中国银行保险监督管理委员会批准设立的非银行金融机构，管理资产逾 6 000 亿元、净资产逾百亿元。公司股东实力雄厚，由特大型企业——中国航空工业集团有限公司及境外投资者新加坡华侨银行等企业共同发起并组建，是集央企控股、上市背景、中外合资、军工概念于一身的信托公司。公司通过专业化的信托和投融资服务，在绿色信托、航空产业、小微金融、家族信托、慈善信托、金融科技等领域具备行业领先能力与水平。

滴碳守护·黄河源退化草地修复

申报单位：北京滴滴公益基金会
保护模式：就地保护行动 公众参与
保护对象：草原生态系统
地　　点：三江源国家公园黄河源园区
开始时间：2020年

背景介绍

被誉为“中华水塔”的三江源地区，是长江、黄河、澜沧江的源头，每年向三条江河的中下游供水近600亿立方米，是中国和东南亚地区10亿人的生命之源。受全球气候变化和人类活动的影响，三江源地区的高寒草甸和高寒草原正在退化。

北京滴滴公益基金会（简称滴滴公益）通过产品用户端和线下环境保护落地的联动，在激励用户实践更多绿色出行的同时，通过配捐，联合多个公益机构开展“滴碳守护·黄河源退化草地修复”公益项目，支持在三江源国家公园黄河源园区开展1 203亩退化草地的恢复治理工作。

主要活动

（1）打通产品用户端，应用滴滴网约车碳减排方法学[①]，提升公众环保关注度与积极性

2020年12月，滴滴公益联合滴滴拼车，落地“123拼车日”运营活动，引导

① 获得《联合国气候变化框架公约》方法学专家委员会推荐。

设立项目宣教牌

公众使用拼车，参与低碳出行，并通过应用网约车碳减排方法学，量化用户通过拼车实现的个人单次行程碳减排量，将其转化为公益捐赠，并结合配捐公益项目，使用户了解拼车低碳出行的价值和意义，提升公众对环境保护的关注度。

（2）联动线下环境保护项目，修复退化草地，保护生物多样性

通过线上的运营活动提升公众环境保护意识的同时，滴滴公益线下联合中华环境保护基金会和北京市海淀区山水自然保护中心，开展“滴碳守护 • 黄河源退化草地修复”公益项目，支持在三江源国家公园黄河源园区开展 1 203 亩退化草地的恢复治理工作。在三江源国家公园黄河源园区主要落地了 4 项治理措施，即草地建植，人工灌溉，围栏封育，宣教工程。

草地样方监测

2021 年 6 月，巡护员对长出草苗的修复地块进行灌溉

主要影响力

（1）生态环境价值

通过实施本项目，可增加草地盖度至 30%以上，随着植被盖度的增加，草

地涵养水源、保持水土的能力会相应提升，从而恢复天然草地源头产水和水源涵养功能，稳定黄河干流河道径流，进一步筑牢国家生态安全屏障，确保“中华水塔”安澜和水量丰沛。

（2）社会经济价值

①倡导绿色出行，提升公众环境保护意识。公众通过参与拼车，共享座位和里程，减少出行的碳排放，用个人点滴的低碳行动影响他人做出相应改变，进而减少交通行业的整体碳排放，甚至能够推动能源系统的改变，帮助应对全球气候变化。

②保护生态环境，拉动经济发展。通过项目实施，项目区牧草综合覆盖度明显增加，土壤结构得到有效改善，草原水源涵养、保持水土、防风固沙能力进一步提升，从而使项目区草原退化得到有效遏制，促进草原生态系统向良性循环的方向发展，产生较好的生态效益。综合治理后可增加项目区牧草覆盖度，有效提高项目区牧草产量，从而产生较为可观的经济效益。

（3）创新性

①开展互联网企业参与三江源国家公园黄河源园区的首次。保护实践滴滴出行是首家参与三江源国家公园黄河源园区生态保护的互联网企业，捐赠 1 203 亩退化草地的草籽播种及养护资金，开启了企业联合公益组织，助力三江源生态保护与发展的新模式。

②应用网约车碳减排方法学，计算用户个人单次行程碳减排量。项目应用滴滴网约车碳减排方法学，计算用户使用拼车出行的个人单次行程碳减排量，打通线上线下壁垒。不仅让公众对自身低碳出行选择有更清晰的了解，激励用户在日常生活中践行环境保护，推动减少交通行业的整体碳排放，还将用户个人的降碳行为转化为落地环境保护项目的措施，在三江源地区对退化草地进行治理。

申报单位简介：北京滴滴公益基金会是 2018 年 12 月在北京市民政局注册成立的非公募基金会。北京滴滴公益基金会积极参与扶贫济困、自然灾害救助、环境保护等社会公益活动，持续探索出行场景下公益行动路径和公益实践模式，扶持出行服务相关人群的公益社群建设，倡导和实践绿色低碳生活方式，参与和支持有利于弘扬社会正能量和建设环境友好型社会的社会公益行动。

解决青藏高原流浪狗问题

申报单位：青海省雪境生态宣传教育与研究中心
保护模式：就地保护行动
保护对象：物种多样性
地　　点：青藏高原
开始时间：2014年

背景介绍

曾经是牧民家的好帮手、在过去十几年中被炒成财富象征的藏獒，又在近几年被丢弃，它们或成为火锅食材被整车卖掉，或流浪在藏区各个乡镇和寺庙周围。它们有时候到垃圾堆放处寻找食物，有时候依靠当地藏族“阿妈”投喂的剩饭，有时候成群结队地袭击牧民家的牛羊，有些甚至可以捕食野生动物或和野生动物抢夺食物。

一些野生动物残骸和毛发，如岩羊（*Pseudois nayaur*）、高原鼠兔（*Ochotona curzoniae*）、喜马拉雅旱獭（*Marmota himalayana*）、赤狐（*Vulpes vulpes*）和盘羊（*Ovis ammon*）都曾出现在流浪狗的粪便中，而岩羊、高原鼠兔和喜马拉雅旱獭也是青藏高原顶级食肉类动物雪豹、棕熊和狼（*Canis lupus*）的主要食物。流浪狗不仅对野生动物产生影响，对当地群众的生活也产生了很大的影响。在流浪狗态度的调查中，82.1%的被访者认为流浪狗在该地区是一个很大的问题。2016 年 11 月 24 日，在囊谦县发生了一起 8 岁小女孩被流浪狗攻击的事件。咬人、使周围的环境变脏和偷食物是当地群众反映最多的流浪狗所带来的问题。在藏区流行的包虫病，狗是其重要的传播源头之一，亟须采取有效措施应对。

但捕杀的做法不被当地人认可，在调查中，当地人不仅反对捕杀流浪狗，也反对“安乐死”，他们认为“任何形式的死”都是生命中最大的痛苦。

主要活动

青海省雪境生态宣传教育与研究中心（简称雪境）动员当地力量为流浪的藏獒做绝育，并和当地寺院合作推行领养的方法，即通过“捕捉+领养+绝育（培训本地兽医）+免疫”的思路缓解上述矛盾。拍摄纪录片、发放流浪狗手册，让当地人知道流浪藏獒的危害以及安全防护办法。雪境与当地政府、畜牧兽医站、寺院等各方力量共同商讨治理办法，并引入外部兽医培训师给本地兽医做绝育手术的技术培训，提高当地人解决流浪藏獒问题的意识和能力。截至 2020 年 10 月，已有 71 位本地兽医接受了犬类绝育手术培训，完成 700 只犬类动物的绝育手术；雪境和寺院合作使超过 500 只流浪狗被领养，此救助方法已经被政府部门认可。

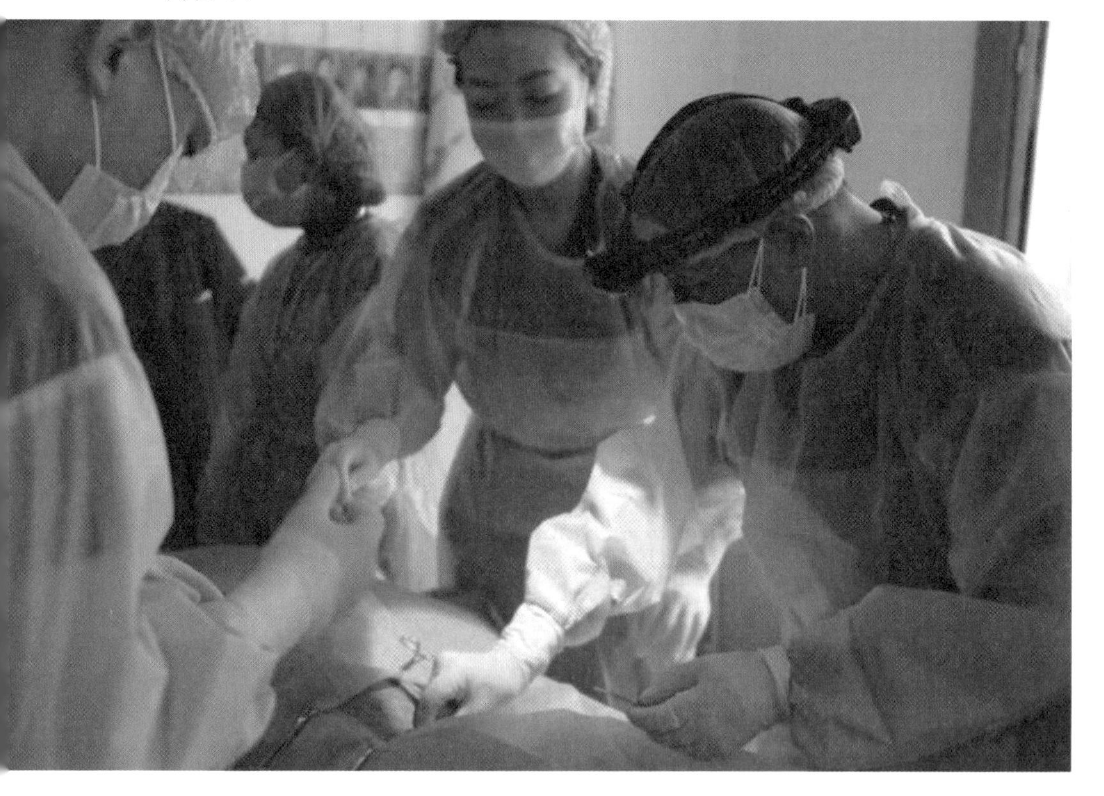

本地兽医参加犬类绝育手术的实操培训

为当地村级兽医提供犬类绝育手术的理论培训

青海省玉树市的流浪狗收容中心

主要影响力

（1）生态环境价值

目前，青海三江源地区的流浪藏獒种群数量为 13 万只，其中大约有 5%的个体和其他野生动物活动区域重合度高，并且已经有研究证据显示流浪藏獒对当地食肉动物的活动在空间和时间上有一定的影响，种群间存在竞争关系。在青藏高原相对脆弱的生境下，本项目可缓解流浪狗这一物种对雪豹、赤狐、藏狐、岩羊等其他野生动物的威胁。另外，流浪狗还有和其他野生动物共患病的风险，本项目有助于降低这一风险。

（2）社会经济价值

雪境拍摄的《背弃藏獒》藏汉英三语纪录片反映了青藏高原流浪狗的状态、产生的原因和当地回应方式，不仅获得了上海国际绿色电影节的“独立精神奖”和“最佳新人奖”，在互联网上有 513 万次的点击率，相关报道也获得了广泛关注。雪境还发放藏汉双语《我们为什么关注流浪狗》手册，提高当地人对流浪狗问题的认识，减少丢弃狗的情况发生，使当地人了解流浪狗所带来的传染病的风险。

（3）创新性

青藏高原的流浪狗问题，是一个在社会发展、经济利益驱使下的新的生态挑战，同时又产生在宗教文化浓厚的藏区，从案例中可以看到雪境试图与受影响的社区和相关利益群体进行公开、透明地探讨，并赋能赋权于社区，避免仅仅从生态影响的层面理解流浪狗的问题。基于当地的生态文化观念，雪境探索了“捕捉+领养+绝育（培训本地兽医）+免疫”这一解决办法，并作为社会组织组织联合了政府、社区（本地兽医）、寺院相关人员和藏区以外的兽医培训师，使各利益相关群体在流浪狗的问题上发挥重要作用。

申报单位简介：青海省雪境生态宣传教育与研究中心于 2014 年在青海省民政厅正式注册。该中心以尊重每一个生命、促进每一个生命可持续地共享自然所带来的福祉为愿景，在青藏高原地区开展实地调查和研究，希望从传统智慧中了解当地人与自然的关系，为自然保护研究提供民族和历史视角，并将研究结果“反哺”社区，向其分享环境问题的解决方法。

印度尼西亚的社区森林管理

申报单位：人与资源保护基金会

保护模式：就地保护行动 公众参与 资金支持机制 生物多样性可持续利用 遗传资源惠益分享 传统知识

保护对象：森林生态系统 淡水生态系统与湿地生态系统 农田生态系统 植物类 兽类 两爬类 鸟类 淡水生物类 种质资源

地　　点：印度尼西亚

开始时间：2018年

背景介绍

婆罗洲的森林是濒危物种的栖息地之一，包括极危物种婆罗洲猩猩（*Pongo pygmaeus*）、易危物种马来鳄（*Tomistoma schlegelii*）和其他一些物种。近年来当地大规模发展工业种植园（尤其是油棕种植园），森林遭到过度采伐；加上开矿、农业侵占以及火灾等恶性破坏，保护区中的龙脑香低地和泥炭沼泽的森林面积迅速减少。社区管理的森林及达瑙圣塔鲁姆国家公园等保护区，为婆罗洲的许多标志性和濒危物种在日益增大的环境压力下提供家园。

主要活动

在此地区，大多数生物多样性丰富的区域被限制在保护区之外，而保护区对此管理不力，因此，需要通过社区管理进行保护。

社区巡护乡村森林（上、下图）

人与资源保护基金会（People Resources and Conservation Foundation，简称 PRCF）与当地社区合作，着力制订“乡村森林”计划，提高当地人的保护意识，村庄通过保护友好型活动实现可持续发展。PRCF 强化了现有的“乡村森林”管理机制，大力规划和执行森林保护方案，支持村庄社区发展社会经济，在惠及当地社区的同时实现森林和濒危物种保护，这为生物多样性保护在传统模式的基础上提供了一个可行的替代方案。

主要影响力

（1）生态环境价值

PRCF 与当地社区合作，保护动物栖息地，为极危物种婆罗洲猩猩、印尼叶猴（*Presbytis chrysomelas*）、盔犀鸟（*Rhinoplax vigil*），濒危物种灰长臂猿（*Hylobates muelleri*）以及易危物种马来鳄和马来犀鸟（*Buceros rhinoceros*）营造生存空间。同时帮助当地社区管理 50 000 多公顷有较高生态保护价值的森林，即“乡村森林”。2018 年开始的“乡村森林”计划，

南迦劳克村“乡村森林”修复小组

帮助20多个村庄获得额外认证，在社区范围内有65 000多公顷森林得到可持续管理，这一计划将在几个沿海红树林村庄推广实施（目前正在5个村庄中推广实施），覆盖9 700公顷的红树林。

（2）社会经济价值

这项计划预期有多个村庄、大约2 000户的家庭参与。PRCF扮演的角色是技术指导者和监督者。社区的经济效益来自乡村土地的长期保有权收益、生物多样性补偿，以及碳信用的长期资金支持、机构发展支持、生计发展支持和村庄自然资源保护的支持。此外，受保护的生态系统为当地提供了一系列的服务，包括防洪、维持小气候、提供促进当地消费和市场运行的森林产品（如森林蜂蜜等）和灌溉用水。最重要的是，森林生态系统有助于减缓气候变化带来的影响，为生态恢复提供机会。

（3）创新性

本项目的创新性在于对森林进行可持续管理，使当地人掌握生物多样性保护的主导权，保护的同时保障依赖森林资源的社区生计。这表明，生计改善和生物多样性保护并非相互排斥，而是可以实现双赢的。

申报单位简介：人与资源保护基金会（PRCF）是一家总部位于美国的非营利组织，以促进生物多样性保护、保护和合理利用自然资源、促进社会和经济健康发展为主旨。该基金会主要同印度尼西亚、柬埔寨、缅甸、泰国、越南的农村社区合作，与生活在保护区和高保护价值森林附近的少数民族合作。

老牛生态修复与保护

申报单位：内蒙古老牛慈善基金会
保护模式：就地保护行动　公众参与　资金支持机制 迁地保护
保护对象：森林生态系统 草原生态系统 农田生态系统 干旱半干旱地区 植物类 两爬类 鸟类
地　　点：内蒙古自治区和林格尔县、巴林左旗、锡林郭勒盟 河北省张家口市
开始时间：2010年

背景介绍

地球只有一个，如果地球环境恶化了，那么人类的一切幸福就都会化为空谈。内蒙古老牛慈善基金会（简称老牛基金会）在这一点上感受尤深，因为其所在的内蒙古是一个干旱半干旱、荒漠半荒漠的生态脆弱区。对他们而言，“绿水青山就是金山银山”不是一句口号，而是活生生的体验。

由老牛基金会发起的老牛生态修复与保护项目致力为干旱生态系统提供适合当地生态与经济和谐发展的可行性方案。干旱地区面积约占地球陆地面积的41%，支撑着全球约38%的人口，拥有全球约1/3的生物多样性热点，约为全球 28%的濒危物种提供栖息地。干旱地区的生态系统类型主要包括稀林草原、灌丛、草地和荒漠等，由于缺水而受到较强的水分胁迫，干旱生态系统非常脆弱，对极端气候事件和人类活动干扰极为敏感，给当地经济发展和生计的可持续性带来严重挑战。

主要活动

①2010 年，老牛基金会联合大自然保护协会（The Nature Conservancy，简称 TNC）、中国绿色碳汇基金会、内蒙古自治区林业和草原局，在我国具有重要生态屏障功能的和林格尔县干旱、半干旱区域发起了内蒙古盛乐国际生态示范区项目，投入数亿元，从气候适应、植被恢复、水资源管理、绿色产业 4 个方面进行生态修复的探索和示范。示范区修复退化土地近 4 万亩；种植樟子松（*Pinus sylvestris* var. *mongolica*）、云杉（*Picea asperata*）等乔木 330 余万株，存活率达 85%以上；物种数从不足 30 种增加至 80 余种；年均固定土壤 2.5 万吨，水土流失得到有效控制，土壤潜在蓄水总量从 400 万吨增加到 530 万吨；未来 30 年，预计吸收固定二氧化碳 22 万吨。

②依托生态修复成果，老牛基金会在社区成立合作社，合作社通过气候智慧型农业、智慧草地管理等方式使项目涉及的 13 个行政村的万余人受益，其中合作社农户每户平均增收 10 492 元/年，探索出“经济发展支持生态修复，生态修复保障经济发展”的可持续发展模式。在赤峰市巴林左旗人民政府的支持下，相关经验运用到由中国长江三峡集团有限公司、老牛基金会和 TNC 共同发起的巴林左旗深度贫困村综合提升工程项目中，带动推广旱作农业 8 万亩，探索并

项目实施前面貌

修复后项目地的另一角

实践绿色农牧业发展模式，恢复和保障土壤健康和生态安全，提高农业减缓和适应气候变化影响的能力，同时增加社区收益，实现精准扶贫与乡村振兴，为中国农业生产应对气候变化提供了成功经验。

草地智慧管理的相关经验在内蒙古自治区锡林郭勒盟复制推广（8 万亩），智慧管理通过卫星遥感、气象数据、手机应用程序、监测数据等技术手段和数据为牧户制定指导性养殖方案，实现草地资源利用最大化，实现牧户增收和草地资源健康可持续利用。

③老牛基金会在河北省张家口市复制推广 3 万亩“乔灌草”相结合的碳汇林模式，与蒙古国国立生命科学大学商讨合作意向，共同为相关区域制定适合当地生态与经济和谐发展的方案。

主要影响力

（1）生态环境价值

本项目在各项目地修复了生态环境，完善了生态系统服务功能，为减缓气候变化影响做出贡献。以和林格尔县内蒙古盛乐国际生态示范区为例，据估算，项目开展至今，由恢复项目地生态系统服务功能及生态价值产生的潜在经济效益每年可达 1 500 万元以上。

10 年前（左下角）后同一视角下的“百年老杏树”

（2）社会经济价值

项目在开展初期便加入多重效应设计，希望在考虑碳汇时兼顾当地社区发展和本地物种多样性发展需求。截至 2021 年，项目创造出 114 万个工日的临时就业机会和 18 个长期工作岗位，使 4 个乡镇、13 个行政村的 2 690 户农户受益，受益人群超过万人。管护期采用林下养殖、旱作农业、可持续放牧管理及合作社等形式已使合作社部分农户每户平均增收 10 492 元/年。

（3）创新性

该项目不是单一的造林项目，也不是单一的社区工作项目，而是一个在关注气候变化影响的条件下，通过科学规划、合理的修复行动以及可持续的管理对一片土地（区域）进行系统修复，并通过科学监测方式进行评估，调整相应的修复、管理行为的项目。并以项目区域为试验示范基地，探索各种适用于干旱生态系统生态与经济和谐发展的可行性方案。

申报单位简介：内蒙古老牛慈善基金会是由蒙牛乳业集团创始人、前董事长、总裁牛根生先生携家人将其持有的蒙牛乳业的全部股份及大部分红利捐出，于 2004 年年底成立的从事公益慈善活动的基金会。

凯迪拉克守护京新高速公路生态公益

申报单位：上汽通用汽车销售有限公司凯迪拉克品牌
保护模式：就地保护行动
保护对象：干旱半干旱地区
地　　点：新疆维吾尔自治区和内蒙古自治区
开始时间：2018年

背景介绍

土地荒漠化是全球环境面临的严峻问题之一，中国是世界荒漠化程度最严重的国家之一。京新高速公路（G7）为北京—乌鲁木齐高速公路，途经6个省、自治区、直辖市，总长约2 739千米，是世界上穿越沙漠最长的公路。

为支持中国的荒漠化治理，响应“一带一路”倡议，上汽通用汽车销售有限公司凯迪拉克品牌（简称凯迪拉克品牌）发起G7沿途“一带一路”生态保护工程项目。

主要活动

凯迪拉克品牌携旗下经销商与中华环境保护基金会发起主办“驭沙计划”，与中国绿化基金会发起“小胡杨计划”，分别在中国荒漠化土地面积最大的新疆和内蒙古两个自治区开展植树造林工作，保护G7途经地的生态环境，促进荒漠化治理。

自2018年起，3年共计投入4 500万元。截至2021年，项目共计种植99万多株苗木，其中“小胡杨计划”在内蒙古额济纳旗完成苗木种植270 024株，

“驭沙计划”在新疆阿拉尔、奇台县分别完成苗木种植 460 106 株和 265 366 株。

本项目坚持“因地制宜，适地适树”的原则。尊重自然规律，科学检测和评估每一个地块和苗木的匹配度，形成不同荒漠化程度、盐碱度的地区种植方案。

所选树种均为当地常见的荒漠植物，包括胡杨（*Populus euphratica*）、白榆（*Ulmus pumila*）、小叶白蜡树（*Fraxinus bungeana*）、柽柳（*Tamarix chinensis*）、沙枣（*Elaeagnus angustifolia*），沙棘（*Hippophae rhamnoides*）等，这些植物抗旱、根系发达、适应性强，部分植物抗盐碱能力强，并有固沙增肥、提高地力的作用。部分地区配套节能型滴灌措施，进一步提高了水资源的利用率。

主要影响力

（1）生态环境价值

本项目造林成活率远高于同一地区的造林国家标准，生态效益提升明显，起到了防风固沙、水源涵养、水土保持的作用，缓解了干旱和人为活动导致的生态环境退化形势，促进了植被恢复重建，并有效减少了风沙对道路的侵蚀，还带动了当地的旅游业及经济发展。

项目地苗木成长

沙枣和柽柳

（2）社会经济价值

项目利用腾讯公益和支付宝公益平台，开展了线上线下推广工作，号召车主、经销商、员工和其他普通公众进行捐赠。通过支付宝“蚂蚁森林”，3 年累计带动近 300 万人次的公众以捐步、游戏、接龙、义卖等形式参与公益活动，了解荒漠化治理和植树的关系，网友捐赠超 800 万元。凯迪拉克品牌 2019 年和 2020 年持续两年荣登腾讯公益“99 公益日”企业公益榜第二名。

本项目 2019 年荣获“关注森林活动 20 周年突出贡献单位”称号，2021 年入选“2021 第七届金轩奖年度公益案例”。

（3）创新性

本项目为国内第一个主打公路概念的生态保护项目，将汽车文化、公路和植树造林结合起来，探索荒漠化公路沿线不同荒漠化类型的治理方法，帮助当地减少荒漠化侵蚀，建设 G7 沿线特色生态走廊。

本项目在理念传播、公众参与方面积极创新，将“G7 公益”作为 IP（意指有影响力的形象或品牌）开发、打造。2018 年提出 G7 概念，主题为守护最美 G7，2019 年与彩通色彩研究所把胡杨种子破土瞬间的色彩定义为“G7 绿”；2020 年，创作“G7 绿”卡通形象代言人“小 7 绿”，并开发了周边产品，如公仔、盲盒、绘本等，以上产品在“99 公益日”等活动中进行义卖、捐赠，支持“小胡杨计划”。

申报单位简介：上汽通用汽车销售有限公司凯迪拉克品牌于 2004 年进入中国市场，在产品设计、技术创新、营销与服务体验方面全局规划，实现了快速健康的发展，已然成为了中国豪华车市场增长速度最快的品牌之一。

南水北调中线水源地保护与修复

申报单位：大自然保护协会（美国）北京代表处
保护模式：就地保护行动　技术创新　生物多样性可持续利用
保护对象：森林生态系统　淡水生态系统与湿地生态系统　农田生态系统 鸟类
地　　点：河南省淅川县丹江湿地国家级自然保护区及其周边
开始时间：2018年

背景介绍

丹江口水库是南水北调中线工程的水源地，库区周边的生态安全直接影响河南、河北、北京、天津四省、直辖市约 7 900 万居民的用水安全，这片区域也是河南省生物多样性最为丰富的地区之一。然而，库区周边生态非常脆弱，长期存在山地石漠化、坡地水土流失、农田面源污染和湿地不合理利用等问题。

自 2018 年以来，TNC 与河南省林业局及淅川县政府合作，在淅川县丹江湿地国家级自然保护区（简称丹江湿地）及其周边开展生态保护与修复工作，致力于保障南水北调工程水源地的生态系统健康和重要的生态系统服务功能。

主要活动

本项目基于自然的解决方案包括以下方面：保护现存的湿地、森林和生物多样性，阻止进一步对生态环境产生负面影响的行为；修复已经受损的湿地、森林生态系统（石漠化土地）；实施覆盖作物等再生农业管理措施，持续减少水土流失和农田面源污染；优化农业种植结构，探索新的绿色发展模式，使当地社区从绿色发展模式中受益，促进经济效益和生态效益的可持续，践行“绿水

石漠化山坡

石漠化修复项目 · 植树

丹江湿地消落带

青山就是金山银山”的理念。

3 年来，TNC 河南项目协助丹江湿地修复 6 000 亩退化湿地；协助加强巡管护能力，合作编写巡管护工作管理方案，组织了 5 次专业技能培训会议；与河南丹江湿地国家级自然保护区管理处、淅川县林业局、中国科学院武汉植物园和河南省野鸟会等，合作建设总面积为 1 500 多亩的受损生态系统（森林和湿地）生态修复综合示范园区；与河南省林业局、河南丹江湿地国家级自然保护区管理处、淅川县农业农村局、大石桥乡政府、中国科学院武汉植物园、当地企业，合作开展了总面积为 40 多亩的绿色农业技术示范区。同时项目积极探索林业碳汇、生态观鸟等新型绿色产业的发展，持续增加当地居民收入。

主要影响力

（1）生态环境价值

①丹江湿地是丹江水进入水库的最后一道屏障，是南水北调中线源头水质的“过滤器”和“净化器”，对保障南水北调中线工程水源地的水环境和长期稳定的供水安全具有重要的意义。

②保护了多种珍稀水禽的栖息地和丰富的生物多样性。保护区内的动植物资源十分丰富。截至目前，共记录 405 种鸟类，是河南省鸟类生物多样性最为

丰富的地区。保护区内植物有 118 科 335 属 578 种，国家一级保护野生动物有 19 种，二级保护野生动物有 75 种，鱼类有 88 种、两栖类有 13 种、爬行类有 19 种、兽类有 39 种。

③保护区的湿地生态系统因南水北调中线工程的实施处于不断地发育演化中，是开展湿地生态系统监测和发育演化研究的野外天然实验室，具有重要的科研价值。

（2）社会经济价值

①项目实施过程中以提供劳务的方式帮助 20 多户农民增收 2 000 多元/年；迷迭香种植和果园生草技术减少除草及农药化肥 200 元/亩左右的投入，同时极大地解放了劳动力。

②项目开展期间，公众关注度提升。丹江湿地生物多样性监测成果得到了《大河报》《南阳日报》等多家媒体的报道，TNC 丹江项目支持丹江湿地制作《大美丹江湿地情》等作品。

（3）创新性

①系统性保护理念。根据库区不同高程的环境特征、土地利用和保护目标的需要，有针对性地开展保护与修复模式的探索，打造立体综合示范基地。

②以近自然生态修复技术治理“土地癌症”——石漠化。以生态学原理为指导，遵循生态系统自然规律，通过适当地人为干预（乡土促生菌、护理植物等），破除生态修复的限制因子，激发生态系统自我修复能力，加速正向演替进程，从而建立起健康的生态系统。

③覆盖作物技术：农田生草覆盖，防止土壤侵蚀的同时，还可以改善土壤质量，抑制杂草生长，提高养分和水分的利用率，降低成本。

④“721”集体经济模式：迷迭香种植，按照承包户、村集体和企业 7∶2∶1 的净利润比分红，通过“政府+公司+集体经济”的模式推动集体经济变革。

申报单位简介：大自然保护协会（TNC）成立于 1951 年，是国际上最大的非营利自然环境保护组织之一。TNC 一直致力于保护全球具有重要生态价值的陆地和水域，保护自然环境，提升人类福祉。1998 年，TNC 受中国政府邀请进入中国，国内总部位于北京，其在陆地、淡水、气候变化、海洋、城市等多个领域开展保护项目，并取得卓越成效。

碧口镇李子坝村集体林管理

申报单位：甘肃白水江国家级自然保护区管理局
保护模式：就地保护行动　公众参与　传播倡导　政策制定及实施
保护对象：森林生态系统　植物类　兽类　两爬类　鸟类
地　　点：甘肃省文县碧口镇李子坝村
开始时间：2008年

背景介绍

李子坝村位于甘肃省最南端白水江国家级自然保护区碧口保护站辖区内，是保护区内唯一地处摩天岭南坡的村庄，东与四川省青川县接壤，南与青川东阳沟自然保护区毗邻，西与唐家河国家级自然保护区相连，总面积 6 500 公顷，拥有近 4 000 亩自留林（归农户所有的森林）。李子坝村辖 9 个社，有 700 余村民，户均约 20 亩地，李子坝自留林相对充裕，这使得村民生计都依赖于林区木材。

主要活动

甘肃白水江国家级自然保护区结合李子坝村特点，建立和创新了具有李子坝村特色的集体林管护模式。按照“管护责任到人，管护面积到户，资金使用到村，资金监管到站”的原则，完善管护制度，规范社区组织，保障了社区村民积极参与管护。

2008 年“5 · 12”汶川地震给李子坝村造成一定的影响，山水自然保护中心联合兰州大学社区与生物多样性保护研究中心，支持李子坝村灾后重建和生态保护工作，完善巡护队和内部资源管理制度，实施协议保护项目，取得了良好的保护成效。

李子坝村于 2003 年成立护林队，2008—2011 年护林队参加协议保护项目，逐渐形成了较为完善的护林工作系统。在 2011—2020 年天然林保护工程二期阶段，碧口保护站与李子坝村签订《甘肃白水江国家级自然保护区森林管护合同》，村民委员会同每个巡护队员签订《甘肃省文县碧口镇李子坝村天然林保护工程农民森林巡护队队员管护合同》，在甘肃白水江国家级自然保护区管理局和山水自然保护中心的指导下，形成了成熟的参与式社区管理模式：各村社区成立专业护林队，全民参与管护，村民委员会兑现管护费用；管理局组织培训，提升村民自主管护的能力和水平；各保护站对辖区村天保集体林管护全程监管和考核，管理局组织工作组，检查指导资金使用和管护工作，查漏补缺，确保专项资金、管护责任落到实处。

李子坝村专业巡护队

李子坝村巡护队填表做记录

通过对保护区辖区各村社进行调研和试点，甘肃白水江国家级自然保护区制定和完善了《天保工程（二期）集体所有国家级公益林管护实施细则》，与山水自然保护中心合作，修订了管理局与保护站，保护站与村、村与森林管护队、村与村民的合同模板，完善了保护成效考核指标和考核办法，使之更具可操作性。

主要影响力

（1）生态环境价值

白水江辖区村民从管护天然林资源中得到实惠，转变了观念，大家的生态保护意识明显提高，盗伐盗运林木、非法收购木材、盗猎野生动物、毁林开荒等违法行为得到控制。社

李子坝村茶园

区群众主动保护森林资源、积极救护野生动物、开展社区内巡护监测，实验区边缘林线由 20 世纪八九十年代的后移变为现在的前移，生态环境明显改善。自 2019 年开始，管理局批准李子坝村巡护队率先开展辖区网格化监测，在野生动物栖息地内布设红外相机 40 余台，数次监测到大熊猫母子同框的画面。

（2）社会经济价值

本项目促使社区村民转变了思路，实现由单一“靠山吃山”的传统生活习惯向多举措发展林果业和林下种植业、养殖业以及进行务工输出和积极参与管护的转变，从毁林开垦、过度采集等破坏森林资源行为实施者转变为天保集体林的主要管理者。李子坝村依据当地自然条件，发展核桃、板栗等经济林产业，进行茶叶、木耳、食用菌栽培与加工以及天麻（*Gastrodia elata*）、七叶一枝花（*Paris polyphylla*）等中药材的种植，发展蜜蜂、土鸡养殖等产业。农户联合成立了茶叶合作社，注册了自己的茶叶品牌，电商平台也蓬勃发展。

（3）创新性

本项目创建保护区集体林“管护责任到人，管护面积到户，资金使用到村，资金监管到站”的管护模式。

申报单位简介：甘肃白水江国家级自然保护区管理局成立于 1978 年，是具有独立法人资格的国家林业和草原局直属县级事业单位，由国家林业和草原局及甘肃省林业和草原局双重领导，局址设在甘肃省陇南市文县。管理局下设 13 个职能科室、6 个保护站、1 个大熊猫驯养繁殖中心，在职人员 268 人。

塞罕坝人工森林生态系统健康可持续及带动周边区域社会经济协调发展

申报单位：河北省塞罕坝机械林场
保护模式：就地保护行动　公众参与　生物多样性可持续利用
保护对象：生态系统多样性
地　　点：河北省塞罕坝机械林场
开始时间：1962年

背景介绍

塞罕坝机械林场地处河北省最北部，内蒙古浑善达克沙地南缘，海拔 1 010～1 939.9 米，极端最高气温 33.4℃，最低气温-43.3℃，年均气温-1.3℃，年均积雪 7 个月，无霜期 64 天，年降水量 479 毫米。塞罕坝机械林场于 1962 年 2 月由林业部批准建立，是河北省林业和草原局直属的大型国有林场，处于我国森林—草原交错带上，森林生态系统中主要树种为落叶松（*Larix gmelinii*）、油松（*Pinus tabuliformis*）、樟子松、白桦（*Betula platyphylla*）、云杉等。林场内有陆生野生

林海好

脊椎动物 256 种、鱼类 13 种、昆虫 548 种、植物 625 种，其中，国家重点保护动物有 33 种、国家重点保护植物有 9 种。

主要活动

自 1962 年以来，塞罕坝机械林场几代人听从党的召唤，响应国家号召，在荒漠沙地上艰苦奋斗、甘于奉献，将荒原变成林海，诠释了“绿水青山就是金山银山”的理念，铸就了牢记使命、艰苦创业、绿色发展的塞罕坝精神。

经过几代林场人的努力和数万志愿者的参与，林场的森林覆盖率逐年增加，森林生态系统稳定性逐年增强。目前，与建场初期相比，森林面积由 24 万亩增加到 115.1 万亩，森林覆盖率由 11.4%增加到 82%，活立木蓄积量由 33 万立方米增加到 1 036.8 万立方米，单位面积林木蓄积量是全国人工林平均水平的 2.76 倍。湿地面积 10.3 万亩，是滦河、辽河两大水系的重要水源地。

为了进一步加强生态系统和生物多样性保护，林场先后申报并获批，为国家森林公园、国家级自然保护区，总经营面积达 140 万亩，构筑了一道牢固的京津冀绿色屏障。

主要影响力

（1）生态环境价值

①经测算，塞罕坝机械林场的森林湿地资产总价值达 231.2 亿元，森林湿地提供的生态系统服务价值每年达 155.9 亿元，林场的经济价值、生态价值总和近 400 亿元。在森林湿地生态系统提供的生态产品中，林场每年涵养水源 2.84 亿立方米，防止土壤流失量 513.55 万吨，固定二氧化碳 86.03 万吨，释放氧气 59.84 万吨。

攻坚造林成效

②塞罕坝机械林场百万亩人工森林有效阻滞了浑善达克沙地南侵，为京津冀地区筑起了一道坚实的绿色生态屏障。

③林场有 625 种植物，是 256 种陆生脊椎动物、13 种鱼类、548 种昆虫的栖息地和避难所，是河北省生物多样性较为丰富的区域之一。

（2）社会经济价值

①塞罕坝机械林场依托百万亩森林资

立体资源结构

源，助推区域经济发展，带动群众致富，驻村帮扶、生态旅游、苗木生产为当地百姓提供大量就业岗位，4 万多名百姓受益，2.2 万名贫困人口实现脱贫。

②林场对外提供技术支持，带动周边区域规模化造林 445 万亩，有力推动了“三北”防护林、太行山绿化攻坚、雄安新区千年秀林等生态工程建设。

③2017 年 12 月，塞罕坝机械林场获得联合国环境规划署颁发的“地球卫士奖”，2021 年 10 月，获得“联合国土地生命奖”。联合国防治荒漠化公约组织 30 多个国家代表先后来林场考察学习植树造林、防沙固沙技术，塞罕坝机械林场植树造林、防沙固沙技术在全世界范围内推广，赢得了良好的国际声誉。

（3）创新性

塞罕坝机械林场攻克了高寒地区引种、育苗、造林等一项项技术难关，打造了“三锹半人工缝隙植苗法”“苗根蘸浆保水法”“越冬造林苗覆土防寒防风法”等技术，在高海拔地区工程造林、森林经营、防沙治沙、有害生物防治、野生动植物资源保护与利用等方面取得了许多科研成果。探索总结出了造林、幼抚、定株、修枝、疏伐、主伐、更新等有序循环的森林培育作业流程，整理了一套适合塞罕坝机械林场特点的森林经营模式，在全国森林经营中起到了示范带动作用，为全球生态治理提供了塞罕坝经验。

申报单位简介：河北省塞罕坝机械林场于 1962 年建立，是国家级自然保护区和国家级森林公园，是滦河、辽河两大水系的重要水源地，总经营面积 140 万亩，森林资产总价值为 231.2 亿元，每年提供生态系统服务价值达 155.9 亿元，荣获了“地球卫士奖”“全国脱贫攻坚楷模”“全国先进基层党组织”等奖项和称号。

36 四川九顶山的三代守护者

申报单位：茂县九顶山野生动植物之友协会
保护模式：就地保护行动　公众参与　传播倡导
保护对象：物种多样性　植物类　兽类　两爬类　鸟类
地　　点：四川省茂县九顶山
开始时间：2004年

背景介绍

九顶山位于岷山山系龙门山脉中部，最高海拔 4 989 米，面积 200 平方千米，是大熊猫、四川羚牛（*Budorcas tibetanus*）、川金丝猴（*Rhinopithecus roxellanae*）、黑熊（*Ursus thibetanus*）等野生动物的栖息地，是“卧龙—四姑娘山大熊猫生态走廊”的主体部分，被四川省人民政府纳入“岷山山系世界自然遗产保护地”。

巡山拆收的钢丝绳套，有夹黑熊的铁夹子，盗猎国家一级保护野生动物马麝的绳套

20 世纪六七十年代，九顶山有各种野生动物数十万只。土地承包到户以后，盗猎现象逐年增多。个别村庄每年出动几十个猎手，携带钢丝绳、铁夹子、猎枪、猎狗等进行盗猎，致使一些物种濒临灭绝。更为严重的是，20 世纪 90 年代，由于猎物减少，有的村民放火烧掉大片的杜鹃林和草坡，野生动物被迫逃出树林并被大肆猎杀。

主要活动

巡山队员每人负重 30 千克，行走在九顶山海拔 3 800 米处，巡护野生动植物

茂县九顶山野生动植物之友协会（简称动植物之友）以保护野生动植物为核心，开展反盗猎、生态监测、培训宣讲、植树造林等活动，以提高村民爱护环境、保护野生动植物的意识，倡导遵纪守法、促进人与自然和谐共生。

①巡护反盗猎：每年 1—3 月巡护 2 次，主要保护下山觅食的野生动物；4—6 月巡护 4 次，对采挖草药的村民中混入的盗猎者进行打击；7—9 月巡护 3 次，对九顶山东面、南面、北面进行大面积巡护，清理高山垃圾；10—12 月巡护 2 次，保护因大雪封山整体向低海拔迁移的野生动物。

②植被恢复：20 多年来，组织会员义务植树涉及面积达 2 000 多亩，茶山村的山体滑坡得到有效治理；组织村民人工种草涉及面积达 1 000 余亩。

③净山行动：动植物之友自成立起，每年定期组织村民捡拾垃圾，在他们的影响下会有更多的村民加入进来。

④培训宣讲：动植物之友在当地发放野生动植物保护宣传资料 6 000 多份，组织宣传活动达数十余次；组织动植物之友会员培训 40 余次，累计参训人数达 1 600 多人次。

动植物之友与诸多政府单位、公益机构、企业、自然教育组织等联动。会员从最初的 50 名发展到 170 多名，从 1 个村子巡山清套发展到 8 个村庄联合巡护；从单一的巡山清套发展为更丰富、更全面的保护行动，活动覆盖了巡护监测、统计动植物数量、监测动植物生境、组织野生动植物摄像培训、净山等各方面。

主要影响力

（1）生态环境价值

2004 年 10 月到 2021 年 8 月，动植物之友利用每年组织的巡山活动，拆除 13 万多条（个）钢丝绳套、铁夹子，多次阻止盗猎活动，先后抓获 100 余名偷盗打猎人员，其中 4 名盗猎者受到刑事处罚，收缴盗猎枪支 27 支。通过动植物

巡山队员在海拔 3 600 米扎营处，拍照留念

之友的宣传，盗猎者数量逐年减少，植被数量也不断增加。目前，九顶山地区野生动物的种群数量增加，四川羚牛、熊猫、黑熊、川金丝猴、林麝（*Moschus berezovskii*）、马麝（*Moschus chrysogaster*）、斑羚（*Naemorhedus goral*）、小麂（*Muntiacus reevesi*）、绿尾虹雉（*Lophophorus lhuysii*）、红腹锦鸡（*Chrysolophus pictus*）等野生动物的数量逐年增加，森林草场得到恢复。九顶山的生物多样性正在逐渐恢复。

（2）社会经济价值

①动植物之友在义务植树造林的同时，关注当地民生。针对“5·12”汶川地震导致的山体滑坡，组织修复巡山道路和林区路 40 千米。

②动植物之友于 2012 年获得第四届中国野生生物卫士行动“杰出卫士”称号，创始人余家华成为第一个加入世界探险者俱乐部的中国护林员。

申报单位简介：茂县九顶山野生动植物之友协会于 2004 年 10 月 14 日成立，协会人员分为巡山队和村内环境保护队两队。协会以保护野生动植物为核心，开展反盗猎、生态监测、培训宣讲、植树造林等生态保护活动，提高乡村社区爱护生态环境和野生动植物的意识，倡导遵纪守法，努力建设乡村文明、促进人与自然和谐发展。

37

诺华川西南林业碳汇、社区和生物多样性造林及再造林

申报单位：四川省大渡河造林局
保护模式：就地保护行动 生物多样性可持续利用
保护对象：森林生态系统 植物类 兽类 两爬类 鸟类
地　　点：四川省凉山彝族自治州
开始时间：2011年

背景介绍

四川省凉山彝族自治州，位于长江上游金沙江和长江的二级支流大渡河流域，该区域也是32 个中国生物多样性保护优先区之一——横断山南段生物多样性保护优先区，是大熊猫分布区的最南端。由于位置偏僻，这一区域林地资源未得到合理利用，森林资源锐减，且一直未得到有效恢复。此外项目区土地退化严重，大多数地块处于石漠化状态，水土流失严重。

四川省凉山彝族自治州越西县申果庄乡平桥村，造林之前土地退化及水土流失情况

四川省凉山彝族自治州越西县申果庄乡沙苦村的华山松林（2011 年造林）

主要活动

本项目为清洁发展机制造林和再造林项目，从 2011 年开始，为期 4 年。项目总投资约 10 000 万元，在凉山彝族自治州的甘洛县、越西县、昭觉县、美姑县、雷波县以及马鞍山、四川申果庄、四川麻咪泽 3 个省级自然保护区的 17 个乡（镇）27 个村的部分退化土地上建造多功能人工林。树种有云杉、冷杉（*Abies fabri*）、华山松（*Pinus armandii*）、桤木（*Alnus cremastogyne*）、柳杉（*Cryptomeria japonica* var. *sinensis*），全部为本土物种。

项目建设目标：①通过科学规划，利用乡土树种造林，减缓气候变化的影响；②增加当地社区收入，助力减贫脱贫；③通过提高保护区周边森林生态系统景观的连通性，加强生物多样性保护及提高其对气候变化的适应性；④改善生态环境，减少水土流失，提高长江上游水土保持能力；⑤通过探索碳汇造林的科学方法、机制，为其他地区人工造林提供示范。

项目计入期为 30 年（2011 年 8 月—2041 年 7 月），计入期内预计减排二氧化碳 120.6 万吨。

主要影响力

（1）生态环境价值

①生物多样性保护。通过恢复森林植被，提高森林的连通性，一方面改

善了当地野生动植物的生存环境，扩展了大熊猫等野生动物的生境及其迁徙的走廊带，通过促进基因流动提高了物种的生存能力；另一方面，增加保护区内及周边社区居民的收入，减少了社区居民放牧、盗伐、盗猎等破坏森林的行为。

四川省凉山彝族自治州甘洛县海棠镇石十儿村的落叶松林（2015年造林）

②控制水土流失。项目范围内土地严重退化，水土流失情况严重，直接威胁附近农田及下游河川，森林植被恢复有助于控制该地区水土流失的状况。

③其他生态服务。调节水循环，减轻旱涝风险，促进土壤养分循环，改善当地小气候和其他生态环境。

（2）社会经济价值

①创造就业岗位。本项目将创造 93.4 万余个工日的临时就业机会，主要从事整地、栽植、抚育、间伐、森林管护等工作，项目计入期内还将产生 49 个长期工作岗位。当地村民将接受土地保护、植树、森林管护等方面的培训。

②增加社区收入。项目区为少数民族聚居的山区，涉及甘洛等 5 个县的 17 个乡（镇）、27 个行政村，项目受益农户 4 265 户，受益人口达 1.8 万余人，项目实施完成后，人均年净收入将增加约 13%。

（3）创新性

本项目利用森林碳汇抵消碳足迹，践行企业社会责任，减缓气候变化影响。

申报单位简介：四川省大渡河造林局为四川实施天然林资源保护工程的 28 家重点森工企业之一，专业从事造林、封山育林、森林管护、种苗培育等工作，拥有丰富的育苗、造林和森林管理技术经验。四川省大渡河造林局先后在四川省的凉山彝族自治州、甘孜藏族自治州、乐山市等 16 个市（州）的 50 多个县境内，累计完成人工造林面积 155 万亩、飞播造林面积 108 万亩、封山育林面积 360 万亩、森林抚育面积 91 万亩，常年森林管护面积 900 万亩。

可持续的社会公益保护地

申报单位：深圳市桃花源生态保护基金会
保护模式：就地保护行动
保护对象：森林生态系统　淡水生态系统与湿地生态系统
地　　点：四川老河沟、四川八月林、吉林向海、安徽九龙峰、湖北太阳坪、浙江江山雪岭社会公益保护地
开始时间：2011年

背景介绍

中国经过60多年的努力，已建立近12 000个功能多样的各类自然保护地，在保护生物多样性方面发挥了重要作用，但面对自然保护的巨大需求，这些自然保护地的建立仍显不足，因此需要社会各界力量的投入。

主要活动

深圳市桃花源生态保护基金会（简称桃花源）尝试推出由政府授权并监督、社会出资、公益组织管理，同时统筹保护与社区可持续发展的公益自然保护地类型，其特点：

①政府授权并监督，民间机构实施管理，实现长期的生态保护目标；

②坚持巡护、社区管理和设施管理3个基本类型保护措施，并引入物联网、AI技术打造保护地智能巡护系统，提升保护地管理成效；

③在保护地周边的社区建立扩展区，纳入保护地日常工作；

④在扩展区引导社区发展生态友好型产业，并成立保护小区/社区，保护地

在老河沟保护地最高峰看云海

自发地开展保护行动；

⑤建立星级巡护员体系，建立员工成长阶梯。

2011 年桃花源在四川老河沟建立第一个社会公益保护地。10 年后，大熊猫、四川羚牛等野生动物在此频繁出现；社区近一半村民参与了生态农产品计划，户均增收 1 万元。

随后，桃花源在四川乐山八月林自然保护区、吉林向海国家级自然保护区、安徽九龙峰省级自然保护区、湖北神农架林区太阳坪公益保护地、浙江衢州市江山市雪岭公益保护地等多地复制老河沟模式，目前保护地面积超过 600 平方千米。一线保护员工 80 余人，累计巡护里程超过 15 万千米。

主要影响力

（1）生态环境价值

桃花源在保护地周边社区建立扩展区，把扩展区的社区工作纳入保护地的日常工作。桃花源管理的 6 个公益保护地皆具有非常高的保护价值，拥有亚热带常绿阔叶林、温带稀树沙丘及沼泽草原等生态系统，以及大熊猫、黑麂（*Muntiacus crinifrons*）、白颈长尾雉（*Syrmaticus ellioti*）、珙桐（*Davidia involucrata*）、红豆杉（*Taxus wallichiana* var. *chinensis*）等珍稀野生动植物资源。

（2）社会经济价值

从 2013 年开始，桃花源在老河沟保护地扩展区民主村尝试社区脱贫发展，170 多户农民受益，参与的农户年平均增收超过 1 万元，推动与保护地相邻的新驿村、福寿村建立社区保护地，使老河沟周边的保护面积增加了近 100 平方千米。带动理事企业建立公益基地，长期进行社区帮扶，安排团建和自然教育活动，在九龙峰保护地，桃花源带动 230 多户农户增收，茶农的茶叶销售量增加了一倍，并建立民宿合作社，有 10 余户农户参与，年均每户年增收 1.8 万元。在八月林保护地，桃花源帮助农户每年增加茶叶销售收入 40 余万元。在向海保护地，桃花源推动杂粮生产，产量为 3 万多千克。在太阳坪保护地，桃花源帮助农户销售蜂蜜 2 000 千克，使 20 多户农户受益。

2018—2020 年，引入桃花源理事企业——健康元药业帮助老河沟、向海、九龙峰保护地周边社区开展慢性病扶贫工作，投入 500 万元，惠及近 2 000 名村民。

九龙峰保护地的短程巡护

桃花源开展“自然守护者”保护地研学活动，活动给保护地周边社区带来了实际收入，推动了保护地周边社区生态农产品的销售。2019—2020年，共计 2 000 多人参加了“自然守护者”研学活动。

在八月林保护地进行社区访谈

（3）创新性

①公益产品的创新性：像公益保护地这样的公益产品具有逻辑简单、易衡量的特点，受到公益组织和慈善家的青睐。

②管理创新：政府监督、民间机构管理的多模式融合，通过社会力量帮助国家进行保护地管理；保护的同时发展社区，努力使保护地成为社区的“好邻居”；保护地成为公益活动平台，引入“外脑”，帮助保护地开展工作，助力社区脱贫。

在太阳坪保护地进行社区访谈

③技术创新：引入物联网技术开发智能巡护系统，实现保护地的有效管理；利用人工智能开发智能识别系统，该系统对红外相机拍摄的海量动物照片的识别精度超过 95%，大大减轻了监测工作压力。

④政策创新：在浙江江山市雪岭公益保护地利用地役权模式推动建立保护地，已完成以生态保护为目的的地役权登记证办理工作。

申报单位简介：深圳市桃花源生态保护基金会是一家关注建立和管理社会公益型自然保护地的非营利环境保护机构，致力于用公益的心态、科学的手段、商业的手法保护我们关爱的净土。基金会通过和政府合作，已经在中国 5 个省管理了 6 个社会公益保护地，保护地面积超过 600 平方千米。

城市绿地——北京大学燕园自然保护小区

申报单位：北京大学自然保护与社会发展研究中心
保护模式：就地保护行动　公众参与
保护对象：城市生态系统　植物类　兽类　两爬类　鸟类　淡水生物类
地　　点：北京大学燕园校区
开始时间：2009年

背景介绍

北京大学（简称北大）燕园校区秉承师法自然的中国传统园林设计思想，不仅为北大师生提供了优美的学习工作环境，成为北大精神的重要载体，同时在生物多样性保护方面也具有极为重要的价值。燕园保留了自然山水风貌，植物群落体系完整，水体类型丰富，微缩了东亚平原湿地景观的几乎所有动植物类型，从而保存了中国东部平原地区的原生生物多样性。燕园成为喧嚣京城中人与自然和谐共生的绿色岛屿。

鸟瞰燕园

主要活动

从 2002 年起，北大师生中的自然爱好者便开始对燕园内的鸟类、鱼类、兽类、昆虫类、植物类等的情况进行调查。2009 年，在北京大学自然保护与社会发展研究中心师生的协助指导下，北京大学绿色生命协会学生会员开展了系统的校园鸟类监测和植物物候监测及巡护工作，并延续至今。目前在北京大学校园中已记录鸟类超过 230 种，高等植物超过 600 种，兽类 11 种，鱼类 26 种，两栖爬行类 11 种，蝴蝶 27 种，蜻蜓 26 种，其中包括 4 种国家一级保护野生动物，32 种国家二级保护野生动物， IUCN 红色名录中极危（CR）、濒危（EN）级别动物各 1 种，5 种易危（VU）级别动物。这里成为国内乡土动植物种类最为丰富的城市绿地之一。

在北大师生的长期推动下，北大建立了燕园自然保护小区，范围涵盖了校园北侧所有的历史园林区域，也包含校园南部和西门外的小部分区域，面积总计 50 公顷。这是国内首个高校自然保护小区，也是北京市第一个自然保护小区。北京大学自然保护与社会发展研究中心作为发起者制订了一系列的管理计划，划定并圈出明确的生物多样性保育区，对水体、林地、大乔木等重要物种栖息空间进行细致的、有别于传统城市绿地管理方法的措施制订，保留多物种乡土植被的近自然恢复状态，并将长期坚持生物多样性监测纳入保护小区管理计划。

主要影响力

（1）生态环境价值

目前，在我国大规模的城镇化进程中，生物多样性保护面临诸多威胁，其中，栖息地丧失及破碎化是其主要威胁之一。与其他城市绿地相较，北大校园所在的“三山五园”地区是北京城市生物多样性热点区域，因此这个仅有 1 平方千米的校园所提供的栖息地也具有较高的城市生物多样性保护价值。

苍鹭（*Ardea cinerea*）捕鱼

（2）社会经济价值

在校园自然保护小区的建设中，突出北大师生的主体地位，以保护小区为平台和场地，鼓励学生以多种形式参与生物多样性监

师生游客被捕食观赏鱼的苍鹭吸引

测和管理，在自然中感悟自然，在生态中学习生态，培育校园内珍爱生命、感悟自然的观念，营造人人参与校园保护的氛围，让参观校园的访客也能从中获得自然保护的知识和树立自然保护的理念。

在制度层面，保护小区建立了科研机构、学生社团与学校园林、规划、保卫、后勤等职能部门相互配合的管理体系，将北大的校园管理能力提上新的台阶。这一管理经验和方法，在更普遍的城市绿地管理中也能够起到示范作用，这也是北学承担社会责任、服务社会的有效方式。

（3）创新性

①管理创新。在城镇化背景下的校园中，师生长期参与，与校园管理部门共同保护珍贵的城市栖息地、探索人与自然和谐相处的模式，这样的工作与管理方式具有一定的创新意义。

②教学创新。北大的多个院系结合本科生教学工作，开展校园生物多样性监测，研究城市绿地生物类群对人为干扰的响应及在人为影响下的保护手段，希望未来能够推动实现宏观生物学、生态学在科研和人才培养两方面的突破。在大学教育中通过增加生态监测实践，培养学生的生态伦理观，引导学生对如何实现生态文明建设进行创造性思考，也是一项具有深远意义的教学创新。

申报单位简介：北京大学自然保护与社会发展研究中心，成立于 2008 年，执行主任吕植教授。由她带领的研究团队长期在中国西南山地和青藏高原开展濒危旗舰物种的生态学和保护生物学研究，并对种间关系、营养级联、自然与人类活动的互动进行观察。研究团队关注保护方面亟须解决的综合学科问题，为保护决策提供基于实地研究的一手证据。中心建立以来，研究团队为我国的自然保护领域培养了一批有理想和实干精神的生态学者和保护实践者。

北京高密度城市社区生物多样性保护

申报单位：北京市西城区常青藤可持续发展研究所
保护模式：就地保护行动　公众参与　传播倡导　生物多样性可持续利用
保护对象：城市生态系统　植物类　两爬类　鸟类　其他
地　　点：北京市西城区新街口街道、海淀区中关村街道
开始时间：2012年

背景介绍

当前推进经济发展与生态保护的协调统一、加大保护生物多样性力度等重要政策相继出台，民众的生态意识不断提升，尤其是在新时代，市民对人居环境和自然生态间的关系日益关注，亟须专业团队的介入、组织与指导，引领城市居民关注自然环境、关注城市的可持续发展，并通过宣传教育，带动人们参与生物多样性保护行动。

主要活动

北京市西城区常青藤可持续发展研究所（简称常青藤研究所）针对居住在北京市西城区新街口街道、海淀区中关村街道老旧传统型社区和新兴密集高楼型社区的人群，引导他们参与城市生物多样性保护行动。

①在拆除违建后的场地上，项目通过垃圾堆肥、土壤修复、“新自然主义”植物群落种植、小型生物栖息地营造等综合手段，修复了涉及面积为 400 平方米的生态系统，建成一处社区生态教育示范基地。

②改善社区内现有绿地品质，推行屋顶绿化、家庭种植和生态设施安装等

小花园中的拟自然群落春季景观：基于生态学原理，将草本植物与拟自然化形式组合，形成有机且稳定发展的群落式种植设计

社区的亲子家庭参与拟自然草本群落的种植活动

举措。

③开发了基于社区线上线下相结合的环境教育平台与课程。

④组建了以社区家庭妇女和儿童为主体的 50 人环境保护志愿者团队；建立了社区自发组织可持续发展的交流平台。

⑤项目实施的两个社区里至少有 100 名社工接受生态社区相关专业知识的培训，并通过他们的行动，影响了社区居民的绿色生活方式。

⑥对城市生物多样性保护公众认知度进行了调查。

⑦与北京林业大学、北京市生态环境保护科学研究院等的科研团队合作，监测社区生物多样性动态变化，将环境科学研究引入社区管理。

⑧对社区公众参与生物多样性保护的模式进行了总结和推广。

本项目已经入选联合国开发计划署（UNDP）全球环境基金小额赠款计划，同时也是世界自然保护大会“自然保护中的青少年角色”提案在中国的落地实施。

主要影响力

（1）生态环境价值

①通过公众参与型城市环境修复，示范社区的生物多样性水平得到提升，其中社区生物群落乡土植物数量增加了 30 余种、动物数量增加了逾 50%。

②示范社区的绿地面积增加及连通性显著提高，额外布设了约 500 平方米的屋顶绿化，增加了 50 余户的家庭种植面积。

③制作了可复制的生物多样性主题课程包，定期在社区或周边学校授课，实现了学科知识与生物多样性保护实践有机结合。

（2）社会经济价值

①利用社区环境教育基地等场地开展培训赋能、环境教育、展览展示等综合活动，提高了社区居民对城市生物多样性的认识，带动了更多居民参与到城市生态环境保护实践中来。

项目团队带领双榆树中心小学的学生在街道开展植被种植及养护工作，让学校参与到社区绿地的管理中来

②培养社区居民尤其是青少年的参与能力，增强他们的社区责任感，巩固了社区凝聚力，让居民们有更多机会相知相熟，并朝着共同的方向美化社区及城市环境。

③项目为城市可持续社区基于生物多样性保护的公众参与提供了一系列综合解决方案，配合政府主管部门，使这一经验推广和复制到其他社区。

（3）创新性

①在宣传动员、执行、实施后续阶段，项目强调公众参与，妇女儿童是当下国内家庭的核心，通过妇女儿童的参与，可以广泛调动家庭成员的共同参与。

②利用线上线下相结合的方式，开发了可推广的线上探索小程序，并在社区指定地点布设打卡点，让社区居民在游戏中学习。线上平台的引入不仅增加了趣味性，也增加了知识的供给量。

③项目推动了社区利益相关方的合作与融合，符合目前政府倡导的居民自治、多方共治的社区建设理念。在社会组织第三方结项退出社区后，社区内部仍然能够通过培育的社会团体、管理部门维持运营。

申报单位简介：北京市西城区常青藤可持续发展研究所于 2012 年注册成立，2015 年被评为 4A 级（AAAA）社会组织。研究所以建设“儿童友好、环境友好、睦邻友好”的“三好”社区为愿景，以开展自然启蒙、社区实践和践行生态公民理念为方式推动“小手拉大手”环境友好型社区建设。

海南省儋州市老市村湿地生态修复及垃圾治理

申报单位：海南省蓝丝带海洋保护协会
保护模式：就地保护行动　公众参与
保护对象：海洋和沿海地区生态系统　淡水生态系统与湿地生态系统　植物类
地　　点：海南省儋州市海头镇老市村
开始时间：2019年

背景介绍

海南省儋州市海头镇老市村地处典型的河口区域，被珠碧江环绕，河流和海洋生态系统在此交汇，是各种水生动物的重要栖息地。《儋县志》记载，清朝时期这里是海头镇政治经济文化中心，世代以盐田为主要经济产业。1990 年某海产公司来此承包租赁河塘养殖对虾，后来该公司破产退租，村内虾塘闲置。对虾养殖期间村内原有盐田及湿地生态受损，部分垃圾流入珠碧江，进而汇入北部湾，沿海生态遭到破坏。村里现常住人口约 280 人，当

红树林修复

地因缺乏专业技术及经济产业，村民多以外出务工维持生计，且环境保护意识薄弱。

社区赋能：自然导赏员培训

主要活动

海南省蓝丝带海洋保护协会（简称蓝丝带）从 2019 年年底在老市村组织实施了湿地生态修复及垃圾治理行动。

①科学修复红树林生境。邀请湿地生态保护专家对项目地进行生境调研、制订整体湿地修复方案，开展面积为 1 500 平方米的红树林湿地综合修复试点工作。

②探索社区生态经济路径。建设生态养殖试验田，探索社区生态经济发展路径，由“花钱养生态”向“生态养生计”转型。选拔生态养殖带头人，引入养殖专家辅助开展科学养殖。

③调动社区内驱力，推动由“要我做”向“我要做”转变的环境治理机制，组织开展村民环境治理行动，清除堆积垃圾，减少陆源污染：设立项目管理委员会，推动村民主动进行环境清理和维护；针对河岸垃圾，定期组织海洋清理行动，减少失控垃圾的入海量。

④因地制宜，提高社区依托生态环境的生计技能，实施乡村振兴举措。开办村民赋能课堂，邀请专家指导，组织技术培训：培养村民的海洋保护意识，进行垃圾分类、海洋垃圾污染防治等宣传培训，尝试推动农村垃圾治理，助力老市村陆源污染防治；结合市政府的废弃虾塘改造、生态修复计划工作，邀请专家进行生态养殖指导与支持，并组织养殖代表前往技术成熟、模式可复制的试点区进行学习；邀请技术专家，以妇女为主要受众，开展垃圾分类培训活动，培育家庭源头减量及社会监管女性主力军。

主要影响力

（1）生态环境价值

①在珠碧江流域入海口处实施面积为 1 500 平方米的湿地生境修复，探索性地对入海口湿地生态和底栖生物多样性进行恢复。

蓝丝带的使命：保护海洋生态，人海和谐共生

②对当地红树林湿地及周边生物多样性进行调研，提出适合珠碧江流域红树种类及湿地修复的建议，为政府百万修复项目提供数据支持。

③推动传统养殖产业向生态养殖的转型，减少湿地生态污染。

（2）社会经济价值

①提升当地村民的海洋环境保护意识，推动建立农村垃圾分类机制。

②设立项目管理委员会，组织成员参与培训并自主组织相关活动，以提高村民参与社区事务的能力。

③配合政府百万修复项目落地。落实项目内本底调查、湿地修复、红树林修复试验区等工作，使项目正式落地，资金投入从起先的数十万元增加到700万元。

④提升项目地知名度。提高各方专家资源与其他社会组织对项目地的关注，促成各社会组织与项目地的合作。

（3）创新性

①工作领域创新：引导项目关注全新的生态领域——红树林湿地生态系统。

②工作内容创新：开展废弃虾塘的生态养殖试点工作以及珠碧江流域的红树林湿地生态系统修复试验。

③工作形式创新：设立项目管理委员会，推动村民参与项目共管，主动推进项目工作。

申报单位简介：海南省蓝丝带海洋保护协会致力于构建全球化、开放性海洋保护公益平台。自2007年6月1日成立以来，协会持续在全国各地开展海洋生态资源保护、海洋污染监测与治理、海洋生态科普、海洋保护网络建设等工作；逐步树立起海岸线监督治理品牌、海洋卫士品牌、红树林保护宣传品牌、社区精准环境保护品牌、渔业社区环境改善品牌等多个品牌项目。

拯救勺嘴鹬

申报单位：深圳市红树林湿地保护基金会
保护模式：就地保护行动　公众参与　传播倡导　资金支持机制　生物多样性可持续利用
保护对象：海洋和沿海地区生态系统　淡水生态系统与湿地生态系统　植物类　鸟类　海洋生物类
地　　点：广东省湛江市、江苏省盐城市条子泥
开始时间：2018年

背景介绍

鸟类作为滨海生态系统的主要指示生物类群，是滨海湿地保育工作关注的重点。其中，东亚—澳大利西亚迁飞区（以下简称EAAF）的迁徙水鸟数量正以每年 5%～9%的速度锐减，成为全球保护形势最为严峻的迁飞区。勺嘴鹬（*Calidris pygmeus*）是地球上濒危和稀少的鸟类之一，也是EAAF滨海湿地保育的旗舰物种，具有重大保护意义和象征意义。

主要活动

本项目基于科学的保育和教育，采取适应性管理方式，推动系统变革，以期减缓EAAF迁徙水鸟及其栖息地面临的主要威胁，推动3～5个关键栖息地质量提升，遏制全球勺嘴鹬数量下降趋势。

①进行科研、监测和建立数据库，为保护项目实施、栖息地面临威胁时做出快速反应、政策倡导等提供科学依据。项目支持以勺嘴鹬为代表的迁徙水鸟的研究工作，如鸟类旗标信息收集，迁飞区水鸟种群动态变化、迁徙以及繁殖

勺嘴鹬之一（李东明/摄）

生态学研究；开展中国沿海滩涂鸻鹬类动物的食物资源调查与研究，评估沿海湿地生态环境质量。

②提高勺嘴鹬关键栖息地（湛江、条子泥）生态环境质量。推动当地的社会化保护模式探索，尤其是针对湿地保护管理领域的关键问题，如入侵物种互花米草治理与治理成效评估、鸻鹬类高潮位栖息地建设、生态监测等，落实合作行动。

③达成国际合作，支持勺嘴鹬繁殖地和越冬地研究、保护行动。与国际关注勺嘴鹬的科研机构保持紧密联系，如支持俄罗斯楚科奇民族自治区繁殖地开展勺嘴鹬人工繁殖、繁殖鸟类捕食者控制等相关工作；支持勺嘴鹬主要越冬地缅甸开展生态监测、社区保护行动，推动及落实迁飞区尺度的勺嘴鹬保护行动。

④通过勺嘴鹬保护联盟，整合相关政府部门、保护地、社会组织、企业等各方资源，形成统一战线，合力保护迁飞区迁徙鸟及其重要栖息地。

⑤加强“勺嘴鹬全球守护大使”公益合作，使勺嘴鹬的公众认知度得到显著提升。

主要影响力

（1）生态环境价值

①挽救濒危物种勺嘴鹬。支持繁殖地人工繁殖及控制捕食者相关项目，直接提高了该鸟类的种群数量。

②保护物种栖息地。项目对栖息地面临的直接威胁采取了有效行动。例如，与湛江市的保护区合作，有效治理互花米草，其治理范围为20余公顷，清理控制评价也证实了入侵物种控制对依托红树林植被生活的鸟类的重要性。

③保护湿地生态系统。通过开展栖息地、物种和自然教育工作，当地的湿地生物多样性整体提高，湿地生态系统服务价值也提高。

（2）社会经济价值

①推动和协助条子泥的发展，制定和践行了“720 亩”高潮位栖息地管理实施细则。极大程度地保护了当地生物多样性及生态环境。该项目也被多家媒体报道，被称为是自然遗产生态修复“中国样本”的实践探索。

勺嘴鹬（李东明/摄）

②推动多样化 CEPA（交流、教育、公众参与和意识推广）活动，为公众提供与野生生物互动的场域，提供环境保护信息和知识，从而实现湿地合理利用。

③加强“勺嘴鹬全球守护大使”公益合作，将缺乏公众关注的环境保护议题带入公众视野。

（3）创新性

①模式创新。项目采用社会化参与模式，聚合多元的社会资源，推动多样的有效管理。这种政府负责、社会协同、公众主动参与的模式，打破了以往保护行动中社会主体只能被动参与的局面，成功促使大多数人主动加入保护行动，并成为影响决策和保护行动实施的共治者。

②科学研究与湿地管理深度耦合。本项目应用前沿的鸟类跟踪技术，尤其是小场域的精准定位技术，开展基于生态系统结构及功能的湿地修复影响评估工作，一方面可以有效评估修复工作的成效，另一方面适用于湿地精细化适应性管理，提高了场域管理的韧性与适应性。

申报单位简介：深圳市红树林湿地保护基金会（Mangrove Wetland Conservation Foundation）是中国首家民间发起的环境保护公募基金会，致力于保护湿地及其生物多样性，践行社会化参与自然保育模式。2012 年 7 月，该基金会由阿拉善 SEE 生态协会、热衷公益的企业家和深圳市相关部门提倡发起。

与i社区海洋保护区（iMPA）相关的再生海藻生产

申报单位：海岸4C有限公司
保护模式：就地保护行动 公众参与 资金支持机制 生物多样性可持续利用 遗传资源惠益分享
保护对象：海洋和沿海地区生态系统
地　　点：菲律宾
开始时间：2020年

背景介绍

麒麟菜族海藻（Eucheumatoid seaweeds）产量占菲律宾渔业总产量的 30%左右，是世界上养殖量最大的海藻种类。随着技术进步，海藻市场也被打开，如海藻可以用于绿色生物炼制技术，为生物塑料、生物肥料、饲料和食品生产提供原材料。40 多年来，社会组织和各国政府一直在鼓励养殖麒麟菜族海藻，用其替代过度捕捞和非法捕捞。价值链不透明、缺乏相应的服务指导，使渔民过度依赖过时的养殖方式，海藻养殖不利于保护海洋生物多样性，目前海藻养殖造成的塑料污染占小规模渔业污染的50%左右。海岸4C[①]有限公司（COAST 4C Limited，简称 4C 公司）将海藻养殖与 iMPA 结合，解决了这些问题。

① 4C：社区（Community），保护（Conservation），商业（Commerce），气候（Climate）。

主要活动

4C 公司将再生海藻养殖纳入养殖规模更大、保护效果更好的社区海洋保护区（MPAs），与保护区共同开发出一种新模式，这种模式被命名为 iMPA，其中“i”代表“创新、统一、包容、完善”的价值观。iMPA 的规模是菲律宾海洋保护区平均规模的 45 倍，并且是建立在可持续商业模式基础之上的模式。

4C 公司将再生海藻融入规模更大、保护效果更好的社区海洋保护区，冠名 iMAP（Amado Blanco/摄）

具体做法如下所述：

①建立强大的、具有包容性的社会基础设施，结合社会营销工具，提高民众的参与度。

②扩大海洋保护区范围，不仅仅局限于珊瑚礁，红树林和珊瑚礁以外的深水区也应纳入保护范畴。

③适当整合生态海藻养殖选址区，既减少对敏感栖息地的影响，又为海藻生长提供了安全的环境。

④明确可持续利用区内渔业区域的使用权，敦促社区遵照执行。

⑤支持渔民采用生态海藻养殖方法提高产量降低风险，并在符合社会和环境标准（包括 iMPA 生态绩效）的前提下提供价格溢价，用以抵消成本。

⑥通过可持续商业模式实现 iMPA，同时，这种商业模式需以可再生海藻的交易为基础。

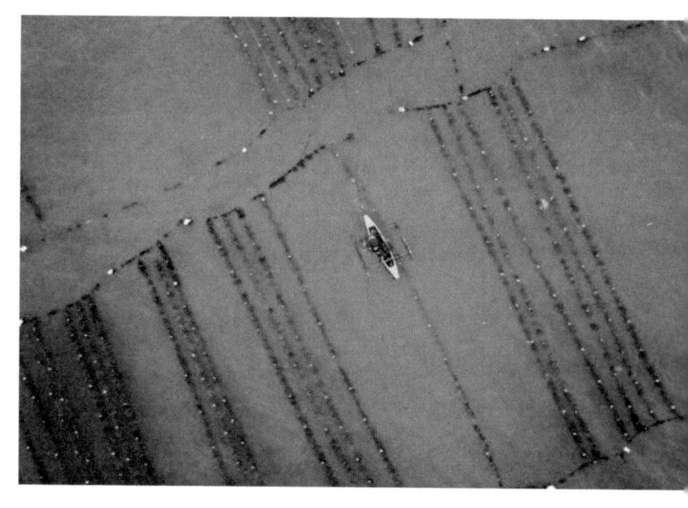

4C 公司与当地海藻养殖户合作，确保他们的产业是可持续、有益于社会和环境的（Amado Blanco/摄）

⑦设计塑料减量和回收

策略，包括回收报废的尼龙 6 渔网。

⑧与地方政府密切合作，提高 iMPA 的实施能力。例如，将菲律宾 iMPA 所有的警卫平台改造成多功能的，使其成为一个可以管理和维护海藻养殖场的平台，这个平台还能减少盗窃事件的发生。

本项目也提供了相应的金融服务，包括成立乡村储蓄和贷款协会等方式，这些乡村储蓄和贷款协会须经核实后方可运行。该方式由国际救助贫困组织（CARE）设计，目前已向 77 个国家的 2 000 多万人提供金融服务。

本项目通过一个庞大的且不断发展的网络将农民聚集在一起，在当地加工海藻，再把海藻销售到可追溯的、负责任的全球市场。

主要影响力

（1）生态环境价值

迄今为止，本项目已经从海洋中回收了长达 2.97 亿米的报废渔网，并再利用，沿海塑料污染比例减少约 40%。将海藻纳入 iMPA 保护范围，对空间进行合理规划，确保它们远离珊瑚和海草等敏感植物栖息地。增加 iMPA 保护范围内再生海藻的产量也有助于减少气候变化导致的海洋酸化和缺氧现象，减少由沿海径流造成的富营养化，从而有助于 iMPA 保护范围内栖息地的恢复。以社区为单位的养殖，减少了非法和破坏性捕捞行为（如毒捕）。

（2）社会经济价值

本项目已为 3 946 户家庭提供了金融服务，这些家庭在 9 年内收益达到了 408 000 美元。通过缩短价值链和提供价格溢价，以社区为单位，创造了约 12.7 万美元的收入。再生海藻实践培训中，66%的成员都是女性，海洋保护区管理委员会中的女性代表比例由 21%增加至 34%。

通过缩短价值链、原材料就近加工、开发新的加工技术，并提供价格溢价，社区在海藻和塑料回收价值链中占有的份额增加。帮助小规模社区渔民降低了海藻养殖的风险，增强了他们的适应能力。

珊瑚三角区的小规模社区中有 400 万人以养殖海藻为生，其中 100 万人是菲律宾人。本项目的目标是在 3 年内将目标范围内的渔业社区贫困率降低一半。

（3）创新性

①将再生海藻纳入海洋保护区，从实用性角度出发为海藻养殖提供了安全健康的环境，也为海藻养殖提供了一种新的可持续商业模式。

4C 公司为小规模养殖户提供培训和支持，使他们能扩大再生海藻养殖产业（Amado Blanco/摄）

②建立了包容性价值链。在社区内创建合作社，以便能够由社区来把控产品质量，贸易和加工的第一阶段尽可能地保证本地收益并降低成本。运用中心辐射式模型，大规模地聚集价值链中的相关人员，传递价格溢价，利用可追溯的供应链技术来提高效率。

③项目开发出了适合当地条件的技术，如打包机，它可以降低成本，提高运输效率，从而提高产品价格；再如集装箱化绿色生物精炼技术，使当地可以百分之百地利用海藻生物量。

申报单位简介：海岸 4C 有限公司是一家社会企业，其使命是在边缘化的沿海地区发展充满活力和韧性的蓝色经济，目标是为 2 200 万渔民赋能以恢复海洋。公司通过优化世界上最大的可再生海藻养殖，以促进社区、保护、商业等的协调发展。

永恒之鱼

申报单位：瑞尔保护协会
保护模式：就地保护行动
保护对象：海洋和沿海地区生态系统　植物类　海洋生物类
地　　点：印度尼西亚　菲律宾　巴西
开始时间：2012年

背景介绍

沿海海域具有很高的海洋生物多样性，世界 40%的人口居住在距海洋 100 千米范围内的区域，这意味着沿海社区既是造成环境问题的主要群体，也是解决环境问题的关键群体。

渔业为居民提供食物和就业，珊瑚礁保护海岸免遭海水侵蚀和海浪破坏，红树林、海草床等生态系统支持着丰富的生物多样性，也支持着数以万计社区的幸福生活。然而，沿海生态系统正面临前所未有的威胁。受栖息地破坏和气候变化的影响，海洋生态系统变化加剧，不可持续的捕鱼活动进一步加剧，全球三分之一的鱼类遭到过度捕捞。过度捕捞造成栖息地质量下降，栖息地退化导致鱼类数量减少。渔民深陷这种恶性“链条”中，继而加大捕捞力度，采取更具破坏性的捕捞方式，这些行为对生态系统造成的压力日益加大，也导致渔民投入增多得到的回报却减少。

主要活动

2012 年，永恒之鱼（Fish Forever）项目正式启动，致力于创建可复制的模式来扭转过度捕捞困局，保护生物多样性，维护沿海社区繁荣稳定。永恒之鱼项目将关键栖息地保护与社区享有的捕鱼专属权利关联，建立起明确的激励机制，用有效协作取代破坏性竞争；通过保护关键海洋栖息地和管理当地渔业活动等手段，当地社区从中获得了可观的收益。

永恒之鱼项目旨在给 8 个重点国家的沿海地区生物多样性带来实质性改变，这些地区的生物多样性在全球处于极其重要的地位，当地居民的粮食安全保障与生产生活高度依赖渔业。为实现这一目标，永恒之鱼项目与当地社区和政府进行了合作：

①建立区域管理准入机制，规定从事渔业工作的社区居民在特定区域内享有明确的捕鱼权利。

②建立受全面保护和由社区领导的禁捕海洋保护区网络，增殖放流以增加鱼类种群数量，保护重要栖息地。

③建立社区居民和管理机构共同参与的模式，支持地方决策制定。

④帮助渔民采用可持续和更规范的捕鱼方式（如成为注册渔民、记录捕鱼数量、遵守捕鱼法规、参与渔业管理）。

⑤收集从事渔业工作社区的统计数据用于决策。

⑥促进沿海渔业社区寻求资金支持和市场机会，增强他们应对风险的能力。

⑦动员公众对沿海渔业和海洋自然资源保护进行投资。

⑧制定政策维持和加强基于社区发展的管理。

主要影响力

（1）生态环境价值

永恒之鱼项目提出的保护区管理准入（Managed Access with Reserves，简称 MA+R）法使当地利益相关者也能参与到保护工作中去，运用具有包容性的参与式理念来设计、建立、实施面向渔业活动和海洋自然保护区工作的管理准入区域方法，最终形成了一种资源利用与有效生态保护相平衡的机制，在得到充分保护的自然保护区内，鱼类种群数量有所增加。

永恒之鱼项目第一阶段（2012—2017 年）的工作在印度尼西亚、菲律宾和巴西的 240 个社区中进行，数据显示，98%的保护区内的鱼类种群数量保持相对稳定或有所增加，鱼类生物量增加了两倍多，在允许捕捞的管理准入区域内鱼类生物量也增加了一倍。截至 2021 年，与第一阶段相比，使用保护区管理准入法的社区数量增加了 4 倍多，项目与 1 000 多个社区和 150 多个地方政府积极合

青年们在墙上绘画，传递可持续渔业思想（Ogie Ramos/摄）

作，覆盖了 8 个国家近 170 万社区居民，在 550 万公顷的沿海水域内建立了管理准入的保护区。

（2）社会经济价值

永恒之鱼项目的保护方式立足建立明确的权利范围，形成强大的治理合力，融入地方的实际领导，汇聚多方参与管理，以合作取代竞争，促成了一场保护生态系统的社会运动，展现了集体协作的良好成果。

①推进小规模社区渔民微型企业正规化发展，拓展了渔民的增收途径。

②与处在环境脆弱地区的社区合作，改善了当地自然资源管理情况，提高他们的生计，从而减少经济、社会和环境威胁。当地居民可以通过知识共创和数据采集增加净收入。

③确保渔民获得可持续的生活资料和鱼类资源，加强可持续的渔业管理，让渔业生产活动不再是导致环境退化的因素。

④提供职业技术培训，加强能力建设，提高贫困人口的净收入水平，保障

基本生计和人们的决策权，使沿海社区的人们能够依靠渔业过上体面的生活。

（3）创新性

①永恒之鱼项目应用行为科学理论，结合技术援助、技术培训和技术工具，启发并激励社区进行变革。

②永恒之鱼项目用行为洞察力确保保护方式的有效性，从各层级、各方面指导项目实施。永恒之鱼项目的全球学习与协作中心确保核心原则在各情境中得到一致应用，通过以用户为中心的迭代设计流程生成简化的指导、工具和资源，提升当地合作伙伴和社区自主工作的能力和水平。

③永恒之鱼项目建立必要的有利条件，支持沿海渔业设定优先次序，同时加强基于法律和功能的社区权利管理，致力于获得政府的政策支持，加大对沿海社区的政治和财政支持力度。

申报单位简介：瑞尔保护协会成立于美国，其使命是“激发变革，让人类和自然蓬勃发展”，并以此引领人们在保护方面的行为改变。协会与社区合作，在自然资源的可持续利用与长期保护之间取得平衡，并与政府合作制定政策和法规，消除障碍并赋予这些社区主导解决方案的权利。协会努力扩大这些解决方案的规模，整合社会、经济和政治干预措施，以提高复原力、减轻贫困、保护生态系统并支持可持续发展。

会呼吸的城市社区生态系统
——乐颐生境花园

申报单位：上海市长宁区新泾镇绿园新村第八居民委员会（绿八社区）
保护模式：就地保护行动　公众参与　传播倡导　生物多样性可持续利用
保护对象：生态系统多样性　城市生态系统　淡水生态系统与湿地生态系统
地　　点：上海市长宁区新泾镇绿园新村
开始时间：2020年

背景介绍

乐颐生境花园位于上海市长宁区西部，毗邻上海市最佳治理河道南渔浦，有 732 平方米的陆地面积，加上亲水平台、景观廊道，成为上海目前最大的社区生境花园。社区秉持山水林田湖草沙是生命共同体的生态思想，划分出四季花园、生境驿站、蝶恋花溪、疗愈花园、科普廊道和自然保育区六大区域，“生境十八趣”遍及整个花园，不但解决了社区环境保护问题，而且成为创新城市社区生态系统修复的样板。

主要活动

乐颐生境花园从 3 场社区群众参与的“诸葛亮会”，到十数场志愿者和居住在社区内的建设、生物、园林专家参与的建设例会，用 180 天树立了一个全民参与的新型社区建设范例，把一个杂草丛生的“荒角”蝶变为生机盎然的“忘忧角”。

在社区创建中充分尊重环境专家和群众的意见，不仅保留了原本的水杉林地，还借力南渔浦提取河道水，利用屋顶和海绵地面收集雨水，收集的雨水用九曲旱溪引至鸢尾池塘，形成睡莲、黑藻（*Hydrilla verticillata*）、餐条（*Hemicculter leucisculus*）、饰纹姬蛙（*Microhyla ornata*）等生物共生的净化水体，吸引了黄鼬（*Mustela sibirica*）、刺猬（*Erinaceus amurensis*）、貉（*Nyctereutes procyonoides*）等野生动物在池塘边饮水、嬉戏，使鸢尾池塘成为城市社区中一处难得的良好生境。

由于花园里的花草不施农药，花椒、枇杷、柑橘、石榴、红叶李吸引了柑橘凤蝶（*Papilio Xuthus*）、斐豹蛱蝶（*Argynnis hyperbius*）等蝴蝶；镶嵌着绘有本地常见鸟类图案的镂空展板的科普长廊邻近河道；池塘边装饰有竹木气窗和调光玻璃的生境山房成为社区百姓观察鸟类饮水、洗澡、梳羽毛的绝佳地点；山房中布置有书法作品、树叶与花瓣拼贴出“乐颐”字样的装饰物，充满自然野趣；穿过“心灵索桥”，孩子们还能在疗愈花园眼观松鼠、耳听鸟鸣、鼻嗅花香、手摸化石、品味果蔬，感受来自自然的力量与馈赠。

乐颐生境花园的鸢尾池塘

在乐颐生境花园创建的同时，楼组长、志愿者、园林和动物专家组建了乐颐第五空间志愿团队，居民代表大会通过的《乐颐生境花园居民公约》中16条公约规范了游客观览注意事项，从而使宝贵的生态环境资源得以保护和永续利用。乐颐生境花园成为人民城市和生态文明思想的生动实践者。

主要影响力

（1）生态环境价值

乐颐生境花园虽然地处现代化大都市中心城区的边缘，但是成功地利用了社区环境“死角”，修复、营建了一个属于上海本土的生境花园。通过科学设计，乐颐生境花园满足生态要求，恢复自然生境栖息地鸢尾池塘和自然保育区，不仅形成了水中和陆上相对完整的微生态系统，还成功吸引了多种物种“落户”栖息，让社区群众不出社区就能通过社区讲座、云课堂、视频和微信公众号了解它们，从而实现人与自然和谐共生，解决经济高速发展导致的生态失衡，对恢复城市社区生态系统的稳定性具有重要作用。

居住在社区的动物园高级工程师为暑托班孩子们进行生态科普教育

（2）社会经济价值

与华东师范大学留学生进行交流

乐颐生境花园选址中心城区居民区，兼顾居住、科普与休憩功能，体现了“1+1+1＞3”的社会效益。在乐颐生境花园，老人可以休憩养生，上班族可以探索自然，青少年可以学习知识，专家团队可以进行学术研究，满足社区多层次需求。新华网和“学习强国”，以及《中国环境报》《解放日报》《文汇报》等媒体平台对乐颐生境花园进行报道，上海及外地的参访团络绎不绝，乐颐生境花园成为远近闻名的网红打卡点。

（3）创新性

上海随处可见的高楼大厦，是这座国际化大都市留给人们的深刻印象，但这里也曾是野生动物的家园。乐颐生境花园依托现代都市中心城区的边缘地带，通过对生境进行科学营造，精心恢复本土动植物的自然栖息地，是习近平生态文明思想和“人民城市人民建，人民城市为人民”重要理念的生动实践，具有开创性、前瞻性和示范性意义。通过修复和营造，大自然“重回”城市，走进社区，展现了人与自然美美与共的和谐画面。

申报单位简介：上海市长宁区新泾镇绿园新村第八居民委员会秉持人与自然和谐共生的理念，融合资源、创新治理，在生态社区建设中绘就“绿八十景图”民生画卷，打造绿乐花园、空中花园、童心乐园、爱宠乐园、生境花园“五大名园”，为建设“有生命、会呼吸”的城市提供实践参考。

以恢复鸟类栖息地为目标的基于自然的解决方案——盐城黄海湿地遗产地生态修复

申报单位：盐城市湿地和世界自然遗产保护管理中心
保护模式：就地保护行动　生物多样性可持续利用
保护对象：海洋和沿海地区生态系统　淡水生态系统与湿地生态系统　鸟类　其他
地　　点：江苏省盐城黄海湿地
开始时间：2020年

背景介绍

在第 43 届世界遗产大会上，中国黄（渤）海候鸟栖息地（第一期）（简称盐城黄海湿地遗产地）成功列入《世界遗产名录》，成为我国第 14 处世界自然遗产，填补了中国滨海湿地类型世界遗产的空白，成为全球第二个潮间带湿地世界遗产。受人类活动等因素影响和干扰，盐城黄海湿地生态系统在申遗前曾遭到过严重破坏，导致鸟类等动物栖息地减少，生物多样性丧失。

主要活动

为恢复鸟类栖息地的生态功能，保护鸟类迁徙通道。盐城市在遗产地内开展了一系列以基于自然的解决方案（NbS）为技术理念，以生态重建、辅助再生、自然恢复、保护保育等为措施的生态修复项目。

盐城黄海湿地遗产地的“红地毯”

以东台条子泥为例。在盐城黄海湿地遗产地范围内的东亚—澳大利西亚迁飞路线上鸻鹬鸟类的重要中转站——东台条子泥，围垦、非法捕猎等人类活动导致栖息地丧失，很多鸻鹬鸟类面临着种群数量减少和分布范围缩小的威胁。2020年，东台市从就近的一线海堤的围垦养殖区内专门辟出 720 亩区域建立高潮位栖息地（被称为“720”）。遵照“生态自然修复为主，人工适度干预为辅”的方针，通过勺嘴鹬等小型鸻鹬鸟类栖息地营造、裸滩湿地恢复、岛屿建设、黑嘴鸥繁殖地营造等措施，成功打造了国内第一个固定高潮位候鸟栖息地。

“720”建成后不久，科研技术团队监测发现了 1 150 只濒危物种小青脚鹬（*Tringa guttifer*），骤然打破了学界普遍认为小青脚鹬种群总数不超过 1 000 只的纪录。来这里栖息的鸟类新增 22 个种类，达到 410 种。“720”在《新闻联播》节目中被赞为自然遗产生态修复的“中国样本”。

此外，项目在盐城黄海湿地遗产地内实施珍禽保护区退渔还湿工程、射阳盐场 1 号水库生态修复工程等，通过基于自然的解决方案为鸟类及其他生物营造了栖息地，维护了生物多样性，在生态系统服务方面取得卓越成效。

主要影响力

（1）生态环境价值

以基于自然的解决方案为理念，对盐城黄海湿地遗产地进行生态修复，保障了候鸟迁徙生态通道的安全，保护了滨海滩涂生态系统，保障了区域生态安全，有效恢复了区域生物多样性。

自 2019 年列入《世界遗产名录》以来，盐城黄海湿地遗产地加强生态建设和环境保护，取得突破性进展。目前已形成 4 个湿地保护小区，自然湿地保护率超过 69%，仅条子泥片区就有 1.7 万亩养殖区完成退渔还湿，累积整治互花米草 1.2 万亩；划定黑嘴鸥繁殖地 2 800 亩，专职人员 24 小时巡视管护，保障繁殖地内鸟类繁衍不受人为干扰。

盐城黄海湿地遗产地修复后的栖息地（水域）

（2）社会经济价值

项目对盐城黄海湿地遗产地进行生态修复，人居环境得以改善，更好地满足了人民日益增长的美好生活需要；改善了城市环境及对外形象，为城市中长期发展创造了有利条件；绿色经济和环保经济将成为新的经济形态，通过湿地修复保持生态优势，带动经济增长，为生态旅游发展做好铺垫。

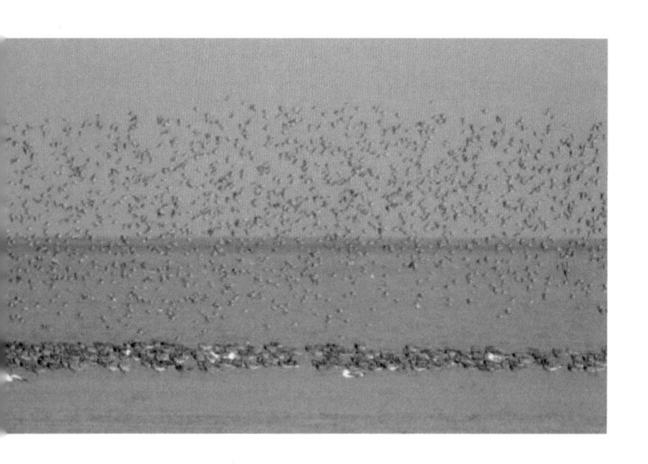

盐城黄海湿地遗产地的群鸟

盐城黄海湿地遗产地将引入湿地保护与科普体验功能，建成鸟类栖息地及生物多样性研究基地，供相关人员教学实习，促进湿地文化的提升和传播；依托湿地空间开展野外探究活动，宣传湿地保护区的功能和价值，提高公众对湿地及生物多样性的认识和参与保护的积极性。

（3）创新性

盐城黄海湿地遗产地的生态修复，采取基于自然的解决方案，恢复湿地生态系统，为遗产地生态功能的发挥提供了技术支撑，探索了经济发展和生态保护相协调的新途径，为“美丽中国”建设和生态治理贡献了“盐城智慧”“盐城经验”。

盐城黄海湿地遗产地修复后栖息地

申报单位简介：盐城市湿地和世界自然遗产保护管理中心是为了保护中国黄（渤）海候鸟栖息地（第一期）遗产地而设立的管理部门，于 2020 年 12 月 16 日正式挂牌。自成立以来，管理中心致力于加强湿地遗产地保护管理、进行湿地遗产科学研究、促进湿地遗产地可持续发展和开展国内国际交流，践行习近平生态文明思想，努力打造“绿色盐城”生态样本，为未来留下一片碧海银滩的美丽地域。

貉以为家：公民科学助推城市生物多样性的研究、保护和科教

申报单位：复旦大学保护生物学研究组
保护模式：就地保护行动　公众参与　传播倡导　政策制定及实施　资金支持机制
保护对象：生态系统多样性　城市生态系统
地　　点：上海市
开始时间：2019年

背景介绍

急剧变化的城市环境给生物多样性保护增加了困难，研究、管理和科普教育的空缺更让生物多样性保护充满挑战。复旦大学保护生物学研究组将科学研究、保护管理、科普教育 3 个关键环节紧密整合，启动公民科学项目，成功填补了上海特大城市的生物多样性研究的空缺，推动了生物多样性保护政策落地，同时创作了大量科普作品，取得了良好的保护效果和社会影响。

主要活动

①打破传统科学研究模式，采取“公民科学家”创新形式开展研究和保护工作。实施过程中与山水自然保护中心等社会组织合作，组建了市民人数超过 200 名的“公民科学家”团队，并推动建立了“复旦大学自然科考社”等学生社团。这些工作培育了公民科学力量，探索了公民科学的开展模式。

②制定支持政策。以“人貉共存”为切入点，协助上海市林业部门制定了

“人貉冲突”应急处置方案，解决市民投诉，协助主管部门处理人与野生动物冲突。此外，还完成了大量政策支持工作，在新冠肺炎疫情期间同上海市林业总站制定了城市中蝙蝠等野生动物的管理方案，维持城市生态系统平衡；参与城市流浪动物管理策略的制定；作为上海市自然保护地专家组和杨浦城市规划建设专家组的单位成员，长期为生态城市建设提出建议。

③制作大量原创科普作品，引领公众了解和关心城市生物多样性保护。原创科普作品在微博、微信、视频网站和电视上的浏览量超过 2 亿人次。

“公民科学家”：市民志愿者调查野生动物状况

生活在居民区的貉

主要影响力

（1）生态环境价值

通过“公民科学家”队伍的参与，项目成功建立了覆盖上海市的兽类多样性监测网络，填补数据空白；完成了国家二级保护野生动物貉的全市种群分布和栖息地评估；发现了国家一级保护野生动物小灵猫（*Viverricula indica*）；推动就地保护项目实施，启动了滨江生物多样性恢复等项目。

（2）社会经济价值

《科学动物园》等栏目中展示了城市生物多样性保护和管理的成功案例。线

科普宣传活动

上视频平台的公益科普课，其播放量超过770万次，视频材料被生态环境部官方微博转发，在人民网首页展示，被“学习强国”等平台多次转发。小灵猫、貉等动物从默默无闻到广为人知，甚至走进中小学课堂，产生了积极的社会影响。

（3）创新性

本项目最大的创新点是打破了传统科学研究模式，采取“公民科学家”的创新形式，将科学研究、公众参与和科普工作结合，把生物多样性科学研究拆分成易于操作的模块，在网络平台上招募市民志愿者完成调查，并最终形成政策性建议。

在项目实施过程中，组织了一支由300余名市民组成的志愿者队伍，推动建立学生社团，将高校、市民志愿者、社会机构有机地连接起来。《光明日报》评论本项目“能从市民代表的热烈讨论中收集人们对于城市生态建设与社区管理的宝贵意见”。《新华每日电讯》评价本项目“帮助人们窥到野生动物种群的变化，探索它们和城市的关系”。《人民日报》《中国环境报》等数十家媒体均对项目的创新性进行了高度评价。

申报单位简介：复旦大学保护生物学研究组由博士生导师王放和十余名复旦大学研究生、本科生组成。在科研方面，研究组从长江三角洲地区的闹市区到陕西秦岭和宁夏六盘山的荒野，开展了大量围绕大熊猫、华北豹、貉与小灵猫的研究工作；支持国家公园、保护区和林业主管部门制定了一批保护管理措施，培训了数百名保护区工作人员，积极服务社会；成功组建了“公民科学家”团队，在微博、电视及其他媒体上完成大量科普工作。

中国大马哈鱼社会公益型保护地

申报单位：黑龙江省永续自然资源保护公益基金会
保护模式：就地保护行动　公众参与　政策制定及实施　生物多样性可持续利用
保护对象：淡水生态系统与湿地生态系统　淡水生物类　种质资源
地　　点：黑龙江、图们江、绥芬河流域
开始时间：2019年

背景介绍

大马哈鱼（*Oncorhynchus keta*）、驼背大马哈鱼（*Oncorhynchus gorbuscha*）、马苏大马哈鱼（*Oncorhynchus masou*）是溯河洄游鱼类，曾经广泛分布于黑龙江、图们江、绥芬河等流域。作为基石物种、伞护物种，大马哈鱼的洄游给内陆带来丰富的海洋物质，它们在河流生态系统中有不可替代的作用。但近几十年，大马哈鱼的资源量锐减，严重影响了流域内的生态安全。

“让中国大马哈鱼回家（TAKE ME HOME[①]）”公益项目，是由众多中国企业家发起的公益性河流生态环境保护项目，以生态河流可持续发展为愿景，以恢复河流生态系统为使命。在本项目中，黑龙江省环境保护教育学会、抚远市大马哈鱼生态环境保护协会同为执行机构。

主要活动

执行机构以黑龙江、图们江、绥芬河流域的大马哈鱼保护为切入点，通过

① TAKE ME HOME 直译为带我回家。

使用第四代大马哈鱼孵化器提高了放流站鱼卵的成活率

科学的人工增殖放流、政策倡导、公益保护地建设、宣传教育4个途径保护中国大马哈鱼。

研究团队与高校、科研院所联合，为国内3个鲑鱼放流站提供技术支持，撰写流程文件6份，参与制定标准2项；设计标准放流站，通过提升繁育技术和管理水平，提高了大马哈鱼苗的成活率；向北太平洋洄游鱼类委员会（NPAFC）申请了专属于珲春市密江乡放流站的耳石专用号段，在国内第一次按国际标准开展耳石标记，让中国大马哈鱼有了"国际护照"。

2019年4月，在黑龙江省东宁市政府的支持下，执行机构在绥芬河河畔建立了我国第一个河流型公益保护地；2019年12月，与吉林省延边朝鲜族自治州农业农村局签署《保护图们江流域野生鱼类合作协议》；2020年8月，与黑龙江省农业农村厅、东北农业大学签署《黑龙江省濒危珍稀鱼类资源养护合作协议》；2021年，在珲春市密江乡参与大马哈鱼文化特色乡村建设，参与水产种质资源保护区的联合管理，未来将以大马哈鱼文化及产业发展带动地方经济。

主要影响力

（1）生态环境价值

执行团队借鉴国内外先进经验，探寻水生野生动物保护的最佳路径，恢复中国大马哈鱼及其他野生鱼类的种群资源，最终恢复河流生态系统健康。

（2）社会经济价值

①利用马苏大马哈鱼陆封型、可驯化的特性尝试对其进行育苗、养殖，形成产业并带动经济，反哺公益。

②与政府合作，打造大马

密江河大马哈鱼保护区

哈鱼文化特色乡村，新建大马哈鱼产业基地、开展生态旅游及研学活动，将鱼文化和朝鲜族的民族文化有机结合，使人人成为护鱼人。

③项目联合民间力量，与政府合作开展渔业保护政策倡导工作，大马哈鱼保护工作得到国家层面的重视。

④建立大马哈鱼保护工作的交流平台，积极参与 NPAFC 的技术交流，将耳石标记法引入中国，稳固我国大马哈鱼“鱼源国”地位，促进我国在北太平洋获得更多权益。

珲春市密江乡大马哈鱼保护区周边的鱼文化民宿

2019 年 12 月，黑龙江省永续自然资源保护公益基金会荣获“2019 福特汽车环保奖——年度先锋奖”。

（3）创新性

①借鉴国际保护经验，首创国内河流公益性保护地模式，并将其作为政府工作的补充。

②以鱼类物种为切入点，开展河流水生生物多样性本底调查，编制保护规划，弥补我国鱼类保护工作的部分空白。

申报单位简介：黑龙江小永续自然资源保护公益基金会成立于 2016 年，是由众多中国企业家发起成立的黑龙江省第一家环境保护类公益基金会，以保护和恢复河流生态的可持续发展为愿景，以保护河流生态系统为使命。

涉县旱作梯田系统农业生物多样性的保护与利用

申报单位：涉县旱作梯田保护与利用协会
保护模式：就地保护行动　公众参与　生物多样性可持续利用　传统知识
保护对象：农田生态系统　干旱半干旱地区
地　　点：河北省涉县
开始时间：2018年

背景介绍

涉县位于河北省西南部太行山中段，晋冀豫三省交界外。涉县旱作梯田系统核心区属于缺土少雨的石灰岩山区，厚的梯田土层其厚度不足 0.5 米，薄的仅 0.2 米。当地人在适应自然、改造环境的过程中，充分利用地理气候条件和丰富的食物资源，通过“藏粮于地”的耕作技术、“存粮于仓”的贮存技术、“节粮于口”的生活技巧，以及世代沿袭的留种习俗、“天人合一”的农业生态智慧，形成了规模宏大的石堰梯田景观和独特的山地雨养农业系统，保存了大量重要农业物种资源。《涉县志》记载涉县旱作梯田拥有植物 176 科、633 属、1 441 种，作为核心区的王金庄村保留农业物种 26 科、57 属、77 种，还包括 171 个传统农家品种。开展其农业生物物种及遗传多样性的保护与利用，对涉县旱作梯田系统具有重要意义。

主要活动

项目选择位于涉县旱作梯田核心区的井店镇王金庄村，涉县旱作梯田保护与利用协会（简称梯田协会）通过调查、收集、种植、鉴定、分析，组建种子库，查清了核心区农业物种及农业遗传资源的“家底”，并通过田间种植鉴定，区别同名异种或同种异名的生物，验证在农户调查访谈中农户对传统农家品种的性状描述，以确定当地传统作物和传统农家品种的名称及数量；在此基础上，总结旱作梯田农业生物多样性的特征和保护、利用的方法以及存在的问题，最终形成了社区种子库保存与农民自留种相结合的传统作物及传统农家品种就地活态保护的模式，为农业文化遗产地的农业生物多样性就地保护提供了可借鉴的经验。

进行豆类农家品种田间种植、鉴定的梯田协会会员合影（贺献林/摄）

主要影响力

（1）生态环境价值

当地人在适应自然、改造环境的过程中，形成了独特的山地雨养农业系统和规模宏大的石堰梯田景观，独特的景观结构创造出了独特的山地立体小气候，使“十年九旱”的山区即使在严重灾害之年，也能保障当地人的生计安全。

（2）社会经济价值

①项目通过多方参与尤其是社区参与，形成农业生物多样性长期自我维持的保护机制，对加快发展特色产业、振兴乡村经济、着力解决保护和利用主体缺失的问题具有重要意义。

②项目依托当地丰富的农业生物物种和遗传多样性，培育龙头企业，开发特色农产品，挖掘传统农家品种的经济价值和商品价值，提高梯田种植的经济效益，吸引更多青年农民通过梯田传统农家品种的保护和利用，实现增收致富。

农家晒秋（魏贺荣/摄）

梯田花椒树与谷子混农林系统（贺献林/摄）

③项目通过开展农民教育，激发农民内生动力，让农民进一步认识保护传统作物及传统品种的意义，让年轻一代自觉主动地掌握传统农耕技术，使其不致失传。

（3）创新性

①涉县旱作梯田系统中的作物品种多样性调查和数据收集工作，是中国北方旱作农业中最全面、最系统、最丰富的农家品种资源调查，该案例首次创新了涉县旱作梯田系统农家品种多样性保护与利用的关键技术，并建立了中国北方首个农村社区种子银行，发掘出一批具有重要利用价值的特异种质资源。

②项目将农业物种及传统农家品种通过混合种植、轮作倒茬、间作套种、优中选优等一系列保护与利用技术，进行活态传承和保护。项目在传统作物品种的就地活态保护方面建立了适合当地生态环境的技术体系，为传统品种的可持续保护与利用提供了重要的技术支撑。

申报单位简介：涉县旱作梯田保护与利用协会是一家以弘扬传统农耕文化，促进旱作梯田保护与利用，推动农业增效、农民增收与梯田可持续利用为目的的社会组织，自成立以来，围绕涉县旱作梯田系统的生物多样性保护与利用，开展了传统作物品种的就地保护、种植鉴定、技术传承等一系列行动。

太湖流域 700 亩农田停留全中国 10%的鸟种

申报单位：苏州市湿地保护管理站
保护模式：就地保护行动　公众参与　政策制定及实施
保护对象：海洋和沿海地区生态系统
地　　点：江苏昆山天福国家湿地公园
开始时间：2016年

背景介绍

位于江苏省昆山市花桥经济开发区北部的江苏昆山天福国家湿地公园，是我国长江三角洲地区高度现代化城市群中一块难得的生态保留地。项目区位于江苏昆山天福国家湿地公园，区域面积约为 700 亩，原是退化的马场，经过栖息地保护与湿地修复后，如今已成为太湖农耕湿地保护与农业面源污染治理的示范区。

太湖流域 700 亩农田停留全国 10%的鸟种

湿地保护的核心挑战是农业退水导致的面源污染与粮食产量安全的矛盾。在水稻田系统中，农业退水中富含各类无机与有机颗粒物，同时也包含大量氮、磷等营养元素，一方面，这些营养元素进入湖泊湿地后易引起水体富营养化，另一方面，营养元素又是农业生产的宝贵肥料。

主要活动

①针对以上问题，本项目首先提出“沟渠—水塘—河道”的陆源颗粒物减排技术，设计水系颗粒物缓冲系统，过滤、截留农田打浆、播种过程中进入河道的颗粒物，有效减轻了农业退水对周边河道的不利影响，提高区域水质。

②利用农田水塘营造近自然栖息地，通过设计大小和深浅不一的缓坡型水塘，搭配水位调节设施，满足不同季节、不同鸟类对栖息地的需求。

③完善生态监测技术，配置具有自动数据采集、记录及传输功能的环境监测设备，通过高频监测，及时反馈修复成效，为栖息地修复提供科学决策依据。

④引入“四季水田”概念，在水稻收割休耕期内，实施蓄水工程，营造浅滩、开阔水面等适宜水鸟栖息的生境条件，为候鸟提供更多的栖息地，使人与候鸟共享稻田。

这些活动为有效治理太湖流域农业面源污染提供了实践参考，保护了以农田为代表的生物多样性关键区域，为提高全球陆地自然保护地和保留地的覆盖率和质量树立了样本。

主要影响力

（1）生态环境价值

项目最大限度地保留了基本农田面积，对原有河流、湿地和沟渠等水生态敏感区进行了整合优化，从源头消减了农业面源污染物进入河道的量，改变了营养物质的循环方式，有效提高了水质，增加了近自然栖息地尤其是农田的生物多样性，改善了农耕湿地生态环境。截至 2019 年，项目研发的生态技术系统降低了农田周边河道 80%的颗粒物总量，水质从劣Ⅴ类提高到Ⅳ类，水体透明度提高 1.5 倍。项目通过近自然栖息地和四季水田的修建，生物多样性明显提高，鸟种数量增加了 57%，在约 700 亩的土地上观测到 140 种鸟，占全国鸟种数量的 10%。目前，项目区已成为太湖流域单位面积鸟类多样性最高的人工修复栖息地。

（2）社会经济价值

江苏昆山天福国家湿地公园创新融合生态与社会资源，立足本地，面向全球，搭建湿地自然保护网络。天福省级湿地公园于 2013 年获批国家湿地公园试点建设；2016 年成立天福湿地自然学校，并加入苏州市湿地自然学校网络；2017 年创建苏州昆山天福实训基地，为全国近 400 家湿地公园提供专业人才培训服务。2019 年，江苏昆山天福国家湿地公园获得全国“自然教育学校（基地）”称号，成为“国际湿地网络亚洲会员”（A Member of Wetland Link International-Asia）；2021 年入选“全国林草科普基地”。

江苏昆山天福国家湿地公园的实训基地

结合江南农耕文化特色，针对不同宣传教育对象，项目开发了 10 余套不同主题的自然教育课程，开展活动 319 场，辐射受益公众 24 718 人次，为太湖流域湿地与农业可持续发展做出了贡献，为全球农田生物多样性恢复、保护、宣传教育做出了示范。

企业参与栖息地管理

（3）创新性

①项目通过农耕湿地高频监测技术，探明了污染物周期性排放规律与成因。②“沟渠—水塘—河道”的陆源颗粒物减排技术，解决了农业面源污染物在源头进行有效分离的难题，降低了运行成本，为长期困扰太湖流域的农业面源污染治理提供了新的解决方案。③项目通过“四季水田”，为鸟类提供了补偿栖息地。④将生物多样性价值观纳入政策制定和湿地修复评价体系。⑤高频监测技术为农业面源污染物拦截提供了全周期数据，通过快速收集数据预测趋势，以鸟类多样性为主要评价指标科学评估农耕湿地修复成效。

申报单位简介：苏州市湿地保护管理站成立于 2009 年 4 月，是江苏省首个独立建制的湿地保护管理机构，负责全市湿地保护管理工作，具备较强的科技实力，主持起草了江苏省首部湿地保护的地方性法规《苏州市湿地保护条例》。该管理站承担国家、省、市级科研项目 10 余项，获得国家专利授权 3 项，获得省部级科技进步奖 4 项，2020 年荣获“生态中国湿地保护示范奖”。

第二篇 法律途径

51 中国绿孔雀栖息地保护行动

申报单位：北京市朝阳区自然之友环境研究所
保护模式：法律途径　公众参与　传播倡导　政策制定及实施
保护对象：森林生态系统　植物类　鸟类　种质资源
地　　点：元江流域上游干流，云南省
开始时间：2017年

背景介绍

绿孔雀（*Pavo muticus*）是国家一级保护野生动物，中国科学院昆明动物研究所 2018 年发布的调查结果显示：过去的 30 年内，绿孔雀丧失了近 60%的栖息地，位于双柏县和新平彝族傣族自治县元江流域上游干流的石羊江及其支流是中国最后一个相对完整、面积较大的绿孔雀栖息地。2017 年 3 月，环境保护组织大理白族自治州野性大理自然教育与研究中心（简称野性中国）发现正在建设的“云南省红河（元江）干流戛洒江一级水电站”的部分淹没区正好处于这一区域，一旦水电站建设完成，位于淹没区的绿孔雀栖息地将不复存在，这将对保护动物绿孔雀的生存繁衍造成重大影响。

季雨林中的绿孔雀（奚志农/摄）

主要活动

野性中国、北京市朝阳区自然之友环境研究所（简称自然之友）和山水自然保护中心3家社会组织紧急向相关行政机关寄送建议函，呼吁停止水电站建设，并重新评估水电站建设对绿孔雀等重要保护物种及栖息地的影响。2017年7月，自然之友向人民法院提起我国首例野生动物保护预防性环境公益诉讼，并多次组织动植物专家通过漂流的方式前往水电站淹没区开展生物多样性本底调查。2020年3月法院判决，戛洒江一级水电站建设单位立即停止基于现有环境影响评价下的戛洒江一级水电站建设项目，不得截流蓄水，不得对该水电站淹没区内植被进行砍伐。

绿孔雀行动团队漂流前合影

该诉讼案后，3家环境保护组织又着手开展政策倡导工作，向决策机关正式寄送了10余份决策建议函及政策建议函，最终使位于戛洒江一级水电站淹没区的绿孔雀栖息地划入云南省生态保护红线，并进行严格保护。保护组织还通过开展一系列媒体传播、公众参与和跨界合作，吸引和支持公众参与到濒危物种保护行动之中，提高了公众对保护濒危动物的认知和参与度。

主要影响力

（1）生态环境价值

“云南省红河（元江）干流戛洒江一级水电站”的部分淹没区正好是绿孔雀栖息地，同时也是陈氏苏铁（*Cycas chenii*）、黑颈长尾雉（*syrmaticus humiae*）等多种珍稀物种赖以生存的地区，与大面积原始热带季雨林和热带雨林片区构成完整的生态系统。绿孔雀栖息地保护行动阻止了戛洒江一级水电站的继续建设，使生态价值极高的生态系统得以保留。

正在觅食的绿孔雀（奚志农/摄）

（2）创新性

绿孔雀行动是我国首例珍稀野生动物保护的预防性公益诉讼，判决结果综合考虑了项目给社会经济带来的冲击，兼顾合理性及时效性，有效防范了可能的珍稀物种灭绝的重大风险，绿孔雀栖息地面临的重大风险也得到有效控制。该案实践了生物多样性保护中最为重要的“风险预防原则”，实现了珍稀濒危物种的就地保护，避免了珍稀物种灭绝的不可逆生态风险，发挥出了我国司法制度在生物多样性保护上的重要作用，也为我国及更多国家通过司法途径保护濒危物种和生态系统提供了实践范例。

申报单位简介：北京市朝阳区自然之友环境研究所成立于 1993 年，是我国成立较早的民间环境保护组织之一，致力于守护珍贵的生态环境，推动绿色公民的出现并帮助他们成长。该研究所以环境教育、公众参与动员、法律与倡导为核心工作手段，以城市垃圾减量、节能低碳生活、污染源调查与监督等为主要工作议题，深度介入突破生态底线的环境事件，支持绿色公民行动。

全球生物多样性保护典型司法案例精选

申报单位：克莱恩斯欧洲环保协会

案例一　坦桑尼亚塞伦盖蒂公路案

保护模式：法律途径
保护对象：森林生态系统 兽类 海洋生物类 物种多样性
地　　点：坦桑尼亚塞伦盖蒂国家公园
开始时间：2010年

背景介绍

2010 年，坦桑尼亚政府计划修建一条长达 53 千米的高速公路，政府认为，这条公路将成为连接坦桑尼亚西北部和本国其他地区的纽带，可以促进本国经济发展。然而该工程建设遭到了质疑，反对者认为公路横穿塞伦盖蒂国家公园，而该国家公园已经被联合国教育、科学及文化组织列为世界自然遗产，工程建设可能会造成环境损害，并严重影响普通角马（*Connochaetes taurinus*）迁徙。

狮子幼崽（Omer Salom/摄）

主要活动

总部位于肯尼亚的小型社会组织——非洲动

大批迁徙角马穿越塞伦盖蒂国家公园的河流（Jorge Tung/摄）

福利网络（ANAW）向东非法院提起诉讼，主张永久性叫停这项道路工程。ANAW认为，该道路工程违反了《东非共同体条约》（简称《条约》）规定。根据《条约》的要求，所有缔约方（包括坦桑尼亚）均有义务保护和管理环境与自然资源。2014年，法院一审裁定坦桑尼亚政府对此项工程的决策是违法的。

坦桑尼亚政府认为，《条约》并未赋予法院颁布禁令的权力。而法院则认为，下达禁令，包括永久性禁止缔约方政府实施任何有悖于《条约》精神的行为，是法院固有的内在权力。本案中法院认为，满足以下条件之一即可认定一项初步构想或计划属于可诉的国家行为：有经商定同意的建筑计划和图纸；工程量清单；项目已得到内阁批准；有经国会支持或批准的适当预算；如有需要，启动贷款流程为项目提供融资；启动适当的采购程序（无论是公开还是非公开招标）；工程实际开始的具体表现（如官方现场勘测、现场破土动工的建筑机械和材料已经交付等）。

在对经济利益和生物多样性保护进行了权衡之后，法院下令永久叫停了未来将在塞伦盖蒂国家公园修建公路的计划。

大草原上一只犹豫且好奇的幼猴（Magdalena Kula Manchee/摄）

主要影响力

（1）生态环境价值

本案中的塞伦盖蒂国家公园是世界上重要的生物多样性热点地区之一，在塞伦盖蒂国家公园修建公路会侵占自然栖息地，并对迁徙动物产生巨大的生存压力，法院下令永久叫停这项计划后，塞伦盖蒂国家公园的自然栖息地和迁徙动物得到了保护。

如何平衡经济发展和环境保护是一个争论不休的问题，本案就凸显了这一点。

（2）创新性

本案是预防性原则在生态环境保护中的一次重要司法实践，从源头预防了塞伦盖蒂国家公园生态系统和生物多样性被道路工程破坏的情况发生，同时明确了日后不可在该国家公园修建道路的底线。本案中预防性原则的应用，以及法院主张管辖权的论证都具有较高的创新性。

案例二　巴西保卫亚马孙雨林案

保护模式：法律途径
保护对象：森林生态系统
地　　点：巴西
开始时间：2017年

背景介绍

全球最大的热带雨林亚马孙雨林，近60%的地域处于巴西境内。在大片偏远的亚马孙雨林地区，由于无人居住，滥伐森林行为屡有发生。有证据指出，盗伐林木是亚马孙雨林消失的最主要原因。卫星图片记录了砍伐和木材加工活动，这些照片和运输文件成为非法砍伐森林的证据。树木被伐尽的地区有人贷款购买并将其改建为牧场，或在此发展种植业。

处于十字路口的巴西亚马孙雨林和未来发展（Leo Correa/摄）

为应对毁林现象，2017年11月，巴西联邦检察官办公室启动了“保卫亚马孙”行动，对毁林行为进行追偿，并促使植被退化区进行人工造林。

主要活动

2020年年底，“保卫亚马孙”行动开庭审理了一起毁林案件。巴西联邦检察官办公室和环保局针对67公顷被砍伐的森林，对“一位身份不明、下落不明的禁运区业主”提起了民事诉讼，强制其在森林退化区域开展人工造林，并做出相应赔偿。2021年2月，巴西最高法院作出判决，支持检察官打击非法毁林，对近几年来发生的森林滥伐可能也将追究土地所有者的责任，且无论滥伐发生时土地是否在其名下。

本案为“保卫亚马孙”行动创下了先例，案件的关键点之一在于物权义务的论证。在亚马孙雨林有些地区有一种将非法侵入行为合法化的途径。例如，砍伐者通过公证或登记的形式，为购买清空树木的土地申请贷款，将其改造为牧场，或者通过私人或公共银行贷款，在这些土地上发展农业。然而一旦确立了物权义务，就意味着，恢复森林并进行赔偿的义务落到了土地现在所有人的身上。该行动为检察官继续办理 3 500 起未结案件打扫出道路。对于非法侵入者、砍伐森林者和从侵入者手中转购获得土地权者而言，其披着合法外衣的非法行为链被破坏了，斩断了毁林的非法利益链条。

钴蓝箭毒蛙（*Dendrobates tinctorius azureus*）（图片来自 Adobe 图库）

检察官还利用卫星图像识别过去滥伐的程度，阻止进一步滥伐的发生。

在巴西的国家公园拍摄的五彩金刚鹦鹉（*Ara macao*）（Diogo Hungria/摄）

主要影响力

（1）生态环境价值

2021 年，在美国举办的线上领导人气候峰会上，时任巴西总统博索纳罗表示，将在 2030 年前杜绝非法砍伐森林的行为，到 2030 年减少 43%的二氧化碳排放，实现碳中和。巴西联邦检察官发起的这场声势浩大的公益诉讼运动，为保护亚马孙雨林这一世界上最大的陆地生物多样性热点地区做出巨大贡献。

（2）创新性

本案的创新性在于为“保卫亚马孙”行动创下了先例，填补了一项法律漏洞。从法律上扩大了毁林责任主体的范围，将土地当前的所有者或持有人纳入毁林的责任主体，也就是说，即使土地当前的所有者或持有人不是直接从事非法树木砍伐方，法律依然要追究其责任。

案例三　澳大利亚布尔加煤矿案

保护模式：法律途径
保护对象：生态系统多样性 物种多样性
地　　点：澳大利亚
开始时间：2010年

背景介绍

2010 年，澳大利亚规划和基础设施部部长批准了沃克沃斯矿业有限公司露天煤矿扩建项目，此行政决定引起了布尔加村民的不满，后者向新南威尔士州土地环境法庭提出申请，要求法院对该决定进行外部优劣性审查。村民主张驳回批准项目的决定，因为项目会对生物多样性产生影响，此外还会造成噪声、扬尘及其他污染。

主要活动

法院基于对以下因素的考量驳回了扩建煤矿项目的申请：对生物多样性的影响，噪声和扬尘的影响，社会影响，经济因素。

索利沃克沃斯矿山（Zetter/摄）

在审查批准项目延期申请的行政决定时，法院首先释明了相关法律法规。根据法律规定，决策者有权对项目进行批准或驳回，但法院同时有对行政决定进行优劣性审查的权力。法院还考量了规划和基础设施部部长行使自由裁量权的性质、范围和条件等。法院根据提交的证据，确定了项目可能对环境造成的影响、每一类影响的性质和类型，以及和项目动工申请一同提出的措施的有效性。在审查项目的影响时，法院应用了“均衡考虑所有事项，逐一衡量影响大小”

的原则。

最终法院判定，项目延期可能会对濒危生物群落和动物物种的主要栖息地产生重大影响，项目补偿方案、直接补偿措施及其他赔偿方案不足以弥补濒危生物群落所遭受的重大影响。法院权衡了项目带来的消极影响和积极影响，尤其是经济效益，最终仍驳回了煤矿项目的延期和扩建申请。

新南威尔士州的煤炭运输（Jessica Hromas/摄）

斑刺莺（*Pyrrholaemus sagittatus*）（Duncan McCaskill/摄）

主要影响力

（1）生态环境价值

在本案中，原告反对扩建煤矿，并要求法院拒绝延长煤矿项目许可证有效期的申请。法院最终裁定驳回扩建申请，从源头上预防了对生物多样性造成的直接损害。同时本案也是环境司法实践的一次重大胜利。

（2）创新性

在本案中，针对可能对环境产生潜在影响的项目的审批，法院确立了相关行政决定的审查标准，并详细阐述了环境影响项目审查的过程，本案的判决书逐一列出了此种审查的标准与步骤，进一步夯实了生物多样性保护的法律保障。

案例四　哥斯达黎加禁用损害蜜蜂农药案

保护模式：法律途径
保护对象：物种多样性　昆虫类
地　　点：哥斯达黎加
开始时间：2018年

背景介绍

新烟碱类杀虫剂占据全球逾 25% 的杀虫剂市场份额，几乎各类主要作物都会施用。此类杀虫剂效力很强，不仅可以通过直接接触消灭昆虫，还会渗入作物组织，导致昆虫在食用作物后死亡。因此，非目标昆虫也会受到影响，如蜜蜂，它们会通过花蜜和花粉受到新烟碱类杀虫剂的损害。

蜂巢入口的蜜蜂

长期以来，科学家一直认为蜜蜂种群数量减少和新烟碱类杀虫剂的使用相关。这类化学品会破坏蜜蜂的神经系统，影响蜜蜂的学习和记忆能力，这种能力对于蜜蜂这种群居昆虫至关重要，因为它们主要依靠学习和记忆能力与同类沟通食物的方位信息。

哥斯达黎加的蜜蜂养殖

主要活动

本着一贯的环境优先传统，哥斯达黎加最高法院判决，要求农畜牧业部，对新烟碱类杀虫剂展开分析研究，搞清楚这种杀虫剂作为全球使用最广泛的农药之一，对蜜蜂、环境和公共健康的影响。研究结果可能会促使哥斯达黎加出台有关使用损害授粉昆虫的杀虫药剂的禁令。

哥斯达黎加的雄性兰花蜂从树皮中收集菌丝（Gil Wizen/摄）

本案中最主要的法律问题在于如何以及何时可以采用预警性原则和预防性原则。法院肯定了国家必须采取行动预防生物多样性和环境面临的风险。如果一项活动可能会对环境产生负面影响，且造成的风险或环境损害存在一定的确定性，此时应采用预防性原则，即必须在开展活动之前对该潜在的环境损害进行充分的评估和检查。另外，如果一项活动对环境可持续性的影响从科学角度无法完全确认，此时则应采用预警性原则，要求国家不得以缺乏科学确定性为由，推迟采取有效措施预防环境退化或生物多样性受损的时间。

主要影响力

（1）生态环境价值

本案法院判决农畜牧业部应开展科学研究，分析含有新烟碱物质的农用化学品对哥斯达黎加环境、生物多样性和公众健康产生的影响，并裁定采取相应的措施，保障这些可能受到损害或受到重大威胁的宪法权益。判决结果既保障了公众的健康和生命权和公民享受良好环境的权利，也保障了国家的粮食安全和生物多样性。

（2）社会经济价值

本案体现了公众参与司法的意义所在。公众可以通过司法途径要求国家开展有益活动，履行其保护居民生命、健康及环境权的责任，应包括明确认可环境损害对生物多样性及人身权利的紧迫威胁。

（3）创新性

本案树立了充分解释预警性原则的典型先例。保护环境是国家责任，凡涉及保障公众健康权、环境权的事项，政府应遵循预防性和预警性这两条最主要的原则，将人类活动对环境退化和破坏的影响降到最小。

案例五　印度亚洲狮案

保护模式：法律途径
保护对象：兽类
地　　点：印度
开始时间：2004年

背景介绍

亚洲狮（*Panthera leo persica*）属濒危物种，根据历史文献记载，亚洲狮曾广泛活跃于西亚、中东和印度北部的大部分地区，20世纪初这一种群近乎灭绝，在加强保护和保育后，其种群数量在一定程度上得到恢复。目前，亚洲狮活动范围仅限于印度的吉尔国家公园及周边地区，现存野外种群数量只有约500只。

吉尔森林的亚洲狮（图片来自 Adobe 图库）

1990年，印度政府下属单位提议建立第二个野生亚洲狮栖息地，以保障在吉尔国家公园的亚洲狮种群数量免受灾害影响。专家在深入调查研究后发现，库诺野生动物保护区是重新引入亚洲狮的最佳地点，当地政府随即开展了一系列的准备工作，包括村庄搬迁等。然而2004年，古吉拉特邦政府拒绝将部分亚洲狮种群迁到新的栖息地中。

主要活动

两家环保组织——印度环境法中心和 WWF 印度分会据此将政府告上法庭，以法律手段敦促政府重新引入亚洲狮。

在审理本案时，印度最高法院必须考虑的问题为是否有必要在库诺野生动物保护区重新引入亚洲狮？在评估为亚洲狮创建第二生境的必要性时，印度最高法院重点考虑了以下几个问题：人类发展和生态保护，孰轻孰重？将物种重新引进历史生境的重要性如何？库诺野生动物保护区的猎物密度如何？

最高法院在受理本案时，把保护生态环境的需求放在了首位，并采取了最有利于物种保护的做法。法院摒弃了人类中心法（即人类需求优先，必须在人类利益得到满足的情况下再探讨人类对非人类物种的责任），采纳了生态/自然中心法（即人类属于自然，并非只有人类物种有其内在价值）。最高法院认为，印度宪法第二十一条关于生命权的规定不仅保护人权，还规定了人类保护濒危物种的义务，保护环境与保障生命权密不可分。法院援引了之前判例中阐述的公共信托原则。根据该原则，海岸、水域、森林和空气等公共财产由政府托管，供公众自由和无障碍地使用，国家作为自然资源的保管者，不仅有责任本着公众利益保护这些资源，而且也应该本着植物种群、野生动物等的最佳利益保护这些资源。最高法院认为，人类有责任防止物种灭绝，必须倡导有效的物种保护制度。

野生动物保护区的入口（Sameer Garg/摄）

专家经深入研究后一致认为，为亚洲狮这样的濒危物种创建第二个栖息地很重要，而库诺野生动物保护区是最佳选择。考虑到库诺野生动物保护区曾是亚洲狮栖息地的事实以及该地区的猎物密度，重新在库诺野生动物保护区引入亚洲狮是顺理成章的做法，于是，最高法院要求环境和森林部颁布指令，确保在 6 个月的时间内完成引入工作。

2013 年，印度最高法院判决原告胜诉，地方政府不满上诉，但随即被驳回。截至目前，重新引入工作仍迟迟未开展。

主要影响力

亚洲狮案对全球范围内相关事件都具有启发意义，彰显了政府干预对增加濒危物种种群数量的重要性。此外，本案所中通过野化工作来保护濒危物种的方法对防止生物多样性丧失也具有启发意义，野化工作有其复杂性，但作为一种新办法，野化的确给地区生物多样性的恢复带来了希望。

亚洲狮幼崽在嬉戏打闹（Scooperdigital/摄）

案例六　比利时走私受保护鸟类案

保护模式：法律途径
保护对象：物种多样性　鸟类
地　　点：比利时
开始时间：2008年

背景介绍

本案中的 4 名犯罪嫌疑人隶属同一个犯罪组织，该组织专门在西班牙和法国南部开展偷猎活动，偷猎对象多为珍稀猛禽的蛋和雏鸟。犯罪嫌疑人将得手的猎物交由饲养场孵化和饲养，并伪造 CITES 出口许可证用于商业交易。凭借以上非法手段，该组织赚取了巨额利润。非法鸟类交易的利益十分丰厚。例如，白腹隼雕（*Aquila fasciata*）的售价为每只 10 000 欧元，白头鹰（*Haliaeetus leucocephalus*）每只 5 000 欧元，非洲海雕（*Haliaeetus vocifer*）每只 6 000 欧元，靴雕（*Hieraaetus pennatus*）每只 5 000 欧元。

白兀鹫（*Neophron percnopterus*）
（Tomáš Adamec/摄）

经过比利时、英国、西班牙、法国、德国、奥地利和荷兰多国检察官长时间、大范围的联合调查，比利时法院终于判决 4 人走私受保护濒危鸟类罪名成立。

微笑的雪鸮（*Bubo scandiaca*）
（Dick Walker/摄）

主要活动

检方以参与有组织犯罪活动、伪造 CITES 出口许可证、未保留 CITES 记录以及非法使用陷阱和渔网捕鸟类等罪名，对 4

名嫌犯提起诉讼。法院经查后认定以上罪名成立，对犯罪嫌疑人处以罚款和短期监禁。法院在判决书中强调，被告对生物多样性造成了直接和不可逆转的影响，严重损坏了国家和国际层面上为保护这些脆弱珍稀鸟类物种所做的努力。比利时社会组织——鸟类保护组织（Bird Protection Organization）作为民事诉讼当事人参与了诉讼，并获得了15 250欧元的精神损害赔偿。

主要影响力

（1）生态环境价值

本案通过区域和全球合作，运用司法手段，遏制了生物多样性的恶化，为维护全球生物多样性和生态安全做出了贡献。

非洲海雕（Wayne Davies/摄）

（2）创新性

本案是多国合作成功打击有组织国际犯罪行为的典型案例。有组织的国际犯罪行为是生物多样性丧失的主要原因之一。因国际犯罪涉及偷猎、走私、分销和出售非法野生动物等多个环节，打击起来难度大。在本案中，多国合作打击野生动植物非法贸易，保障当地社区生计，维持社会和经济发展，筑牢国家生态安全屏障，突显了国际法律合作在收集定罪证据方面的重要性，走私濒危物种是生物多样性丧失的重要因素。

红脚隼（*Falco vespertinus*）

（Carolien Hoek/摄）

本案的特殊意义还体现在法院承认了社会组织的适格原告地位并支持了其精神损害赔偿的主张。

案例七　哥伦比亚亚马孙毁林案

保护模式：法律途径
保护对象：森林生态系统
地　　点：哥伦比亚
开始时间：2018年

背景介绍

2018 年，25 名年龄为 7～26 岁的青少年向哥伦比亚中央政府、若干地方政府及企业提起了一起特别的宪法诉讼。原告称，政府应对毁林问题不力导致的气候变化侵犯了他们个人和集体的权利，包括享有健康环境的权利、生命权、健康权、食物权和用水权。

原告认为，依据相关国际条约和本国法律，哥伦比亚中央政府负有逐年降低森林砍伐率的法定义务，但实际情况是，森林砍伐的速度非但没有减缓，反而在加快。

主要活动

区法院起初驳回了他们的诉求，原告上诉至哥伦比亚最高法院，最终得到了后者的支持。最高法院在判决中强调了毁林对生物多样性造成的威胁。法院强调，亚马孙雨林滥伐所引发的一个迫在眉睫的危机就是动植物的大规模灭绝。最高法院判决认为，生命权，健康权，最低的生活保障、自由和人格尊严的基本权利都与环境和生态系统紧密相连并由其决定。法院运用了预防性原则、代际公平和团结原则，认为毁林已经对后代基本权利构成威胁。

哥伦比亚青年为亚马孙而“战”（Dejusticia/摄）

哥伦比亚南部被毁坏的森林（Andrés Cardona/摄）

法院发布强制命令，要求政府制订行动计划来应对毁林和气候变化，通过广泛的公众参与创建“哥伦比亚亚马孙生命的代际协定（PIVAC）”来减少毁林和温室气体排放，并要求在判决生效后的 48 小时内采取切实行动，解决毁林问题。

主要影响力

（1）生态环境价值

在本案中，最高法院认为哥伦比亚的亚马孙森林作为“地球之肺”属于“权利主体”，国家和国际社会都有义务保护它。判决在推理部分重点突出了生物多样性受到的威胁，根据报告，约 57%的树种都处于危险之中。此外，法院将生态视为一个整体，强调亚马孙的大规模毁林将破坏其与安第斯山脉之间的生态联结，造成栖息在生态走廊中的物种灭绝或面临威胁，从而对生态完整性造成损害。

（2）社会经济价值

本案的社会影响在于批评了人类中心主义和人类霸权地位的自私范式，并采取了“生态中心—人类中心”的标准，这一标准将人类和生态系统置于同等地位，从而避免用傲慢的态度对待环境资源。

本案重视公众的积极参与，包括受影响的社群、科学机构或环境研究组织，以及利益相关的一般公众。从本案的执行情况来看，法院的判决推动了自下而上保护大自然的行动。

（3）创新性

最高法院采取了“以生态为中心”的方法，首次承认了哥伦比亚亚马孙森林“权利主体”的法律地位，认定其有权受到国家和地方机构的保护、保存、维持和修复。在政府应对管控毁林力度不够的情况下，法院通过诉讼的方式为民众保护森林铺平了道路。

哥伦比亚亚马孙雨林间的小溪（Rhett A. Butler/摄）

案例八　菲律宾保护海洋哺乳动物案

保护模式：法律途径
保护对象：海洋生物类
地　　点：菲律宾
开始时间：2007年

背景介绍

塔尼翁海峡是海豚和鲸鱼等海洋哺乳动物的重要栖息地并位于它们的迁徙路线上，但该地区海洋哺乳动物的数量正在逐年减少。2007 年 11 月，日本石油勘探开发有限责任公司（简称 JAPEX）开始在塔尼翁海峡进行海上石油和天然气勘探，对此，当地律师和一家社会组织以保护海豚等海洋哺乳动物的名义提起了诉讼，菲律宾最高法院受理了此案。

主要活动

JAPEX 称其勘探活动得到了总统令的支持。但塔尼翁海峡属于环境脆弱区，并已被划为保护地。当地居民称，石油勘探活动破坏了环境，还造成了海峡中可捕捞鱼类数量减少。JAPEX 在开展油气勘探活动之前并没有与当地利益相关方进行协商或讨论。

JAPEX 的岩船冲油气田（JAPEX/摄）

在本案中，最高法院在作出判决时主要考虑两个问题：谁具有适格原告的地位？总统令是否有效？

塔尼翁海峡及其周围海域的海洋哺乳动物，包括齿鲸类、海豚、鼠海豚和其他鲸目动物。本案实际上有三方原告：海洋哺乳动物、自然管理者和环境组织。

在确定谁是适格原告的过程中，菲律宾最高法院应用了菲律宾《环境案件程序规则》（*Philippine Rules of Procedure for Environmental Cases*），认为任何代表他人的菲律宾公民，包括未成年人或尚未出生的公民，都可以提起诉讼，要求强制执行环境法规定的权利或义务。

最高法院裁定，本案无须赋予动物以原告资格，人类作为自然的管理者，足以代表自然提起诉讼，敦促企业履行法定环境保护义务。

法院认为，塔尼翁海峡在 1998 年被划定为保护地，如果不提交环境合规证书，则不能开展任何超出其管理计划范围的活动，法院判定被告违反 1992 年发布的《国家综合保护地制度法》。

此外，法院还判定总统令越权，由于塔尼翁海峡是保护地，合同需要得到国会通过的法律的批准。因此，宪法法院宣布与塔尼翁海峡石油勘探有关的合同和所有许可证均无效。

塔尼翁海峡的飞旋原海豚（*Stenella longirostris*）（Danny Ocampo 和 Oceana Philippines/摄）

主要影响力

（1）生态环境价值

海洋生物多样性对减缓气候变化有着至关重要的作用，对海洋生物多样性的保护刻不容缓。本案有效阻止了近海钻探和其他破坏性项目（如填海）对海洋生态系统造成的进一步破坏，保护了岌岌可危的海洋环境。

（2）创新性

在本案中，司法机关通过判决强调了动物的重要权利，并重申环境保护是国家不可妥协的职责。本案是利用法律手段保护海洋生物多样性的典型案例，对全球海洋生物多样性保护具有启发意义。

鱼类守护人（Gregg Yan/摄）

案例九 芬兰非法猎狼案

保护模式：法律途径
保护对象：兽类
地　　点：芬兰
开始时间：1997年

背景介绍

猎人阿里图论那（Ari Turunen）和他的狗（Davide Monteleone/摄）

狼是《欧盟生境指令（理事会指令 92/42/ EEC 1992)》（以下称《欧盟生境指令》）附件四所列物种之一，属于受严格保护的物种，除极个别原因外，猎杀狼群是被严格禁止的。然而，芬兰通过谈判争取到了豁免条件，把国内某些地区的狼列入对猎杀限制较少的《欧盟生境指令》附件五，以便政府可以“名正言顺”地签发狩猎许可证。政府称，这些许可证其实是一个安全阀，防止人类出于报复而猎杀狼群。尽管狼受到欧盟的法律保护，芬兰作为欧盟成员国理应守法，但因为该漏洞的存在，芬兰得以继续猎狼。

芬兰的社会组织对此提起了系列诉讼。

主要活动

1997 年，芬兰一家大型环境社会组织针对当地政府签发猎狼许可证的行为向欧盟委员会提起申诉，欧盟委员会对芬兰政府启动了正式的侵权诉讼程序，案件由欧洲法院受理，由此推动了国家出台更严格的《狩猎法》。然而根据该法规定，在严格的监督下，有选择地在有限的范围内下发猎杀许可证仍然是被允许的，这给政府留出了自由裁量的空间。更糟糕的是，政府罔顾公众反对，在2014年发布了新的管理计划，重新引入管理性狩猎。

作为《奥尔胡斯公约》缔约方，芬兰允许环境保护组织提起公益诉讼。但针对狩猎许可证提起的诉讼仍然属于《狩猎法》的监管范围，只有地方和地区协会才有起诉资格。3 名当地妇女不得不注册了一个小型社会组织——塔皮奥拉（Tapiola），对不同行政区政府下发的狩猎许可证提起诉讼。塔皮奥拉请求芬兰法院：一是对这些许可证颁发禁令，二是将案件移交欧洲法院，因为芬兰的国家法律与欧盟层面的法律相悖。然而几乎所有的地区法院都以该组织不是适格原告为由驳回了原告的请求，如法官会以塔皮奥拉的注册地与涉案地区相距甚远为由，驳回诉讼请求。

等到下一个狩猎季节，当政府再次开始签发许可证时，塔皮奥拉改变了诉讼策略，将自己分成 6 个地区组织，希望能够满足适格原告的要求，其中有一起诉讼成功上诉到了芬兰最高行政法院。芬兰最高行政法院就猎狼是否合法、合法应满足的条件和芬兰政府是否触犯了欧盟法律等问题，向欧洲法院征询意见。至此，案件最终流转至欧洲法院。

欧洲法院于2019年对此案作出裁决，设定了严格的猎狼限制条件，几乎在所有争议问题上都支持了原告的主张。法院强调，《欧盟生境指令》的主要目的是通过保护自然生境和野生动植物保障生物多样性，法院因此认定：

①所谓“狩猎许可能减少非法偷猎”的论断并没有明确的证据；

②政府未能确定不存在其他令人满意的替代方案；

③政府未能保证狩猎许可不会伤害自然范围内处于良好保育状态的狼群；

④政府在发放狩猎许可证时没有对狼群的保育状态进行影响评估；

⑤政府发放许可证时，并没有满足《狩猎法》第 16 条（1）款（e）项规定的所有法定条件，尤其是必须考虑狼群种群数量、保育状态和生物特征。

在欧盟法院作出先行裁决后，芬兰最高行政法院也作出了相应的裁决，最终于2020年3月认定猎狼许可证非法，并要求政府必须探索其他有效途径保护芬兰狼群。

主要影响力

（1）生态环境价值

狼一度横行欧洲。但自中世纪到20世纪70年代，狼群基本灭绝。1995年，芬兰加入欧盟，这也意味着芬兰必须在国家层面执行欧盟的指令。但实际上芬兰国内的《狩猎法》仍然为猎狼创造了便利条件。本案保护了狼群，而狼作为顶级掠食者，对维护全球生态系统稳定具有重大意义，欧洲法院对此案的判决和论述也对欧盟有着重要参考和适用价值。

（2）创新性

公众有权就环境事宜诉诸司法是环境司法的基石，本案原告充分运用了这一原则，为自己争取了诉讼地位，保证了欧盟法律在成员国层面的有效实施。同时，在有些案件中，法院发出了禁令，在狩猎季挽救了部分狼群的生命，彰显了应对紧迫的生物多样性威胁时，有效使用禁令的重要性。

雪中的灰狼

申报单位简介：克莱恩斯欧洲环保协会（ClientEarth）是一家成立于2008年的环境法律公益组织。协会将法律、科学和政策结合起来，为环境问题制订切实可行的解决方案。协会关注的议题包括环境司法、绿色金融、气候与森林、气候与能源、健康与环境等。协会中国办公室与中国政府紧密合作，支持中国政府开展强有力、现代化、多元共治的环境和气候治理，支持中国在全球环境治理中发挥主导作用。

第三篇

公众参与和网络

蚂蚁森林

申报单位：蚂蚁科技集团股份有限公司
保护模式：公众参与　传播倡导　资金支持机制　技术创新　生物多样性可持续利用
保护对象：森林生态系统　草原生态系统　高山　植物类　兽类　两爬类　鸟类
地　　点：中国
开始时间：2016年

背景介绍

蚂蚁森林是蚂蚁科技集团股份有限公司（简称蚂蚁集团）旗下的生态保护公益平台，2016 年 8 月在支付宝正式上线。网友绿色出行、减纸减塑、节能降耗、循环利用等低碳行为，可通过碳减排方法学计为“绿色能量”，其积累到一定程度，就能申请在荒漠化地区种下一棵树，或者在生物多样性亟须保护的地区“认领”一平方米保护地。由包括蚂蚁集团在内的企业捐资给公益机构，并与地方林业部门合作，在相应地区实施生态修复及生物多样性保护项目。

主要活动

2016—2021 年，蚂蚁森林已参与全国 11 个省份的生态修复工作，累计种树 3.26 亿株，其中在甘肃、内蒙古种的树均超过 1 亿株。同时，蚂蚁森林还在全国 10 个省份设立了 18 个公益保护地，守护野生动植物 1 500 多种。

2020 年 5 月，在《生物多样性公约》第十五次缔约方大会筹备工作执行委员会办公室（简称 COP15 执委办）的指导下，蚂蚁森林与中华环境保护基金会等合作发起“人人一平米　共同守护生物多样性”行动，该行动参与人数超 1 亿人次。

截至目前，蚂蚁森林已带动超6亿人参与，成为全世界参与人数最多的环境保护公益平台，生物多样性保护价值得到广泛传播。

同时，蚂蚁森林作为互联网公益项目，还为社会各界参与生态修复和生物多样性保护的人们提供便捷高效的行动和激励解决方案。在各地林业部门、生态环境部门的指导下，蚂蚁森林与中华环境保护基金会等公益组织合作，吸引了包括科研机构、城市、高校等在内的近千个合作伙伴积极参与。

蚂蚁森林汪清保护地巡护员野外工作照片

主要影响力

（1）生态环境价值

蚂蚁森林保护地项目选址以我国生物多样性保护优先区和具有重要生物多样性保护价值、但还未纳入法定正式保护地体系的区域为主，支持保护机构优先开展社区保护项目，探索人与自然和谐共生的保护模式。蚂蚁森林开展的18个公益保护地项目，大都位于大熊猫国家公园、三江源国家公园、东北虎豹国家公园及各保护区周边，对大熊猫、雪豹、华北豹、滇金丝猴、荒漠猫（*Felis bieti*）、朱鹮（*Nipponia nippon*）等珍稀濒危物种的保护，对森林、草原、荒漠、高山、潮间带等生态系统的修复起到了积极作用，也为后续国家公园推动社区保护工作提供了有益的参考和借鉴。

（2）社会经济价值

①2021年，中国科学院生态环境研究中心与IUCN联合发布《蚂蚁森林2016—2020年造林项目生态系统生产总值（GEP）核算报告》，预估蚂蚁森林在防风固沙、

气候调节、固碳释氧、水源涵养等方面创造的生态系统生产总值为113.06亿元。

②蚂蚁森林作为连接人与自然的公益项目，有效连接社会公众、企业、保护机构和社区，以全民参与的方式保护生态环境。

③2016—2021年，蚂蚁森林在全国各地累计创造238万人次的绿色就业岗位，带动当地村民参与生态环保项目，劳务增收超过3.5亿元。

蚂蚁森林于2019年荣获联合国“地球卫士奖”以及应对气候变化领域的“灯塔奖”。

蚂蚁森林汪清保护地红外相机拍到的东北虎

蚂蚁森林福寿保护地红外相机拍到的大熊猫

（3）创新性

蚂蚁森林项目依托数字化技术和支付宝的开放平台，形成了创新性的公益激励机制：以企业捐资支持“看得见的绿色”，激励公众在日常生活中以低碳行为积累“看不见的绿色”，广泛参与推动生态保护和绿色发展。

在“人人一平米 共同守护生物多样性”活动中，公众可以通过手机看到自然保护地内濒危野生动物的珍贵视频和图片，以互联网创新形式解决了生态保护工作与公众难以连接的难题。

申报单位简介：蚂蚁科技集团股份有限公司是移动支付平台支付宝的母公司，也是全球领先的金融科技开放平台，致力于以科技推动包括金融服务业在内的全球现代服务业数字化升级，为消费者和小微企业提供普惠、绿色、可持续的服务，给世界带来微小而美好的改变。

增强缅甸社会组织在社区保护和发展方面的能力

申报单位：北京市朝阳区永续全球环境研究所
保护模式：就地保护行动　公众参与　传统知识
保护对象：海洋和沿海地区生态系统　森林生态系统　淡水生态系统和湿地生态系统
植物类　兽类　海洋生物　两爬类　鸟类　种质资源
地　　点：缅甸
开始时间：2016年

背景介绍

社区协议保护机制（CCCA）模式是北京市朝阳区永续全球环境研究所（简称 GEI）在中国进行引进、示范和改进创新保护模式。其基本方式是以协议的形式将保护区内的环境保护权和有限发展权授予不同的利益相关者。自 2005 年以来，GEI 一直采用 CCCA 模式，在中国部分西部省份进行试点、改进和创新保护工作，保护了超过 150 000 公顷的土地，惠及 65 000 多人。

建立社区协议保护地

2016 年，GEI 和 4 个当地社会组织合作，将 CCCA 模式引入缅甸，开展了 16 个试点项目，对 10 932 英亩[①]土地进行了保护。然而，在项目期间，GEI 发现缅甸环境保护团体的组织能力滞后的情况是缅甸生物多样性保护的主要挑战之一。

主要活动

2017 年，GEI 申请了关键生态系统合作基金（CEPF）的捐款，用以增强缅甸社会组织在社区保护和发展方面的能力，以及增强 CCCA 模式的影响力。在 CEPF 的支持下，GEI 做了以下 3 件事。

①为当地社会组织举办了 4 次培训和研讨会，提高其 CCCA 模式的执行能力。研讨会共有 150 多名来自 4 个政府部门、2 个研究机构、9 个当地社会组织和 10 个国际社会组织的环境专业人员参加。

缅甸社会组织参与培训

②协助 4 个社会组织将 CCCA 模式试点社区的数量增加到 27 个，将人数增加到 4 295 户，22 264 人。

③搭建了缅甸地方社会组织与政府部门和国际捐助者交流的平台和网络，尤其是北京市企业家环保基金会等中国慈善机构。

社区协议保护地景观

主要影响力

（1）生态环境价值

CCCA 模式的评估结论：该模式能帮助社区对更

① 1 英亩≈0.004 05 平方千米。

多的土地和生态系统进行保护。这些土地由 27 个社区进行保护，保护面积扩展到了 40 890.5 英亩，占缅甸土地覆盖面积的 0.024%。通过这些少数社区的努力，到 2030 年，不断增加的项目将为缅甸发展提供 0.25%的贡献，森林保护面积占比将扩大到 10%。项目对缅甸 5 个重要的生物多样性地区进行保护，生态系统类型包括落叶林、红树林和湿地生态系统。评估还表明，当地社区对环境问题，特别是森林和气候有很高的保护意识。2018 年，缅甸政府通过了《生物多样性保护和保护区法》，并将社区保护地归入官方保护区类别。

（2）社会经济价值

CCCA 模式共建立了 22 个社区基金会来支持可持续生计，利用 59 318.58 美元的资金为 2 267 户家庭提供了贷款服务；帮助当地社区增加了 17%的家庭收入，并为社区引入了 3 种新的生计来源。根据分析，CCCA 模式具有经济效益，超过 78.2%的参与人员直接或间接地从中获取了利益。

（3）创新性

2017 年 4 月 21 日， GEI 协助中国通过应对气候变化南南合作向缅甸赠送价值 330 万美元的气候援助物资，缅甸森林部门预留了 300 台炉灶和 300 户太阳能照明系统，通过当地机构分发给了项目社区。这些气候援助物资不仅可以促进农村地区的可再生能源发展，还为社区保护和小额融资基金（简称社区基金）的建立铺路垫石。社会组织和社区委员会对每个炉灶和照明系统商定一个低于市场定价的价格，并鼓励感兴趣的居民提交申请，审查这些申请后，将根据家庭收入和个人信贷选择分发者。气候援助物资筹集的所有资金将捐给社区基金，以持续支持社区的保护和发展工作。将援助物资用作社区保护和可持续生计发展的杠杆，GEI 还打算为中国气候变化南南合作基金（SSCCF）和其他有潜力的外国援助项目提供样本运作模式和经验，使援助项目产生长期的持续性效益。

申报单位简介：北京朝阳区永续全球环境研究所（GEI）是中国一家社会组织，2004 年在北京注册成立。GEI 与主要政策制定者、企业家、科学家、民间组织领袖以及当地社区合作，促进对话和创新解决方案，保护中国以及东南亚、非洲和拉丁美洲的环境并提升融资机会，改善或促进气候变化、低碳发展、海外投资、企业社会责任、森林治理和生态保护的实地情况。

全国“鸟撞”公民科学项目

申报单位：昆山杜克大学
保护模式：公众参与　传播倡导　政策制定及实施
保护对象：城市生态系统　鸟类
地　　点：中国
开始时间：2018年

背景介绍

因撞击而死亡的鸲姬鹟（*ficedula mugimaki*）

“鸟撞”通常被用于描述鸟类与风机、电线、飞机、建筑等人造物体相撞，造成鸟类受伤甚至死亡的现象。“鸟撞”建筑在北美被认为是鸟类直接死亡的第二大原因，在加拿大每年因“鸟撞”建筑而死亡的鸟类个体数量估计有2 500万只，这一数量在美国则达到惊人的3.65亿到10亿只。随着城镇化进程的推进、人类居所的增加和玻璃幕墙在建筑设计中的普遍运用，鸟类面临撞击建筑的风险可能会日益严重。

昆山杜克大学位于东亚—澳大利西亚鸟类迁徙路线上，每年秋天和春天都有迁徙鸟飞来昆山杜克大学校园。由于大学校园采用了大量的玻璃结构，“鸟撞”在校园中并不罕见。因此，昆山杜克大学“鸟撞”项目应运而生，致力于调查和改进校园内的“鸟撞”情况。

学生宿舍连廊“鸟撞”贴纸

主要活动

从2018年的秋季开始，在每年春季和秋季鸟类迁徙途经昆山期间，昆山杜克大学项目团队在李彬彬教授的指导下进行系统性的“鸟撞”数据收集和分析，并用贴纸等形式在校园内有针对性地对学校建筑进行处理。这样的措施在长期的监测中被证明是行之有效的，处理之后“鸟撞”的发生频率显著降低。

2021年初，昆山杜克大学项目组、中国青年应对气候变化行动网络（CYCAN）与成都观鸟会合作，开始筹划将“鸟撞”项目推向全国。2021年3月，昆山杜克大学项目组与上海自然博物馆建立了合作关系，进行志愿者招募，截至招募结束，全国项目约有400位个人志愿者和近50个志愿团队加入，成员遍布全国31个省、自治区、直辖市。

2021年春季在上海开展自然博物馆宣讲活动

首次全国项目实施从2021年2月开始，持续到6月6日结束。公民科学调查数据将用于指导各地的建筑改造和城市设计建议。现有数据帮助昆山杜克大学校园、上海海洋大学校园、福田红树林生态公园等场所进行保护干预。未来，全国“鸟撞”调查和行动还将持续展开。

主要影响力

（1）生态环境价值

在全球重要的候鸟迁飞区中，西亚—东非、中亚和东亚—澳大利西亚三大迁飞区经过我国并几乎覆盖了整个中国版图。在东部沿海、华北平原以及成都平原等人口密集的我国地区，候鸟与人工建筑相撞而受伤或死亡的风险更大。因此，在我国进行“鸟撞”建筑的研究对于世界范围内的鸟类保护都将有着重要的现实意义。

（2）社会经济价值

本案例作为全国范围内的公民科学项目，结合了城市生物多样性调查与观鸟等社会关注的自然热点话题，受到公众广泛欢迎。

除昆山杜克大学外，案例合作方还有成都观鸟会、上海自然博物馆、CYCAN等，他们在各自的城市和网络中也都开展了收效良好的宣传和动员工作，相信本案例的社会影响在未来会进一步扩大。

（3）创新性

在本案例之前，类似的全国范围的调查从未开展过。全国各地都有“鸟撞”事件的发生记录。昆山杜克大学师生作为国内首先关注“鸟撞”事件的群体，从2018年便开始对校园内“鸟撞”事件进行系统记录，截至2021年已经持续了3年时间，为评估全国“鸟撞”事件提供了重要的科学基础，弥补了该领域的空白。

申报单位简介：昆山杜克大学由美国杜克大学与中国武汉大学联合创办，于2013年9月获得教育部批准正式设立。昆山杜克大学是以博雅教育为特色的大学，位于中国江苏省昆山市，毗邻国际大都市上海和苏州，为来自世界各地的学生提供环境科学、全球健康等一系列高质量的创新学术项目。

天山东部志愿者联动社区保护雪豹

申报单位：乌鲁木齐沙区荒野公学自然保护科普中心
保护模式：就地保护行动　公众参与　传播倡导　资金支持机制
保护对象：高山　兽类
地　　点：新疆维吾尔自治区乌鲁木齐市
开始时间：2014年

背景介绍

乌鲁木齐地处亚欧大陆中心，位于天山山脉中段北麓、准噶尔盆地南缘。市域自然景观独特，集冰川、高山、森林、草原、河流、荒漠、戈壁为一体。在过往的城市发展进程中，乌鲁木齐存在自然植被和动物栖息地被破坏、野生动植物生态环境被破坏、城市生物多样性管理能力弱和保护投入不足等问题。

自 2013 年冬季起，乌鲁木齐沙区荒野公学自然保护科普中心（简称荒野新疆）在乌鲁木齐南山地区持续监测当地雪豹种群，在新疆维吾尔自治区天山东部国有林管理局的支持下，联合新疆维吾尔自治区天山东部国有林管理局下属分局、萨尔达坂乡人民政府、雪莲谷社区、乌鲁木齐县教育局、中国交通建设第一公路工程局集团桥梁隧道工程有限公司、北京市企业家环保基金会－丝路项目中心等，在南山雪豹项目地设立了第一座监测保护站和新疆第一个雪豹保护地——乌鲁木齐河雪豹保护地。

主要活动

①基于社区协议保护机制及持续地能力建设，依托当地牧民建立项目地一线

红外相机拍摄雪豹

雪豹保护地联合巡护队

巡护监测队伍，已独立开展常规的雪豹栖息地巡护和科学监测工作，协助社区建立项目地雪豹个体库及视频图像资料库。

②促进当地社区、政府管理部门和社会公众及时沟通、联动，定期召开由保护主管部门、社区代表、社会组织参加的联席会议，建立并实施巡护监测评估机制、违法事件处理机制、优秀社区巡护员激励机制。

③探索野生动物友好型生计、保护模式，在项目地组织年度“社区雪豹保护日”活动、野生动物图片展和雪豹保护宣讲课堂，提升社区群众对雪豹保护的认识。目前项目地每一只雪豹都有自己的名字，4 个繁殖家庭都有自己的故事，大大提高了传播过程中大众对雪豹的亲切度。

④项目通过开展线上线下宣传活动传播项目地的保护故事，引导城市志愿者和公众参加在地自然教育活动，达到减少项目地社区人兽冲突的目的。在市区内开展公众自然科普教育，进行政策倡导，打造“雪豹之城”生态名片。

主要影响力

（1）生态环境价值

①本项目实施形成了政府主导的保护行动和政策，为 600 平方千米区域的雪豹栖息地增加了保护力量。社区巡护监测网络独立开展雪豹栖息地常规巡护和科学监测，项目地内猎套兽夹消失，外来人员无序活动显著下降，有效减少了盗猎和栖息地的干扰威胁。

基于志愿者联动开展的可持续生计项目开发：荒野走地鸡项目

②推动了新疆雪豹空白调查区域的调查，包括阿尔金山国家级自然保护区、东天山（哈密市）和南天山（克孜勒苏柯尔克孜自治州），培养志愿者、当地林业监测人才，为保护区赋能，培养持久调查监测能力。

（2）社会经济价值

初步树立自然研学和生态旅游的品牌。尤其是通过新闻媒体广泛宣传，民众对“雪豹之城”的了解加深。以此项目为主题制作的《我从新疆来》《我到新疆去》《中国队长》《守护荒野》《荒野追兽》《中国志愿者》《荒野至上》等纪录片，在全网点击量过亿，影响更多普通人参与自然保护、成为新的力量。

申报单位简介：乌鲁木齐沙区荒野公学自然保护科普中心，2012 年由新疆本地自然探索爱好者和保护行动志愿者发起，于 2017 年正式注册，是一家以志愿者社群为基础、致力于自然保护科普传播工作的公益机构。让自然保护触手可及是该中心的心愿，希望在自然保护中成就更好的自己、守护更美的家园。

公民科学数据库助力鸟类保护

申报单位：昆明市朱雀鸟类研究所
保护模式：公众参与　传播倡导　技术创新
保护对象：鸟类
地　　点：中国
开始时间：2014年

背景介绍

鸟类是自然生态系统的重要组成部分，其种类、分布、种群动态是反映整个生态系统健康状况的重要指标。要想了解各种鸟类种群的状态与变化，需要数据做基础。但由于国家整体治理缺少数字化概念，也缺少常规的监测工作和相应的数据库，野外保护工作一直停滞在比较粗略的阶段。收集和整理相关数据，仅靠科学家和林业部门是不够的，而公民科学调查方式，能够进行有效的补充。

朱鹮（韦铭/摄）

主要活动

自 20 世纪 90 年代末以来，观鸟在国内蓬勃兴起，产生了大量的鸟类观察记录数据。2002 年年底，电脑端的“鸟语者”中国鸟类记录中心上线，成为观鸟爱好者提交、查询鸟类记录的平台。

2014 年开始，昆明市朱雀鸟类研究所（简称朱雀会）承担起平台数据库的建设维护工作，将其更名为中国观鸟记录中心（www.birdreport.cn），重新搭建了数据库结构，采用全新的鸟类分类系统，为用户提供日常鸟类观察记录的收集与查询统计服务。2020 年，观鸟记录中心小程序上线，在电脑端的基础上，手机客户端网页也于 2020 年上线。

中国观鸟记录中心图库

目前中国观鸟记录中心已有近15 000名包括观鸟爱好者、科研人员、一线自然保护人员在内的活跃用户，记录了1 321种在我国有分布的鸟类，覆盖了全国71.44%的县级行政区域。数据库技术支持团队还与专业机构一道，优化底层数据构架，嵌入了大数据算法，形成了基于鸟类的数据，结合模型算法和人工审核，定期更新全国鸟类分布图。

朱雀会也与科学团队合作，共享数据的科学价值，促进面向国家野生动物主管部门和国际保护平台的信息分享，为鸟类保护提供技术支撑。

主要影响力 |

（1）生态环境价值

经过近 6 年的经验积累，中国观鸟记录中心的公民科学数据促成了对中国最受关注的濒危物种关键栖息地和受胁鸟类分布热点的识别，协助了北京市企业家环保基金会“任鸟飞”项目的设计，为中国黄（渤）海候鸟栖息地系列世界自然遗产的申报贡献了力量，并成为中国第一个鸟类多样性和栖息地评价地方标准——《鸟类多样性及栖息地质量评价技术规程》（DB11/T 1605—2018）的制定基础。

（2）社会经济价值

①自 2015 年以来，北京大学、清华大学、北京林业大学等院校与朱雀会合作，利用中国观鸟记录中心所积累的数据进行分析，发表了一系列鸟类保护相关的学术文章，为我国鸟类保护决策提供了重要参考信息。

②2019 年，朱雀会执行了中国环境科学研究院委托的“全国鸟类多样性评价”项目，首次为生态环境主管部门提供了鸟类多样性基础数据，提出了未来我国鸟类多样性保护方面应优先处理的一些问题。

公民科学调查

③2021 年，基于记录中心数据，朱雀会联合国内各观鸟组织共同发布《中国鸟类观察年报 2020》，识别了中国鸟类多样性较高区域及受胁鸟类保护优先区域，尝试提出基于公众数据的鸟类多样性评价指数，并开展了试验性评价工作。

④中国观鸟记录中心作为公益数据分享平台，在观鸟爱好者为代表的公民科学家参与并推进我国自然生态环境保护现代化进程中，扮演着越来越重要的角色。

（3）创新性

作为以全国鸟类观察数据为对象的数据库，中国观鸟记录中心已实现数据前端收集、数据储存、数据分析、数据分享的闭环，是国内目前最全面完整的民间鸟类数据库，也是国内目前功能最全面完整的鸟类数据库之一。

基于该数据库，整理分析公民科学数据，并形成鸟类保护相关科学报告、政策建议、行业标准，这在国内也属于创新实践。

申报单位简介：昆明市朱雀鸟类研究所，也称中国观鸟组织联合行动平台，成立于 2014 年，是一家民办非企业组织，致力于搭建观鸟组织与社会各界力量合作的平台，通过公众科学的方式，深入和多方位推动鸟类与自然保育工作。

鸟类观测站——候鸟迁徙路线上的“加油站”

申报单位：埃拉特国际观鸟与研究中心
保护模式：就地保护行动
保护对象：鸟类
地　　点：以色列
开始时间：1993年

背景介绍

以色列最南端的城市是连接欧洲、亚洲和非洲的唯一陆桥，是数百万迁徙鸟的通道，也是候鸟最重要的栖息地之一。这些候鸟穿越环境恶劣的撒哈拉沙漠，中途可能无处觅食。这里曾经是一片广阔的盐沼，是鸟类进行艰难沙漠之旅前的最后一个“加油站”。然而人们在该地区进行开发，导致栖息地大幅度减少。

目前，鸟类的大多数中途停留地是人工建造的田野、果园、花园、污水库和盐田，这些栖息地并不安全，不是候鸟的最佳选择。改善鸟类人工栖息地条件的方法之一就是与栖息地所有者和管理者合作。

主要活动

建立鸟类观测站是在候鸟迁徙路线上进行的一种基于社区的生物多样性保护方法。埃拉特国际观鸟与研究中心（The International Birding & Research Center,

"如果我是一只候鸟，我会在此栖息"
——俯瞰鸟类保护区（Yuval Dax/摄）

Eilat，简称 IBRCE）建造的鸟类保护区可作为候鸟的替代栖息地。IBRCE 在鸟类保护区传播环境文化，举办大型社区活动，推动当地民众参与，共同了解如何保护鸟类并开展行动。鸟类保护区志愿者除了帮助 IBRCE 进行常规的上脚环、维护和调查工作，还以多种形式参与保护行动，对保护区及周边候鸟产生了重大影响。例如，IBRCE 开展了反对在候鸟中途停留地之间建造风电场的倡议活动，最终使该建造计划终止。

IBRCE 也在鸟类保护方面提出建议，如建议建筑师改用高压线铁塔替换电缆固定天线，减少“鸟撞”；建议在城镇新社区中，建筑玻璃表面面积不得超过总面积的 50%，防止“鸟撞”事件频发。

IBRCE 还以积极的方式扩大影响。污水工程师听取 IBRCE 的意见，把污水库建造为安全、更好的鸟类中途停留地；帮助自来水公司更改设计，利用现有资源筹集资金，为鸟类建立一个更大的站点。

IBRCE 还在农业领域开展了培训项目，宣讲生态系统优势，以及利用生态系统提升人类生活的方式。

主要影响力

（1）生态环境价值

项目城市周边是极度干旱的沙漠，当鸟类在穿越撒哈拉沙漠前或穿越中食物匮乏时，项目城市就成为了它们迁徙路上至关重要的停留地。这里记录了超过 450 种鸟类，其中大部分是候鸟，既有常见的欧洲和亚洲候鸟，也有珍稀物种，如欧斑鸠（*Streptopelia turtur*）、草原雕（*Aquila nipalensis*）、乌雕（*Clanga clanga*）、黄爪隼（*Falco naumanni*）、白兀鹫等。

一只黄喉蜂虎（*Merops apiaster*）从鸟类保护区开启新的迁徙之旅（Noam Weiss/摄）

IBRCE 以社区为基础制订保护计划，为项目地区的主要候鸟中途停留地进行总体规划，并与社区和当地政府合作改造栖息地，为数百万候鸟提供了更多营养食物和安全的停留场所。

“埃拉特大火烈鸟趣味保护”社区活动是 IBRCE 的一次社区活动（Noam Weiss/摄）

（2）社会经济价值

以社区为基础的自然保护有益于自然和社会。IBRCE 在鸟类保护区的活动为当地社区提供了各种服务。IBRCE 由几十人组成的志愿服务团队在鸟类保护区和当地学校开展环境教育活动，每年举办 5 次内容丰富的社区环境保护活动，吸引了数千人参加，公众还可以免费参观鸟类保护区。

IBRCE 为残障人士提供志愿服务和教育，支持当地社区的弱势群体。他们还开展了一个项目，请民众根据鸟类所具有的特征和当地特点来选择“埃拉特之鸟”。

由于 IBRCE 不断倡导保护、提高民众意识和进行宣传，野生动物和观鸟的生态旅游业也在当地蓬勃发展起来了。2019 年，IBRCE 在鸟类保护区举办了第三届国际鸟类观测站会议。

（3）创新性

鸟类观测站没有用科学研究方法来保护开放空间，而是专注于公民参与和公众支持。所有活动都非常透明，调动当地社区参与，为社区服务，进一步扩大了保护工作在区域内的影响力。

目前，鸟类观测站主要建立在世界的发达地区。发展中国家同样可以建立鸟类观测站，不需要大规模，只要具备鸟类观测站的一些功能，就有可能产生很大的影响。

申报单位简介：埃拉特国际观鸟与研究中心（IBRCE）是一个保护鸟类的社会组织。IBRCE 管理鸟类保护区并开展支持候鸟迁徙路线保护计划的工作，专注于栖息地恢复、自然保护、支持保护工作的研究、制订鸟类保护区及其他地区的环境教育计划、为自然爱好者和专业观鸟者提供生态旅游及社区服务。

第四篇

传播倡导和教育

“什么是多样星球”沉浸式互动游戏

申报单位：欧莱雅（中国）有限公司
保护模式：公众参与　传播倡导
保护对象：生物多样性
地　　点：上海
开始时间：2021年

背景介绍

生物多样性科普的难点在于如何把相关知识用有趣的方式传播出去。在2021年COP15于中国召开的大背景下，结合“欧莱雅，为明天”2030年可持续发展战略，欧莱雅（中国）有限公司（简称欧莱雅中国）和上海自然博物馆实现“破圈”合作，共同开发了围绕生物多样性知识科普的项目——“什么是多样星球”大型沉浸式互动游戏项目。

“什么是多样星球”大型沉浸式互动游戏项目场景

主要活动

此款科普游戏以当下年轻人最热衷的“密室逃脱”及“剧本游戏”为灵感，打破休闲游戏和严肃知识之间原本的界限，为生物多样性保护公众科普做了开创性尝试。

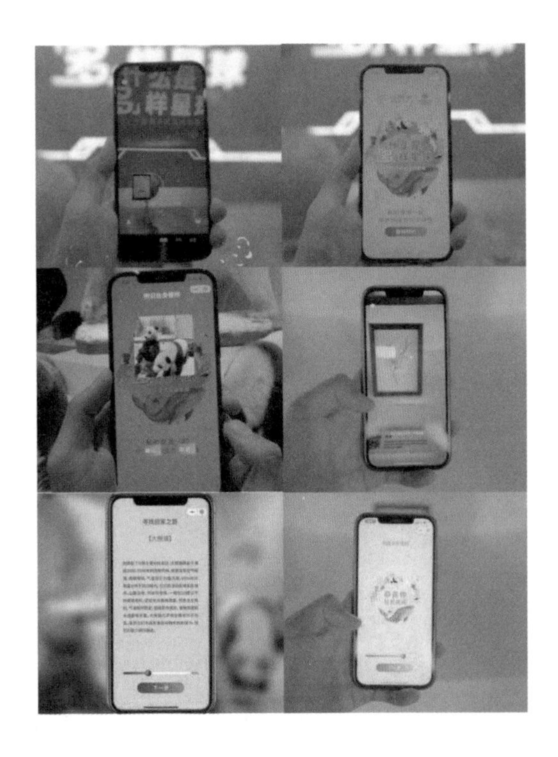

“什么是多样星球”大型沉浸式互动游戏体验流程

“什么是多样星球”大型沉浸式互助游戏形式定位为2.5次元。2.5次元是二次元和三次元共同互动的次元形式，是真实和虚拟数字世界整合共存的方式。公众在自然博物馆中用手机打开相应的小程序，先在游戏背景故事部分了解生物多样性的“前世今生”，随后选择相应的动物角色，进入沉浸式剧本，体验互动游戏。

公众会在线上化身动物展开旅程，在手机小程序的引导下，在自然博物馆的不同区域，完成多个线下实体任务，如找到动物角色实体、用装置聆听动物声音等。公众通过线上线下相结合的方式，了解动物栖息地、食物链等各种知识，了解未来生物多样性之路，从而促进生物多样性保护和可持续理念的传播。

开发者希望通过此款沉浸式科普游戏，用公众喜闻乐见且新颖的方式把相关知识传播出去，号召所有人一起了解和参与生物多样性保护，共建一个生物多样的星球。

主要影响力

（1）社会经济价值

“什么是多样星球”大型沉浸式互动游戏，运用科学、艺术和技术深度融合的跨界方式，重构了充满吸引力的沉浸式体验教育模式。该游戏活动于2021年

7 月 28 日—8 月 31 日在上海自然博物馆开展，累计吸引超过 2 万名公众线下参与。

（2）创新性

该游戏是生物多样性科普教育的创新，攻破了科普教育的难点，利用自然博物馆内的丰富藏品资源，用创新形式赋能公众科普，建立了“跨界破圈”的新形式，为促进生物多样性普及提供了一个良好范本。同时，该游戏符合当下传播的媒介生态需求，既遵循了数字信息时代的信息传播规律，也强调了亲身参与的意义，让人们在游戏中学习科学知识。

“什么是多样星球”大型沉浸式互动游戏主视觉设计

申报单位简介：欧莱雅（法国）化妆品集团公司是全球最大的化妆品集团之一，自 1997 年进入中国市场后，历经 24 年的发展，中国市场已经成为集团第二大市场。目前，集团在中国拥有 1 个北亚总部、1 个亚太地区营运部、1 个创新与研发中心、1 个培训中心和 2 家工厂，管理并运行着 28 个知名的国际和本土品牌。随着环境和社会面临的挑战变得日益严峻，集团正在加快转型，打造尊重地球且更具可持续性和包容性的发展模式。2020 年集团启动了全新的可持续性项目“欧莱雅，为明天”。

穿山甲保护

申报单位：野生救援（美国）北京代表处
保护模式：传播倡导
保护对象：兽类
地　　点：中国
开始时间：2016年

■背景介绍｜

穿山甲是世界上遭受非法贸易侵害最严重的野生哺乳动物。据 IUCN 估计，2006—2016 年，至少有 110 万只穿山甲遭到猎杀，究其原因是对穿山甲鳞片和肉的需求。因此在 2016 年年底，8 种穿山甲被升级为 CITES 附录 I 物种，禁止一切穿山甲制品和身体部分的国际贸易。分布于我国境内的中华穿山甲（*Manis pentadactyla*）因为过度捕杀和利用，被 IUCN 红色名录列为极危。

■主要活动｜

2016 年，在各自然保护机构中，野生救援率先启动穿山甲保护项目，目标是提升公众保护穿山甲的意识，减少穿山甲制品消费，减少穿山甲盗猎，提升穿山甲保护等级。2016—2019 年，野生救援不间断地追踪与穿山甲相关的国内国际事件。通过明星公益大使的影响力，穿山甲这一“小众”物种逐渐成为野生动物和生物多样性保护的新“标志性”物种，与穿山甲有关的议题成为被各大媒体关注的主流信息。

穿山甲升为国家一级保护野生动物的公益广告（2020 年摄于重庆城市广场）

2016 年世界穿山甲日，野生救援与果壳网联手发布首部穿山甲科普动画，浏览量超 600 万次，启动穿山甲保护项目。

2016 年 5 月，野生救援发布了第一则保护穿山甲公益广告。

2016 年 9 月 CITES 第十七届缔约方大会将穿山甲全部升级为 CITES 附录 I 物种。野生救援借机在微博上发布了第二则保护穿山甲公益广告，此公益广告在秒拍应用软件上的播放量超过 2 700 万次。

2017 年，野生救援邀请明星拍摄了保护穿山甲公益广告“一招制敌”，受到《人民日报》微博的关注。8 月，野生救援发布这则公益广告，《人民日报》微博同步发布，获得 8 000 多次转发和 27 000 多个点赞。

2017 年年底，野生救援发布保护穿山甲公益广告“蜜宝的故事”，累计转发量超过 14 万次，得到超过 26 万个点赞。

2018 年 12 月，野生救援发布保护穿山甲公益广告“母爱”，引发网络热议。

2019 年 8 月，国家林业和草原局研究推动将穿山甲由国家二级保护野生动物提升至国家一级保护野生动物的方案。野生救援联合《人民日报》微信公众号和网易城市漫游计划共同策划以保护穿山甲为主题的长条漫画，以推动穿山甲保护升级。

2020 年世界穿山甲日，长条漫画《其实，你知道怎么做》在《人民日报》微信公众号上发布，获得 169 万次“阅读”，8.9 万次“在看”。

2020 年，穿山甲保护级别升为国家一级保护野生动物。

主要影响力

（1）生态环境价值

野生救援“借传播来保护”的做法取得了显而易见的效果。通过几年的宣传，中华穿山甲种群零星出现的消息开始见诸媒体。

（2）创新性

2020 年穿山甲升为国家一级保护野生动物，野生救援借此机会将《其实，你知道怎么做》改编为地铁通道定制的巨幅海报，铺在了重庆、福州、广州、深圳等地多个地铁通道内，进一步向公众普及这一新政策。

申报单位简介：野生救援是非营利国际环境保护机构，以“借传播来保护”的模式，把拒绝消费濒危野生动物和绿色生活的理念传递给公众，改变不可持续的消费和生活方式，从而实现保护生物多样性和应对气候变化的长期目标。2005 年野生救援开始在中国开展工作，并于 2017 年成立北京代表处。

长江生态保护自然科普

申报单位：川蓓教育科技（南京）有限公司
保护模式：传播倡导
保护对象：物种多样性
地　　点：南京市
开始时间：2020年

背景介绍

长江江豚（*Neophocaena asiaeorientalis*）作为长江流域的旗舰物种，是全球唯一的淡水江豚。江豚属包括3个物种，即长江江豚、东亚江豚（*Neophocaena sunameri*）和印太江豚（*Neophocaena phocaenoides*），除长江江豚外，其他两种均为海洋江豚。长江江豚已在地球上生活了2 500万年，被称作长江生态的“活化石”和“水中大熊猫”。在白鱀豚（*Lipotes vexillifer*）被宣布功能性灭绝后，长江江豚成为长江中仅存的鲸豚类动物，其数量逐年递减，2013年被IUCN红色名录列为极危物种。2017年长江江豚生态科学考察结果显示，长江江豚种群数量约为1 012只，濒危程度比大熊猫更严重。白鱀豚的功能性灭绝已经给人类敲响了警钟，如果长江生态再得不到改善，10～20年的时间内长江江豚将会面临功能性灭绝的危险。2021年2月5日，长江江豚由国家二级保护野生动物升为国家一级保护野生动物。

主要活动

南京是全国唯一在城市中心长江江段有野生长江江豚稳定栖息的城市。2014

年 1 月，南京市提出对长江江豚实施保护，9 月，江苏省政府批准设立南京长江江豚省级自然保护区。

为让更多人了解长江江豚，也通过长江江豚重新认识长江和南京这座美丽的城市，川蓓教育科技（南京）有限公司在江豚集中活跃的地点南京市建邺区江心洲街道建立了长江江豚科普展馆——长江江豚科教中心，利用其独特的地理位置，以推广长江大保护意识教育、长江江豚保护理念为核心主题，组织自有专家库的学者们将长江地理地貌、动植物分布、水环境科学、濒危物种保护、生物多样性保护、生态保护等模块组合成长江江豚科教中心的场馆内容，积极开展长江水生生物保护宣传，加大公益宣传教育力度，加强长江渔文化遗产保护和开发，挖掘长江流域珍稀特有水生生物及其栖息地历史文化内涵和生态价值，营造全社会关心、支持长江大保护的良好氛围。

长江江豚科教中心：6D 漂流船体验项目

主要影响力

（1）社会经济价值

长江江豚科教中心开馆至今客流量 20 000 余人，团体客流量 10 000 余人；官方公众号关注人数近 7 000 人，总访问量 20 000 余次。长江江豚科教中心成为南京的一张亮丽“名片”、民众热衷的“打卡地”之一。长江江豚科教中心积极开展对外交流与合作，先后接待省市领导和组织机构、新加坡共和国驻中华人民共和国大使馆、各国驻上海总领事馆等各界的官员参观交流，获得了社会各界的广泛好评与赞誉。

长江江豚科教中心标本展示

学生们参观长江江豚科教中心

（2）创新性

长江江豚科教中心增加了实物标本展示、非法渔具展示、江豚保护救助展示、长江流域科普展示、水样试验体验等系列项目，还原动物的自然生态面貌，使参观者增加了认识，从而对珍贵物种产生浓厚的兴趣。展馆在设计理念上融合了多媒体互动技术和感官体验模式，通过智能化、可视化、人性化、数字化、国际化科技手段，打造具有时代性、创新性的高科技科普展厅，坚定了青少年的环境保护理念。

申报单位简介：川蓓教育科技（南京）有限公司建立的长江江豚科教中心以推广长江大保护意识教育、长江江豚保护理念为核心，将长江地理地貌、动植物分布、水环境科学、濒危物种保护、生态保护等模块组合成展馆内容，将科学研究与科普传播相结合，将内容的科学性、前瞻性与互动性有机融合，致力于为普通大众提供长江江豚知识的工作。

社区雪豹节

申报单位：公共组织库达克瓦乔美亚

保护模式：就地保护行动　传播倡导　公众参与　传统知识　遗传资源惠益分享　可持续利用

保护对象：山地　兽类

地　　点：塔吉克斯坦

开始时间：2015年

背景介绍

雪豹是列入 IUCN 红色名录的珍稀野生山地动物。在塔吉克斯坦部分山区，雪豹经常出现，偷猎行为也频频发生。

主要活动

塔吉克斯坦公共组织库达克瓦乔美亚（Public organization"Kudak va Jomea"）与环境保护组织“帕米尔山脉”（Kuhhoi Pomir，“Pamir Mountains”）和“巴达克山”（Kuhsori Badakhshon，“Mountain Badakhshan”）结成联盟，举办以环境文化教育为主题的社区雪豹节，吸引社区居民关注自然生态，参与到山羊、绵羊，尤其是雪豹的保护中。

政府、公众、企业和国际组织借助以“人、文化和自然”为主题的社区雪豹节活动，通过文艺演出、文学创作、手工展览、绘画比赛，游戏等形式，宣传生物多样性保护。

社区成员表演民俗歌舞

该项目还募集资金购买计算机、专业摄像机和智能电视等捐赠给当地中小学校，设立专门的“雪豹角”、生物多样性和生物文化室，使更多的青少年对自然生态产生浓厚的兴趣。

主要影响力

（1）生态环境价值

传播了雪豹栖息地附近社区的文化习俗，人们开始关注并实施野生动物管理和非法及非传统狩猎的公共管控；使青少年增强了保护意识，在保护自然资源方面发挥了积极作用；人们呼吁尊重动物，明智和平衡地利用当地动物资源；地区生物多样性面临的破坏风险和威胁有所降低；民众团结起来反对偷猎；人们开始认识到雪豹的出现意味着该区域拥有健康的生态系统，这也吸引了众多旅游者的到来。

（2）社会经济价值

社区雪豹节不仅提供了传播文化的舞台、物资交流的场所，还提供了传播保护野生珍稀动物理念的最佳平台，人们开始认识到自然是当地的重要财富，是繁荣和可持续发展的保障。

人们向政府申请设立专门基金，帮助那些被野生动物袭击家畜的人；更多的人开始关注当地自然资源利用的合法性，以及具有重要文化意义的帕米尔动物群［如盘羊、雪豹和野山羊（*Capra aegagrus*）］的安全、生存能力和恢复等问题。

关于雪豹的大量信息出现在电视节目、广播节目、电影、书籍、绘画、照片、手工艺品中，在当地人心中树立起雪豹的正面形象：雪豹是帕米尔高原最稀有的动物之一，雪豹不能消失，必须拯救它。

（3）创新性

社区雪豹节是塔吉克斯坦，甚至其他雪豹分布国独一无二的节日。每年的节日活动都能吸引约 4 000 人参与。通过节日活动，人们恢复了狩猎歌曲表演、山区菜肴和饮品制作、古老的圣歌和舞蹈表演、民间工匠制品展览等民间传统，丰富了节日的内容和内涵。

野生动物节的目标之一是吸引生态旅游者到塔吉克斯坦的山区，以提高当地经济水平。除美丽的自然风景外，当地人的古老文化，尊重自然的传统，都得到了保留。

申报单位简介：公共组织库达克瓦乔美亚积极支持民间倡议，旨在维护和加强精神价值，保护山区的文化遗产和居民的身份认同，解决各种冲突，降低自然风险和减轻灾害。该组织积极参与环境知识的传播、当地自然资源的保护和有效利用、旅游业发展和帕米尔高原生物多样性的保护。

登龙云合森林学校

申报单位：丹巴县登龙云合教育咨询有限责任公司
保护模式：就地保护行动　公众参与　传播倡导　生物多样性可持续利用　传统知识
保护对象：森林生态系统　农田生态系统　高山　植物类　兽类　鸟类　种质资源
地　　点：四川省丹巴县
开始时间：2015年

背景介绍

墨尔朵山镇位于四川省丹巴县中东部，地处低纬度高海拔地区，森林生态系统完好，生物资源丰富，分布有国家珍稀植被以及保护动物，物种多样性高。从 2014 年起，当地开展了本地生态旅游产业的规划与提振工作，但也面临着众多旅游发展问题。

主要活动

丹巴县登龙云合教育咨询有限责任公司（简称登龙云合）规划团队制订了中路藏寨可持续旅游规划设计方案，森林学校是其中的建设项目之一。作为基于本地生态和社区的创新教育中心，森林学校推行研学旅行模式，促进本土自然资源价值的转化，带动当地嘉绒藏族社区向善发展，探索保护与发展的平衡之道。

①森林学校依靠研发设计和营期导师团队的专业支持，开发了本地生态旅行和研学项目，建立种子博物馆作为科研和研学的场所，推动了当地森林生态系统保护的研究与科普。森林学校团队鉴定植物 220 多种、鸟类和昆虫共 110 多种，

种植植物 550 多种。目前，已有来自 14 个不同国家、近 2 000 名学生到访，参了森林学校的课程。

②在推进本地生态旅行和研学项目的实践过程中，森林学校也逐渐形成与社区共建共创的机制。推动当地组建乡村旅游合作社，带动当地社区居民开发由研学旅游带来的一系列赋能项目，为游客提供特色餐饮、住宿、社区导赏等服务。为确保当地能够形成生态友好型的模式，登龙云合团队在当地旅游部门的支持下对 240 多名村民进行了乡村生态旅游系列培训。

③森林学校与当地社区签订了保护协议。学校承诺带动当地集体经济发展，培养村民们的环境保护意识和旅游服务能力，而合作社承诺合理利用自然资源，制止外来砍伐、盗猎、放牧、采矿等活动，并组织成员参与森林生态系统保护行动和生态教育活动。

登龙云合森林学校夜景

中英学生社区共建项目

主要影响力

（1）生态环境价值

森林学校的建设，有效地保护了丹巴县墨尔朵山镇呷仁依村森林生态资源和传统文化，规范了社区居民对土地、森林资源的利用，提高了保护的有效性。

（2）社会经济价值

森林学校研学教育基地创立以来，登龙云合团队赋能当地乡村旅游业发展，推动生态产品的开发和价值实现。经过近 6 年的实践，森林学校和墨尔朵山镇呷仁

森林学校周边植物识别及标本制作

依村社区建立了紧密的联系，为当地居民提供了1 220人次的就业机会，3年内给社区带来410万元的收入，户均收入从3 000元增加至12 000元。

森林学校作为创新教育和社区发展中心，与当地58所中小学校合作，让生态教育走进课堂。同时，在社区协议的基础上，利用合作社平台带动当地多项旅游服务、开展森林生态系统保护，支持生态旅游业态持续发展。森林学校也得到了丹巴县政府的认可，作为县级保护示范案例向全国推广。

（3）创新性

森林学校所带动的当地可持续性旅游的业态规模虽然有限，但已经形成一种基于当地社区的发展范本。在这一模式中，森林学校持续完善自身运营和管理机制，当地社区、农旅合作社与森林学校建立紧密协作关系，共同承诺要保护森林生态系统，并实现双赢。

作为社会企业的森林学校，致力于以商业手段解决社区生态平衡和发展的问题，探索出一个能够自主发展的生态服务型经济模式，解决了保护地生态环境保护与经济发展“鱼与熊掌不可兼得”的问题，证实了保护地开发生态产品的可行性和实际价值。

申报单位简介：登龙云合森林学校（注册名为丹巴县登龙云合教育咨询有限责任公司）创立于2015年，在多年的运营中探索基于自然的创新教育及保护区社区可持续发展方式，逐渐形成以社会创新企业为主导的生态服务型经济模式，对比新华网、“学习强国”、凤凰网等平台相继推出相关专题报道。

桃源里自然中心

申报单位：杭州桃源里自然中心
保护模式：公众参与　传播倡导
保护对象：生态系统多样性
地　　点：浙江省杭州市
开始时间：2017年

背景介绍

杭州桃源里自然中心由杭州植物园、阿里巴巴公益基金会（简称阿里基金会）、桃花源三方共建，融合了政府部门、民营企业、社会组织三方力量，形成了一方出场地、一方出资金、一方出人才三者相交互融的稳定格局，2021 年 8 月桃花源生态保护基金会退出，桃源里自然中心主要由阿里巴巴基金会运营。

杭州桃源里自然中心开展的项目主要依托杭州植物园。杭州植物园位于浙江省杭州市西湖区桃源岭，总面积 284.64 公顷，创建于 1956 年，是一所具有科学内容、公园外貌、文化内涵，以科学研究为主，并向大众开放进行植物科学和环境科学知识普及的综合性植物园。植物园虽然位于杭州的城市中心，但依托西湖及群山，其生物种类十分丰富，有植物 3 000 余种，鸟类 150 余种，哺乳动物种类同样丰富，有刺猬、野猪、小麂、果子狸（*Paguma larvata*）、鼬獾（*Melogale moschata*）、华南兔（*Lepus sinensis*）、赤腹松鼠（*Callosciurus erythraeus*）等。

主要活动

自 2017 年成立以来，杭州桃源里自然中心开展了三大项目，分别是绿马甲

杭州绿马甲文明公益行动

文明公益行动、自然嘉年华、桃源课。

①绿马甲文明公益行动通过开展校园讲座、自然教育体验课程、自然笔记、社区自然游戏等一系列活动，为青少年提供线下自然教育活动，加强青少年与自然的联结，治疗城市儿童的“自然缺失症”，帮助青少年树立尊重自然、顺应自然、保护自然的理念。2020 年绿马甲项目获得中国共产主义青年团中央委员会、中央精神文明建设指导委员会办公室、民政部等 7 部委共同主办的第五届中国青年志愿服务项目大赛的大赛金奖。

②自然嘉年华是每年春秋季在杭州植物园开展的面向普通市民的自然体验活动，通过形式多样的活动带领公众走进自然、了解自然，进而保护自然。自然嘉年华不仅让孩子在心中种下一颗保护自然的种子，更为自然教育领域从业人员提供了与公众接触的机会。

③桃源课以城市自然生态中的草木鸟兽为载体，以启迪想象力和创造力为方向，跨学科融合，提示公众关注身边环境，激发公众深度思考人与自然的关系。

主要影响力

社会经济价值：

绿马甲文明公益行动开展了“森林游园会”“公民科学”“自然地绘”等系列志愿活动，“森林游园会”服务达 3 万余人次，“公民科学”服务超 4 000 人，微博、微信线上阅读量超 250 万人次，“自然地绘”已在 13 个小区或社区中直接服务 680 人。

自然嘉年华 2017—2020 年连续举办了 7 届，来自全国的 204 家机构参与自然嘉年华活动，累计服务公众超 8 万人次，被评为中国林学会的第八届梁希科普奖中的科普活动类奖。

自然嘉年华

桃源课目前已优选 30 节课程，编写《植物园里的自然探索》一书，精选 60 节课程编成《自然教育在身边》一书；连续 3 年为 400 名绿马甲志愿者、152 人次杭州市干部培训中心的教师、14 436 人次马云公益基金会获奖乡村教师或校长、64 名保护地工作人员提供培训。

申报单位简介：杭州桃源里自然中心成立于 2017 年。桃源里自然中心的愿景：成为公众喜爱的自然乐园、打造优质的自然教育众创空间、树立城市型自然中心的典范。

“野影计划”

申报单位：明善道（北京）管理顾问有限公司
保护模式：公众参与　传播倡导
保护对象：物种多样性
地　　点：中国
开始时间：2012年

背景介绍

2020 年年初，为了让公众切实认识到野生动植物保护的迫切性和重要性，为了帮助公众正确了解野生动植物及生物多样性的价值，也为了提高专业保护组织的公众倡导能力、扩大发声舞台，“福特汽车环保奖”在进入中国 20 周年之际，推出“野生动植物保护影像评选计划”（简称“野影计划”）。2 月，评选组委会快速与专业保护机构、短视频平台进行沟通；3 月，确定了“保护机构和人士上平台，开展生物多样性科普教育活动”的思路；4 月立项；5 月启动。“野影计划”成为第一个以专业环境保护机构为主体、“破圈”利用短视频平台、以野生动植物保护为主题的公众参与活动。

主要活动

“野影计划”由“福特汽车环保奖”评选组委会、北京快手科技有限公司、野性中国共同主办，北京市企业家环保基金会协办，面向专业环境保护机构和公众开展原创短视频征集，在快手短视频平台（简称快手）上以“野生生物在这里”与“野生生物守护者”两个话题，向专业环境保护机构征集“一手”的

“最佳守护者影像二等奖”

野生动植物珍贵影像以及物种保护故事；以“神奇动物在这里”为主题，面向公众征集原创短视频。

“神奇动物在这里”话题累计发布短视频数量逾3.1万个，播放量达21亿人次，话题参与人数超2万人。来自全国的105家专业环境保护机构提供了902个参赛短视频。大理白族自治州云山生物多样性保护与研究中心等6家环境保护组织获得专业赛道之“最佳物种影像奖”，上海自然博物馆的副研究员何鑫等6家（或位）专业机构及人士获得了“最佳守护者影像奖”。

“野影计划”还邀请自然教育专家陈鹏直播“寻找野生大熊猫的踪迹”，邀请野性中国创始人奚志农直播“探访苍山十八溪之清碧溪”，邀请长江生态保护基金会专家钱正义进行江豚主题科普直播，累计吸引超过76.8万人次的用户观看和发布近5 000条的用户评论。

“野影计划”与快手联合开展线上培训，有154人获得快手优质内容扶持渠道，赋能的“野影计划伙伴交流群”持续活跃至今。

主要影响力

（1）生态环境价值

“野影计划”是国内首个在短视频平台上开展的以野生动植物和生物多样性保护为主题的公众参与活动，为公众提供了正确了解野生动植物及生物多样性价值的渠道。天行长臂猿、雪豹、白鹤、旱獭、灰脸鵟鹰（*Butastur indicus*）、海南疣螈（*Tylototriton hainanensis*）、北山羊（*Capra sibirica*），以及野生天麻、珙桐等几十种珍稀野生动植物亮相短视频，生动展示了我国生态保护的实践成果。

（2）社会经济价值

“野影计划”在短时间内邀请上百家机构开设短视频账号，短视频传播活动有效带动了环境保护组织快速融入移动互联时代，5次短视频制作及直播的线上培训，使近90%的参赛机构开通并启用短视频账号，约10%之前拥有短视频账号的参赛机构快速提升了粉丝量，很多参赛机构第一次体验到制作出10万多次播放量短视频作品的成就感。短视频账号成为参赛机构开展公众教育、展示专业价值的重要阵地之一。

（3）创新性

①“野影计划”巧妙融合赋能培训、比赛活动和长期支持。在每个机构发布的作品中，获得最高播放量的短视频的成绩计入最终比赛成绩，一个月的征集评选记录了很多机构从新手到“快手”、再到高手的成长轨迹，经过5次赋能培训，154人获得快手优质内容扶持渠道，为专业环境保护组织和短视频平台搭建了一个快速学习、跨界合作的长期交流网络。

②创新设置了专业赛道和公众赛道，促进了专业环境保护机构“破圈”，同时定向邀请部分“快手达人”参与主题短视频创作，在扩大活动影响力的同时，向更多公众普及野生动植物保护的知识。

“野影计划”推广页面

申报单位简介：明善道（北京）管理顾问有限公司成立于2008年，通过提供慈善公益咨询、公益项目运营咨询和志愿服务咨询服务，已成为企业与公益领域跨界交流与合作的桥梁之一，服务对象涉及“世界500强”企业、独角兽公司和知名基金会。公司受主办方福特汽车公司委托，自2012年起担任“福特汽车环保奖”中国区组委会，10年来积极倡导公众参与生态保护，并尝试通过跨界合作提高生物多样性保护议题的影响力。

带领青少年享受自然的博物课

申报单位：北京自然向导科普传播中心
保护模式：公众参与　传播倡导　传统知识
保护对象：生态系统多样性　森林生态系统
地　　点：北京
开始时间：2009年

背景介绍

从2009年开始，北京大学附属中学和北京市北达资源中学一些有野外考察活动带队经验的教师，结合自身的研究和实践经验，借鉴博物学的理念、方法和内容，逐步探索出具有学校特色的选修课程——博物选修课，带给学生全新的学习乐趣和体验。

2014年，北京自然向导科普传播中心成立，面向广大青少年推广博物选修课的课程理念和课程形式，同时集合社会力量，支持本课程的进一步开发。

在野外实习基地，参加学年考察的同学在太阳出来的时候已经完成了当天的第一项工作任务

主要活动

博物选修课以大自然为课堂，也以大自然为课题，敞开知识的大门让孩子们享受观察大自然、研究大自然的乐趣。教师根据博物选修课目标，结合

在陕西长青国家级自然保护区里，指导老师指导参加学年考察的同学观察野兽的脚印，制作野兽的脚模，这是兽类项目组同学的课程内容之一

学生的实际情况制订一批课题，学生根据自己的兴趣爱好进行选择。在整个学习过程中，教师讲、学生听的模式发生了根本变化。

对于自主选择的课题，孩子们能够更加主动地查阅资料和思考，完全不同于在课堂和书本知识学习中常见的被动和机械记忆方式，使孩子们开始养成自主学习的习惯。

在同一课题组，往往有不同班级和不同年级的学生。新的学习组织结构形成了新的人际关系，最突出的变化是由课堂教学中的名次竞争关系转化为团结协作、共同完成课题的合作关系，较好地解决了一些学生不善于合作的问题。

北京自然向导科普传播中心还聘请大学教授、专家和保护区专业人员担任指导教师，一方面增长了学生的知识，开阔了眼界，另一方面让学生感受科研工作者严谨的工作态度和无私的奉献精神。孩子们与这些老师都结下了深厚的友谊。

博物选修课构建了新的评价维度、评价方式与评价标准。学习结果评价不是采用笔试的方式，而是采用项目小组共同完成课题后提交报告，并在全体大会上进行汇报和答辩的方式进行评价。

博物选修课的学习、研究以及成果展示是多维度的。课前进行必要地论证，学习和研究过程中进行必要地记录，结论要结合记录进行数据分析和研究才能得到认可。这些都是博物选修课学习评价的必要内容。

在这种评价方式和评价体系中，每个学生都能得到展示自己的空间和平台，得到应有的肯定。

博物选修课的终极目标是对学生情感、态度和价值观进行熏陶和培养。十几年来，孩子们身上产生的变化远远超过了课程设计的初衷。

学生邓雪球这样谈她的理解：“博物观察不只是科学家们的事，我们同样有必要去了解身边的草木鱼虫鸟兽，由此新添一个生活的维度，以一种更加阳光而不干瘪的方式活着。我理解了生命的伟大，即使是旁人看来极其脆弱或是微不足道的那些生命，都比我们所能想象的强大和伟大。”

学年考察结束时，同学和指导老师们一起在保护区合影，记录这美好的时光，这段时光也将成为他们始终珍藏的纪念

主要影响力

（1）社会经济价值

博物选修课作为一个教育项目，经历了10余年的研究、实践与改进，逐渐形成了适合城市青少年发展需求的课程体系，引领城市青少年走进自然、热爱自然，最终形成可持续发展的自然观。10余年已有2 000余名学生经历了为期2年的课程学习，4 000余人次参加过以国家级自然保护区为背景的自然考察；培养了10余名不同学科的一线教师，从事博物选修课的研究与实施；形成了学校自然教育工作与保护区自然保护工作长期稳定的良性互动。

（2）创新性

博物选修课具有新颖的学习内容和学习方式；构建了新的学习组织结构和新的学习关系；形成了新的评价维度、评价方式与评价标准。

申报单位简介：北京自然向导科普传播中心是一家在北京市民政局注册的民办非企业单位，致力于引导青少年走进大自然，以大自然为课堂，在自然中学习知识与技能，培养他们形成正确的价值观和自然观，为他们能更加全面、健康的发展奠定基础，其宗旨是“回归自然，敬畏生命”。

第五篇

政策制定及实施

生态保护红线
——中国生物多样性保护的制度创新

申报单位：生态环境部南京环境科学研究所
保护模式：政策制定及实施
保护对象：生态系统多样性
地　　点：南京市
开始时间：2015年

背景介绍

建立保护地体系被公认是降低物种灭绝和生物多样性丧失速率的一种相对有效的方式。2010 年，在《生物多样性公约》缔约方大会第十次会议上，科学家们提出应保护全球至少 17%的陆地和内陆水域，以及至少 10%的沿海和海洋区域。

作为一种国家综合性政策框架，现有保护地体系不仅需要考虑技术方案，还要兼顾财政和管理的可行性，过大面积比例的保护地面临难于落地的困境。因此，依靠现有保护地体系很难实现科学上提出的保护面积目标。在此背景下，以生态环境部南京环境科学研究所高吉喜研究员为核心的技术团队提出了生态保护红线概念，并会同优势科研单位建立技术体系，提供了一种全新的生态保护模式，即管控重要生态空间，以最小生态保护面积获取最大生态效益，维护生境完整性和国家生态安全。

主要活动

生态保护红线创新性地扩大了保护地的范围，不再局限于自然保护区等各类传统保护地，而是统筹考虑生态系统服务、生态脆弱性和生物多样性保护热点区，强调自然生态系统的完整性和连通性，从而实现对物种和栖息地的大规模、整体性保护，为全球生物多样性保护提供了一种创新的解决方案。

ready to scale-up the capacity of forests as the contribute to capturing between 10 and 12 gigatons of atmospheric carbon dioxide each year.

3. The contribution of Central African forests to the global fight against climate change, led by Gabon is convening with CAFI (Central African Forest Initiative), a partnership which also includes Cameroon, Central African Republic, Republic of Congo, the Democratic Republic of Congo, and Equatorial Guinea.

4. Ecological Conservation Redline (ECR) is a practice developed by the People's Republic of China to protect biodiversity and advance climate action through the development of green corridors: it is being enhanced with the support of the UN Sustainable Development Solutions Network and in partnership with the Convention on Biological Diversity (CBD) with a particular focus on the 15th CBD Convention of the Parties (oCOP) in Kunming, China in October 2020.

5. The Sustainable Growth, Livelihoods and Ecosystem Restoration Initiative, known as the Billion Trees Tsunami, is being implemented in Pakistan; it is a major effort to restore ecosystems and support reforestation.

ii) Enhancing regional and international cooperation for NBS

6. BRI International Green Development Coalition (BRIGC) is led by China; it involves 25 other countries and more than 100 other partners; it is an open, inclusive and voluntary international network which aims to incorporate green development into the Belt and Road Initiative, promote international consensus and collective actions on the development of Green Belt and Road and implement the 2030 Sustainable Development Goals. BRIGC will provide platforms for policy dialogue and communication, knowledge and information, green technology exchange and transfer.

生态保护红线入选《联合国气候行动峰会“基于自然的解决方案”倡议案例汇编》

2014 年和 2015 年，生态保护红线先后纳入《中华人民共和国环境保护法》和《中华人民共和国国家安全法》。2017 年，中共中央办公厅、国务院办公厅印发《关于划定并严守生态保护红线的若干意见》，组织各省、自治区、直辖市划定生态保护红线。2019 年，中共中央办公厅、国务院办公厅印发《关于在国土空间规划中统筹划定落实三条控制线的指导意见》，逐步建立生态保护红线管控制度。截至 2021 年，全国已基本完成生态保护红线划定，不低于 25%的陆域国土面积纳入生态保护红线范围。

生态保护红线对国际社会产生重要影响，在 2019 年 9 月联合国气候行动峰会上，生态保护红线案例入选 16 个提高气候雄心和加速行动的倡议范例之一。

主要影响力

（1）生态环境价值

我国的生态保护红线涵盖了四大类重点生态功能区、九大分区 51 处自然保护区群、三大类 23 片生态脆弱区，将最具保护价值的“绿水青山”和“优质生态产品”以及国家重要生态安全屏障保护起来，涵盖了 95%以上的国家重点保护物种、90%以上的优良生态系统和自然景观，对净化大气、扩大水环境容量、提供生态产品具有重要作用。

按照国际通用的生态系统服务价值计算方法，生态保护红线每年可产生的生态系统服务价值量为 27.95 万亿元，其单位国土面积价值量是全国平均水平的 1.4 倍，实现了生物物种和栖息地的全面保护，为维护国家生态安全、促进经济社会可持续发展提供了有力保障，被称为继耕地红线之后的又一条“生命线”。

（2）社会经济价值

生态保护红线概念也得到了全社会的广泛关注和认可。习近平总书记先后多次就生态保护红线发表重要讲话，国家生态文明改革政策文件中有 30 余份涉及生态保护红线，网络搜索引擎“生态保护红线”词条数量达 2 800 多万，新闻媒体多次报道。生态保护红线已纳入全国干部学习培训教材，2019 年入选庆祝中华人民共和国成立 70 周年大型成就展。

在国际上，我国先后为东南亚国家联盟、上海合作组织介绍了生态保护红线经验，与 IUCN 联合开发了生态保护红线划定工具包。中国环境与发展国际合作委员会确定的推动绿色“一带一路”计划，将生态保护红线理念和实践经验向沿线国家推广。

（3）创新性

①从单纯的物种资源保护转变为生态空间的综合管控。不仅关注生物多样性热点区，还从维护生态系统服务和保障人居环境安全的角度对重要生态功能区和生态脆弱区实施保护。

②统筹生态保护与经济建设，强调科学布局。生态保护红线划定以构建国家生态安全格局为目标，综合考虑生态保护需求与经济社会发展布局，实现了全局分析、区域统筹、顶层设计。

③通过政府主导实施有效保障和管控。在规划方面，能够运用适当的行政手段保障规划目标；在运行方面，有充足的资源和强有力的政策来保障划定区域的运行；在管理方面，通过刚性管控降低和消除人类开发活动对划定区域的影响。

申报单位简介：生态环境部南京环境科学研究所成立于 1978 年，是生态环境部直属公益性科研机构，以生态保护与农村环境为主要研究方向，致力于具有前瞻性、战略性、基础性及应用性的环境课题的研究，已建成 3 个部级重点实验室，拥有国内一流的仪器设备千余台（套），共完成大、中型项目千余项。研究所与联合国环境规划署、IUCN 等 10 多个国际组织以及 30 多个国家开展合作交流，获国家和省部级科技进步奖 60 余项。

拯救我们的物种

申报单位：新南威尔士州规划、工业和环境部
保护模式：就地保护行动　公众参与　传播倡导　资金支持机制　技术创新　生物多样性可持续利用　遗传资源惠益分享　传统知识
保护对象：森林生态系统　农田生态系统　植物类　兽类　淡水生物类　种质资源
地　　点：澳大利亚新南威尔士州
开始时间：2013年

背景介绍

澳大利亚拥有全世界7%～10%的生物多样性，其中85%的陆地哺乳动物和91%的开花植物是特有种。新南威尔士州是澳大利亚人口最多、经济最发达、最多元化的州之一，这里拥有大片沙质荒漠，栖息地类型多样，既有白雪皑皑的高山，也有亚热带雨林，栖息地拥有大量的植物、动物和多种生态系统。可悲的是，种种历史原因使澳大利亚成为世界上动物灭绝率最大的国家之一，并有1 000多种受威胁物种。1996—2016年，新南威尔士州列出的濒危物种，其数量增加了51%，当地的生物多样性面临多重挑战——被列为濒危物种和群落的数量（1 047种）几乎与澳大利亚总数量一样多（1 681种）。

新南威尔士州政府需要在为时已晚之前应对这场危机，2013年，设立了“拯救我们的物种”计划这一世界级的项目，并于2016年投入1亿美元，将志愿者、科学家、企业和保护团体聚集在一起，对受威胁物种和生态群落进行有针对性的实地行动，确保澳大利亚独特动植物的未来。

山地侏儒负鼠（或山袋貂）（*Burramys parvus*）（Alex Pike/摄）

主要活动

“拯救我们的物种” 计划是一种新的保护方法和策略，其目的是尽力确保更多物种和生态群落的安全。最终目标是在未来 100 年内，让新南威尔士州更多的野生濒危物种保持安全状态，并减缓动植物面临的主要威胁。

“拯救我们的物种”计划的第一步是审查新南威尔士州每个列入名单的物种、生态群落和濒危种群，根据收集的证据为每个物种制定保护策略。信息存储在定制数据库中，为整个州的项目提供所需数据。可以确定目标地点的物种，根据性价比优先选择进行实地行动的项目。根据项目优先级方案，团队使用定制软件分析比较每个物种保护项目的收益、可行性和成本。不仅限于旗舰物种，每个物种都有获得资源的机会，根据证据决定资源在哪个项目中投资回报率最大。

该计划为具有开创性和达到国际领先水平的研究提供资金，在重点领域完善决策和数据收集方式。团队邀请空间科学家开发模型，分析活动区域较大或需要大面积空间觅食和迁徙的物种如何利用空间，以及未来哪些栖息地可以连成片并保持良好的状态；邀请决策科学家，建立信息价值衡量方法，评估收集更多的数据进行探寻是否可以完善管理结果，甚至结合AI进行重要决策。

放归一只贝林格癞颈龟（*Myuchelys georgesi*）（Brent Mail/摄）

项目未来具有广泛的应用场景。全球保护研究人员都非常需要项目收集的大规模的物种数据。有113篇科学论文与该项目相关。“拯救我们的物种”计划已为6个国家环境科学计划（NESP）濒危物种中心项目做出了贡献，其中包括评估澳大利亚全境监测的准确性项目，还为评估NESP7.7[①]中整个大陆濒危物种恢复的成本提了数据基础。

主要影响力

（1）生态环境价值

“拯救我们的物种”计划正在积极推进实现联合国可持续发展的第15个目标——陆地生命。自2016年以来，项目管理的濒危物种和种群的数量从94个增加到424个。2019—2020年，在登记的1 047个濒危物种和种群中，约40%的物种和种群纳入了项目管理。为了实现对400多个物种和种群的管理，项目在短短5年内制定了978项保护策略。

生态环境变化是缓慢发生的，大多数自然系统要通过几十年的监测才能看到变化。尽管如此，项目在监测方面已经取得成效，其中采取行动的51%的物种和种群，其数量变化呈现稳定或增加的趋势。

① NESP长期专注环境和气候研究，以世界一流的科学研究为基础，帮助决策者利用现有信息了解、管理和保护澳大利亚环境。其中NESP 7.7为“知识整合，为国家应对物种灭绝提供信息”。

（2）社会经济价值

银桦（*Grevillea robusta*）的种子（Alex Pike/摄）

①“拯救我们的物种”计划在全球生态环境保护领域中应用广泛，其开创性的保护方法已经引起了其他州和领地的兴趣，包括昆士兰州和首都领地。加拿大研究人员在论文中认为，虽然新西兰和美国的项目预算充足，但是该项目更具性价比。这表明，项目采用的方法有可能影响澳大利亚甚至全球的生态环境保护人员更加专注战略、综合和重点领域。

②“拯救我们的物种”计划至少拥有 225 个合作伙伴，帮助项目开展实地行动，为项目提供资源和专业知识，并进行联合研究。项目通过合作，可以完成更多的其他项目、取得更大的成果、提高人民的保护意识并增加投资，为我们的植物和动物创造美好的未来。

（3）创新性

技术创新将“拯救我们的物种”计划从一个小型的、有针对性的计划项目转变为一个全面的、有战略性的大规模保护框架项目。这个保护框架包括定制的数据库，项目优先级方案定制软件，种群持久性的空间建模，用于图像分析和科学决策的人工智能。

申报单位简介：新南威尔士州规划、工业和环境部拥有澳大利亚新南威尔士州城市和区域规划、自然资源、工业、环境、遗产、社会住房等领域的专家，致力于长期规划、规划评估，以及基础设施优先事项、自然资源、环境、能源和工业发展等方面的工作。

钱江源国家公园集体土地地役权改革

申报单位：钱江源国家公园管理局

保护模式：就地保护行动　法律途径　公众参与　政策制定及实施　生物多样性可持续利用　遗传资源惠益分享

保护对象：森林生态系统　农田生态系统　植物类　兽类　两爬类　鸟类　淡水生物类　种质资源

地　　点：钱江源国家公园

开始时间：2018年

背景介绍

钱江源国家公园体制试点区是目前长江三角洲地区唯一的国家公园体制试点区，总面积约 252 平方千米，其中集体土地占比高达 80.3%。针对集体土地占比大的现状，在国务院发展研究中心苏杨研究员等一批专家学者的指导帮助下，钱江源国家公园管理局于 2018 年在全国率先开展集体土地地役权改革。

主要活动

集体土地地役权改革在不改变土地权属的基础上，通过建立科学合理的地役权改革补偿机制和社区共管机制，实现了对国家公园范围内重要自然资源的统一管理。

高山上的农田地役权改革基地

2020 年 9 月 4 日钱江源国家公园先行在何田片区龙坑村启动了“柴改气试点”项目

（1）集体林地地役权改革

①确权登记。对集体林地涉及的界限及山林权证、山林清册及经营流转情况等进行核查，全面摸清底细。

②民主决策。项目通过 3 份决议书对补偿金使用管理和地役权改革征求意见的内容进行设定，两份关联性合同使居民、村民委员会和管理局之间实际形成双层委托代理关系。

③签订合同。村民委员会与管理局签订地役权合同，明确供役地基本情况、补偿金额、合同期限及双方权利义务等事项，村民委员会在尽到不损害国家公园环境等义务的前提下，管理局给予 48.2 元/（亩·年）的地役权补偿。

④登记发证。开化县自然资源和规划局为钱江源国家公园颁发“林地地役权证”，并与林地所有权证相关联。

（2）农村承包土地地役权改革

①明确范围。以钱江源国家公园边界和功能区划为准，同时将江西省婺源县江湾镇东头村纳入农村承包土地地役权改革范围。

②自行申报。由生产主体申请进入改革农田范围，报管理局进行审核确认。

③签订合同。生产主体与管理局签订农村承包土地地役权改革合同，明确供役地基本情况、补偿金额、合同期限和双方权利义务等事项，生产主体在履行“不得使用化肥、农药、除草剂”等义务的前提下，管理局给予 200 元/（亩·年）的地役权补偿。

（3）地役权相关配套改革

在开展集体土地地役权改革的同时，钱江源国家公园管理局出台了“野生动物救助举报奖励办法”“野生动物肇事公众责任保险”“柴改气（电）试点”“生态管护员管理办法”“特许经营管理办法”等一系列配套政策，切实保障供役地人的权益。

主要影响力

（1）生态环境价值

钱江源国家公园通过集体土地地役权改革和相关配套改革，实现了百姓从“要我保护”到“我要保护”的重要转变，形成了“国家公园是一个生命共同体”的格局；在实现对国家公园范围内重要自然资源统一管理的同时，从源头上落实了自然生态系统的严格保护、整体保护和系统保护，从机制上保障了国家公园的长治久安。

在钱江源国家公园中，以甜槠（*Castanopsis eyrei*）林、木荷（*Schima superba*）林为代表的中亚热带常绿阔叶林在春日展现勃勃生机

（2）社会经济价值

钱江源国家公园创新开展集体土地地役权改革，在国内引起强烈反响。武汉大学法学院秦天宝教授发表文章对土地地役权改革进行系统阐述，他认为，土地地役权较之强制性、对抗式的征收制度以及合意性的传统土地流转模式，在理论构造上契合，在实践探索中也得到印证，为实现国家公园国有土地占主体地位提供了新的思路。国家公园管理办公室的周少舟认为：如果实现了保护地地役权的登记，那么将是一个重大的突破和贡献，为下一步立法提供了实践经验。北京大学吕植教授认为，土地地役权改革的举措非常好，是一个农田生物多样性保护非常好的案例。北京朝阳区永续全球环境研究所彭奎博士认为，不但最先做，还能发证确权，浙江敢于改革的精神可见一斑。

（3）创新性

钱江源国家公园集体土地地役权改革是通过协商而达成的共识，避免了双方当事人之间的激烈冲突，能够合理考量供役地人的合理诉求。此项改革不以对供役地的占有为前提，其合同的签订并不改变集体土地的权属关系，只是对供役地权利人做一定的限制，地役权只限制部分使用权；同时，其作为用益物权中的使用权以及收益权并不丧失，双方可以自主约定利用目的、方式以及是否有偿等问题，以协商的形式达成合意，农民依旧可以在土地上进行未受限制的事项，在原有土地上进行二次利用，获取剩余收益。

申报单位简介：2019 年 4 月，中共浙江省委机构编制委员会整合原有的中共钱江源国家公园工作委员会、钱江源国家公园管理委员会，组建了由省政府垂直管理、省林业局代管的钱江源国家公园管理局，属正处级单位、省一级预算单位。管理局内设办公室和社区发展与建设处，下设钱江源国家公园综合行政执法队。

地方保护区加速计划

申报单位：宜可城-地方可持续发展协会（ICLEI）-南美洲
保护模式：就地保护行动　政策制定及实施　生物多样性可持续利用
保护对象：森林　城市
地　　点：巴西
开始时间：2020年

背景介绍

圣保罗是巴西乃至南半球最大的都市，国际化大都市的摩天大楼下，有大片拥挤破败的居住区。这里的居民生活艰难，无法从城市中心的经济发展中受

保护区风景（Luccas Longo /摄）

益。地方保护区加速计划旨在为公共部门提供创新，加大地方保护区管理的积极影响。位于圣保罗市级环境保护区的卡皮瓦里-莫诺斯保护区（APA Capivari-Monos）的保护地面积大，加之区域特点和所允许的活动限制，管理起来有很大困难。选择该市级环境保护区为项目试点，是由于它是圣保罗第一个市级保护区，也是唯一一个拥有经批准的管理计划的环境保护区。

主要活动

宜可城-地方可持续发展协会（ICLEI）-南美洲（简称南美 ICLEI）与被认可的机构合作，开创了一种加速建设巴西市级保护区的可靠方法。该方法包括用一年时间做好项目地选择和监测、战略规划和实施、治理和制度安排、伙伴关系和合作网络建立、陆地经济潜力开发、保护区资源来源管理，宣传和参与等工作。

启动阶段。南美 ICLEI 与 Sense-Lab（授权开发实施该项目的咨询公司，专门从事战略和创新工作，重点工作是应对主要社会问题所需的组织建设、系统建设和领导能力建设）达成合作关系，并与保护区管理团队和圣保罗市绿色和环境部首次对接。

调查阶段。分析关于巴西当地保护区和其他有效区域保护措施的文件，与主要利益相关方对话，目的是了解保护单位管理和融资的主要挑战、重点和机制。

解释阶段。绘制项目的宏观架构图，收集建议建立方法基础。

开发阶段。建立加速项目流程，评估在产出、阶段、活动、内容，组织方面担任指导或参与工作的专业人员的能力。

受新冠肺炎疫情的影响，加速方法全面网络化，结合线上研讨会，与指导专家进行交流和内部活动。

2020 年 9 月启动项目试点工作。环保局的管理人员和圣保罗市绿色和环境部的工作人员一同参与，其他地区利益相关方也作为观察员参与了该过程，包括当地企业家、商业社会服务社、非营利公益机构等。在分析土地潜力后，农业和旅游业主题被选为保护区管理和当地社区发展的优先领域。同时举办了平行活动，参与者为每个主题建立了一个变革理论模型，并将其作为战略实施计划，这有助于确立背景和问题、公众或影响焦点、干预措施、产出、成果，以及未来 5 年从短期到长期的工作目标和愿景。

2021 年，南美 ICLEI 和 Sense-Lab 开始与巴西不同地区的 6 个市级保护区一起，全面实施加速项目。

保护区壮观的瀑布（Joca Duarte/摄）

主要影响力

（1）生态环境价值

保护地是生物多样性就地保护中最重要的“工具”之一。地方保护区的重要性体现在提供基本的生态系统服务和生态连接、增强生态系统的适应能力、降低气候变化的影响上。本加速项目有助于加强城市保护区的管理，提高城市保护区生物多样性保护能力，促进与生物多样性保护相辅相成的可持续农业措施的实施。

（2）社会经济价值

加速项目激发了地区社会经济发展潜力，刺激了当地的循环经济、就业机会、社会包容和收入分配，改善了当地人的生活条件，并推动处于弱势的社区在新冠肺炎疫情后期实现经济复苏。此外，工作组的工作范围不仅包括该市级保护区，也包括圣保罗南部的部分农村地区，帮助其制定市级公共政策。

南美貘（*Tapirus terrestris*），巴西最大的陆生哺乳动物（Daniel Zupanc/摄）

（3）创新性

项目将企业界的良好、创新实践引入公共管理领域，尤其是引入保护区和生物多样性管理。

申报单位简介：宜可城–地方可持续发展协会（ICLEI）是一个由2 500多个致力于城市可持续发展的地方和地区政府组成的全球合作网络，活跃于120多个国家和地区中，影响其可持续发展政策并推动地方行动，实现低碳、基于自然、公平、有弹性和循环的发展目标。ICLEI 及其专家团队通力合作，提供获取知识、建立伙伴关系和进行能力建设的途径，给城市可持续发展带来系统性变革。

第六篇

资金支持机制

千岛湖水基金
——流域生态可持续发展探索

申报单位：杭州千岛湖湖酷农业科技有限公司
保护模式：就地保护行动　公众参与　传播倡导　资金支持机制　技术创新　生物多样性可持续利用
保护对象：淡水生态系统与湿地生态系统　农田生态系统　植物类　鸟类　淡水生物类
地　　点：浙江千岛湖
开始时间：2018年

背景介绍

在我国，面源污染已经取代点源污染成为水污染主要面临的问题之一。源头集水区不合理的土地利用及农业生产造成面源污染不易控制，所以需要探索科学有效的面源污染防治方法，以及可持续资金支持。

主要活动

自 2018 年 2 月起，千岛湖水基金项目正式启动，与政府和社会资本紧密合作，率先在长江三角洲重要饮用水水源地千岛湖，探索“基于自然的解决方案”（NbS）在水源地保护中的应用。将保护和发展的工作拓展到流域内千余亩水稻田和茶园中，利用合理的激励机制减少农业污染负荷，同时充分挖掘流域内市场化受益者付费模式的应用潜力。利用区位优势，带动当地文创、生态旅游度假、自然教育等产业的转型升级。

①项目通过科学分析，识别最关键的污染地块、试验最佳农业措施和标准，建设智慧农业护水平台激励农户，以将生态措施推广到浙江千岛湖全流域及安徽黄山地区中，为生态补偿、生态提升、生态价值体现等提供可量化指标为目标。千岛湖示范田开展了“肥药双减”工作，示范田的氮磷流失率降低，产量未减，为大规模技术推广做了准备。

②在生态保护方面，千岛湖水基金项目推行“基于自然的解决方案”，采用生物防治措施，在4处示范地创造性地保护并进一步丰富了农业生态系统的生物多样性。

③千岛湖水基金模式整合多方资源，为规模化实施保护行动提供了前所未有的金融和管理机制，通过自我迭代实现长效自运营。这种模式不但可吸引用水者投资水源集水区的保护，还可将治污、治水与农林产业结合。短期改善水源地水质并产生公共健康、生物多样性、气候变化等更广泛的环境效益；长期通过资金机制固化保护效果，从而让新农村建设围绕水源环境保护，并使社区从中获利。同时，在实践过程中，完善水源地受益者付费模式，建立长效运营模式。

主要影响力

（1）生态环境价值

自2018年千岛湖水基金项目开始运转以来，选择“基于自然的解决方案”，采取源头减量—过程拦截—末端处理的治理逻辑。

为提高农田生态系统的韧性，千岛湖水基金项目还与浙江农林大学合作对硬质沟渠进行生态化改造，打造具有多重环境效益的“生态沟渠”，以及稻鱼共生系统，充分利用当地的生物链。种植了紫云英（*Astragalus sinicus*）等绿肥植物代替部分化肥。香根草（*Chrysopogon zizanioides*）等诱虫植物以及波斯菊（*Cosmos bipinnatus*）、百日草（*Zinnia elegans*）、硫华菊（*Cosmos sulphureus*）等蜜源植物，既能抑制杂草的生长，又能降低水稻病虫害发生的概率。在地势低洼的田块，项目利用构建“生态岛（湿地）”这样的天然过滤机制，既能减少水土流失，又以种类丰富的净水植物弥补了环境效益的缺口。

千岛湖水基金水源保护示范地种植的蜜源植物吸引了蝴蝶驻足

（2）社会经济价值

①平台合作。千岛湖水基金项目引进企业公益投资，建立了水源地修复项

目示范；通过与浙江农林大学合作，引入浙江省省级科技重大项目，直接带动社会资金投入千岛湖水源保护 402 万元。

②打造“生态护水”品牌。在水源保护的基础上，千岛湖水基金项目与杭州市及淳安县政府、淳安县文化和广电旅游体育局等合作，联合打造“生态护水”的品牌形象；邀请全球环境保护公益人士加入千岛湖水源地保护项目；和千岛湖马拉松赛进行公益合作，一方面赛事的商业运营利润用于支持水源保护项目，另一方面指导千岛湖马拉松赛开展水源保护实践。系列活动吸引近 600 万人次参与，诸多媒体报道。

水稻示范田　稻鱼共生

③宣传教育。组织了面向水源地上下游的教育培训，水源保护主题的跨学科创新环境教育（E-STEAM）课程进入学校。创建自然教育课程，带动周边社区餐饮业营业及农产品销售收入达 50 余万元。

生态沟渠旁的生态岛，净化农业用水向沟渠排灌

（3）创新性

①项目引入国际上被广泛认可的流域面源污染治理创新模式，并结合实际进一步创新，广泛引入社会力量参与水源保护，使用市场机制调动农民护水的积极性，实现流域保护和乡村振兴的“双赢”。

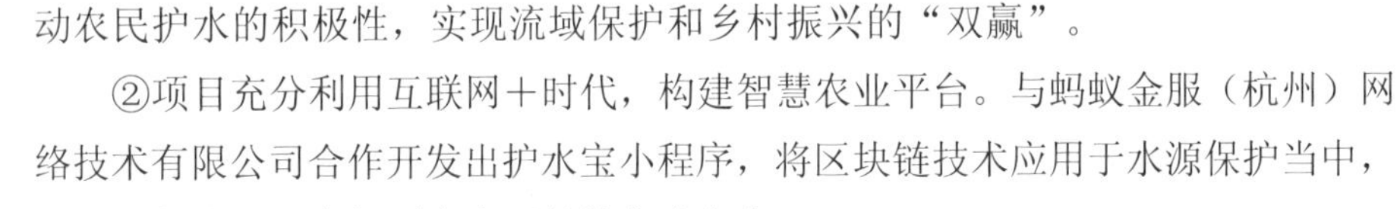

②项目充分利用互联网＋时代，构建智慧农业平台。与蚂蚁金服（杭州）网络技术有限公司合作开发出护水宝小程序，将区块链技术应用于水源保护当中，引导千岛湖居民参与到生态环保的实践当中。

申报单位简介：千岛湖水基金是阿里巴巴公益基金会和民生通惠公益基金会共同发起的“中国水源地保护慈善信托”的首个落地项目，杭州千岛湖湖酷农业科技有限公司为该项目的商业实体。项目为 1.5 亿美元世界银行贷款千岛湖项目的创新内容，是目前国内规模最大的水基金。以“公益的心态、商业的手法”实现对水源地的长效保护，改善农户生产方式，提高农户环境意识，并助力生态产业链的培育与发展。

应对气候变化的基于自然解决方案

申报单位：宝洁（中国）有限公司
保护模式：就地保护行动　资金支持机制
保护对象：生态系统多样性　物种多样性
地　　点：菲律宾　巴西　中国
开始时间：2020年

背景介绍

为响应《巴黎协定》中规定的全球目标和中国提出的“双碳”（碳达峰、碳中和）目标，2020 年，宝洁（中国）有限公司（简称宝洁）宣布了一个最新承诺，推动公司运营在未来的 10 年实现碳中和。

自然本身可以化解 1/3 的气候变化影响，保护、改善和恢复森林、湿地、草原和泥炭地等重要生态系统的项目，可以抵消一部分碳排放量，其余的碳排放量的减少需要技术解决方案的助力，使环境和社会经济产生较大的协同效益。

红树林

主要活动

宝洁正在制订详细的项目资助计划，为全球各地相关项目提供支持。

大学生实地调研

①巴拉望岛拥有众多珍贵的濒危野生动物。携手保护国际基金会实施菲律宾巴拉望保护项目，即保护、改善和恢复巴拉望岛红树林及重要生态系统的项目。

②携手 WWF 推进大西洋沿岸森林生态系统恢复计划。恢复巴西东海岸的森林景观，对生物多样性、水资源领域和包括粮食安全在内的其他协同领域产生重大的积极影响。

③携手美国植树节基金会建立“常青树联盟”团结企业、社区和公民的力量，通过有效措施保护受气候变化影响的地区。

④与中华环境保护基金会于 2015 年共同发起“宝洁中国先锋计划”项目。本项目支持大学生社团发展、促进社团专业能力提升，以“在行动中学习”的方式为中国环境保护事业培养未来人才。本项目已为 11 个省、直辖市 125 所高校的 144 个社团提供了项目活动资金与能力建设支持，8 078 名大学生直接参与项目活动，学习交流网络惠及学生 10 万名。2020—2021 年，“宝洁中国先锋计划”项目以“青年与基于自然的解决方案”为主题，广泛开展调研，2021 年 8 月 25 日，在“全国低碳日”活动现场，“宝洁中国先锋计划”发布了第一份面向公众的“基于自然的解决方案”调研报告。

⑤宝洁旗下品牌也正加快步伐为生物多样性保护助力。天然洗护发品牌联合英国皇家植物园 Kew 园（邱园）及中国科学院昆明植物研究所，支持 Kew 园的“千年种子库”项目，助力科学家对 20 种中国本土濒危植物的研究和保护。

主要影响力

（1）生态环境价值

宝洁与当地社区、居民和政府共同开展工作，确保以正确的方式开发项目：对于原始森林地区，加大保护现有的原始森林；关注关键地区，这些关键地区是大量动物的栖身地，更是降碳的关键地区；森林往往是当地居民的生计来源地之一，项目必须在实现降碳的同时，保护生物多样性，并确保对当地社区产生积极影响。

（2）社会经济价值

保护家园需要培养未来的环境保护“生力军”。宝洁在领导力塑造、调研、品牌营销方面的专业优势广为社会认可，在产品设计和工厂运营等方面的环境保护实践经验值得分享。因此，宝洁在培养未来环境保护人才方面具有优势。

申报单位简介：宝洁（中国）有限公司始创于 1837 年，是全球较大的日用消费品公司之一，1988 年进入中国市场，“亲近生活，美化生活，为现在和未来的世世代代”这一宗旨不仅体现在宝洁的品牌产品和服务上，还体现在公司的公民责任中。宝洁（中国）有限公司一直积极分享企业社会责任理念和实践经验，并通过在社区公益、环境保护和赈灾领域持之以恒的努力，积极践行作为中国企业的责任，成为中国社会一股积极向上和向善的力量。

“益心华泰 一个长江”生态保护公益项目

申报单位：华泰证券股份有限公司
保护模式：就地保护行动　公众参与　传播倡导　政策制定及实施　资金支持机制　生物多样性可持续利用
保护对象：森林生态系统　草原生态系统　海洋和沿海地区生态系统　城市生态系统　淡水生态系统与湿地生态系统　高山
地　　点：长江流域
开始时间：2018年

背景介绍

“良好生态环境是最公平的公共产品”，保护生态环境是金融企业天然的社会责任。华泰证券股份有限公司（简称华泰证券）响应长江大保护战略，设立“益心华泰 一个长江”生态保护公益项目，凝结多方力量，推动长江流域生物多样性保护工作，为人与自然和谐共生孵化创新方案。

主要活动

（1）保护长江流域生物多样性

华泰证券与山水自然保护中心达成战略合作，在长江源开展物种监测和以牧民为主体的社区保护工作，已建立 4 个社区保护地，面积达 2 000 平方千米；打造优质的自然体验产品，让牧民从保护中受益。在长江三角洲地区与山水自然保护中心、复旦大学合作，邀请公众参与城市野生动物分布信息采集、数据分析，完善城市野生动物管理体系。

华泰证券与 WWF、深圳市一个地球自然基金会发起野生动植物保护小额基金项目，支持长江流域珍稀濒危物种就地保护，向当地机构提供资金、智力支持。

长期支持四川省绿色江河环境保护促进会在长江源区开展垃圾回收、环境保护宣传、大学生志愿者活动。

（2）推广公民科学、加强公益传播

开展“公民科学家”活动，活动覆盖上海、南京、苏州、武汉、成都等长江流域中心城市和北京、深圳等一线城市，培育公众成为物种监测和研究的“种子力量”。开展“燕园四季”“京城四季”等自然观察项目，支持“植物守护者”“深圳城市自然挑战赛”等公众活动，直接参与人数超过 1 万人次。

创新公益传播形式。2020 年，联合北京市企业家环保基金会举办“一个长江”劲草嘉年华活动，线上线下有近 40 万人次参与；2021 年，携手国际鹤类基金会（美国）北京代表处等机构，通过抖音、微博社交平台发起“一个长江千鹤万羽”鹤类保护科普传播，举办跨界艺术巡展，线上线下参与人数超 86 万人次。

2018 年，华泰证券设立“益心华泰 一个长江”生态保护公益项目，携手山水自然保护中心、WWF 等社会组织保护长江流域生物多样性，推动可持续发展

“一个长江”劲草嘉年华

（3）以“环境、社会和公司治理”（ESG）为纽带推动资本市场与生态保护对话

2020 年 12 月，在 COP15 执委办的指导下，与中华环境保护基金会、山水自然保护中心主办“一个长江可持续发展论坛”，探索 ESG 投资中的生态环境准入，发布生物多样性影响评估工具。协助山水自然保护中心建立与 ESG 评级机构、资产管理机构进行沟通的机制。

（4）探索生态扶贫

2020 年，华泰证券子公司华泰联合证券有限责任公司资助爱德基金会、山水自然保护中心开展国家公园内特许经营发展项目，支持长江流域的三江源国家公园、大熊猫国家公园四川省管理局、祁连山国家公园青海片区，探索以国家公园为主体的自然保护地周边社区从优质生态产品中受益的可能路径。

主要影响力

（1）生态环境价值

①在长江流域，项目通过放牧管理、草地恢复、自然体验特许经营等方式，推动实现生态保护和社区发展平衡，实现长江源区 2 000 平方千米社区保护地生态系统的健康发展。

②在长江源区以及长江三角洲地区，项目通过红外相机、颈圈、种群遗传学等工具和方法，支持科研机构开展气候变化、雪豹与金钱豹（*Panthera pardus*）共存关系、城市景观生态学等方面的研究，填补国内生态学研究的部分空白。

“一个长江可持续发展论坛”

③在长江中下游，项目对流域内的 11 种代表性物种进行保护，对栖息地进行修复与改善，并通过公民科学项目积累城市野生动物本底数据。

（2）社会经济价值

①具有金融企业支持生态保护的示范意义。华泰证券为“益心华泰 一个长江”生态保护公益项目持续投入资金、人力，并通过资本市场、媒体广泛传播生态保护理念，带动上海证券交易所公益基金会、华泰证券（上海）资产管理有限公司、南京华泰万丽酒店等机构和企业支持生态保护事业。

②推动生物多样性保护跨界对话和协作。“一个长江可持续发展论坛”搭建了生态保护与资本市场对话的平台，通过生态环境主管部门、科研院校、环境保护社会组织与证券监管部门、上市公司、金融企业的代表对话，推动 ESG 评级、投资与生物多样性保护的深度关联。

③带动公众提升保护意识。整合公益资源实施公民科学项目，项目通过科学体验、讲座、展览等形式，引导公众参与科研调查、进行观察记录，助力公众参与生态保护的队伍不断壮大。

申报单位简介：华泰证券股份有限公司是一家领先的科技驱动型证券集团，2018 年设立“益心华泰 一个长江”生态保护公益项目，携手各界保护长江流域生物多样性，促进生态保护与资本市场的对话、协作，带动对绿色金融的战略性投入，引导资本向善。

“任鸟飞”民间保护

申报单位：北京市企业家环保基金会
保护模式：就地保护行动　公众参与　传播倡导　政策制定及实施　资金支持机制
保护对象：鸟类
地　　点：中国
开始时间：2008年

背景介绍

“任鸟飞”项目是守护中国濒危候鸟及其栖息地的一个综合性生态保护项目。项目以超过 100 个亟待保护的湿地和 24 种珍稀候鸟为优先保护对象，采用社会组织发起、企业投入、社会公众参与的模式开展积极的湿地保护，搭建与官方自然保护体系互补的民间保护网络，建立保护示范基地，进而使政府、社会进行相关投入，共同守护中国濒危候鸟及其栖息地。

主要活动

项目的三大工作策略是搭建民间保护网络、建立保护示范基地、进行科学研究与政策推动。

①迄今为止，“任鸟飞”民间保护网络已支持 65 家民间保护机构实施了 142 个项目，涵盖了我国 20 多个省、自治区、直辖市的 90 块湿地。项目涉及鸟类基础调查、湿地巡护与数据收集、宣传教育、反盗猎与野生动物救助等内容。开展鸟类调查与巡护累计超过 6 500 次，保护面积达 4 000 余平方千米，同时开展超过 1 100 次形式多样的宣传教育活动，覆盖人数累计超过 75 万人次。

②在保护示范基地建设方面，“任鸟飞”项目持续推动江苏条子泥湿地、河北滦南南堡嘴东湿地、河南民权黄河故道湿地、福建兴化湾湿地、新疆白鸟湖湿地等地块保护地的建立。

③针对项目关注的 24 种珍稀鸟类，”任鸟飞”项目开展了专项保护行动及科学监测活动，基本摸清了这些珍稀鸟类在我国的主要分布范围、种群数量、保护现状、面临的威胁等基础信息，为进一步开展更具针对性的物种保护和恢复行动筑起了牢固的基石。

④”任鸟飞”项目积极进行政策推动，如争取面向国际的宣传机会等。北京市企业家环保基金会与国家林业和草原局湿地管理司、自然保护地管理司陆续达成合作协议，协助政府主管部门开展具有针对性的能力建设等工作，参与中国黄（渤）海候鸟栖息地（第二期）的申遗工作，同时积极参与及主办国际保护会议，进行“任鸟飞”项目成果及经验交流，扩大国际影响力。

主要影响力

（1）生态环境价值

①民间保护网络对空白保护地的贡献：“任鸟飞”项目覆盖了部分保护“空

鸟类监测

鄱阳湖（雷小勇/摄）

白”的湿地，在一定程度上补充了“空缺湿地”的栖息地和水鸟基础数据。同时采取了一些直接措施，制止了盗猎、环境破坏等行为。

②对迁飞区候鸟的贡献：“任鸟飞”项目支持的 90 块湿地中，有 58 块都位于我国沿海，对保护迁飞区内候鸟具有重要作用。

（2）创新性

“任鸟飞”项目大力推行公众参与机制，促进民间生态保护力量成长，引导全社会关注无法到达的官方保护力量、重要的鸟类保护“空缺地”，填补保护空缺，建立一种新的公众参与的鸟类及其栖息地保护模式。

申报单位简介：北京市企业家环保基金会成立于 2008 年，由阿拉善 SEE 生态协会发起，致力于资助和扶持中国民间环境保护公益组织的成长，打造企业家、环境保护公益组织、公众共同参与的社会化保护平台，共同推动生态保护和可持续发展。基金会发展至今，已正式启动“一亿棵梭梭”“任鸟飞”等品牌项目；直接或间接支持了超过 800 家（位）中国民间环保公益机构（个人）的工作，公益支出超过 11 亿元，累计影响和带动了 6 亿人次支持和参与环境保护事业。

全球环境基金小额赠款计划

申报单位：联合国开发计划署全球环境基金小额赠款计划中国项目
保护模式：资金支持机制
保护对象：森林生态系统　草原生态系统　海洋和沿海地区生态系统　城市生态系统　农田生态系统　高山　干旱半干旱地区　植物类　兽类　两爬类　鸟类　海洋生物类　种质资源
地　　点：中国
开始时间：2009年

背景介绍

全球环境基金（GEF）是包括《生物多样性公约》在内的多个多边环境公约的履约资金机制，小额赠款计划资金来源于 GEF，旨在协助社会组织和其他利益相关者争取更多资金、政策、技术的支持，已成为在社区层面帮助国家履行《生物多样性公约》的有力保障。

主要活动

联合国开发计划署全球环境基金小额赠款计划自 2009 年在中国开展工作以来，在中国的 26 个省、自治区、直辖市支持了 135 个项目，直接向中国的社会组织累计提供资金 635 万美元。其中在生物多样性领域支持了 53 个项目，提供 274 万美元的资金支持。项目主要资助偏远、脆弱、不发达和贫困的社区，赠款直接拨付给国家指导委员会批准的项目实施机构——本地社会组织和社区，每个项目赠款最多不超过 5 万美金。

爱水小组实地监测

该计划在提高公众环境保护意识、推动社区成为自然资源的保护者、使用生态保护的手段解决贫困问题、促进社区内生式发展等方面发挥了积极作用。该计划的贡献远不只向社会组织和社区组织提供赠款这一点。通过提高公众意识，建立伙伴关系和促进政策对话，该计划为公众和社区参与实现可持续发展目标和解决全球环境问题创造了良好的能动环境。

该计划支持的生物多样性项目、活动主要包括野生物种及栖息地、湿地、水源地的保护，自然生境调查和数据库建设，社区保护地的建立，生态旅游和自然教育基地的开发，生物多样性友好型产品的市场链接，自然资源的可持续管理和利用，破碎景观的修复，本土文化的复兴，社区自治的加强。

为了打破隔阂，整合 GEF 的不同重点领域和生物多样性保护与可持续发展及其他社会问题，使有限的资金产生更大的影响，该计划从 2015 年开始，由原来在全国范围内平均使力转变为集中使力，支持本地的具体项目，采用景观方法，选取了云南横断山区高山峡谷景观、青海三江源高寒草地景观、北部湾海岸带景观 3 个重点景观，形成本地的保护网络。

主要影响力

（1）生态环境价值

通过赋权社区，该计划保护了全球、国家和区域层面的重要物种和生态系统。该计划支持社区保护地在中国的建立、认可和发展，迄今为止已经支持了47个社区保护地，保护了约80万公顷的生物多样性和文化多样性地区以及重要的生态系统。

（2）社会经济价值

该计划在生态脆弱、生物多样性丰富、扶贫攻坚重点区域示范了社区兼顾生态保护与生计发展的成功模式，调动多个利益相关方共同参与生态环境保护、减贫和社区可持续发展，受益家庭累计42万户。该计划还为政府的大型环境保护项目拾遗补缺，为社会组织和地方政府之间搭建合作平台，形成了多方参与环境治理的模式。该计划成果在《中国周刊》分别于2016年11月及2017年12月做了两期专刊报道，内容包括生物多样性领域的5个社区保护地案例，以及专家学者对小额赠款项目的积极评价，报道在全国范围内产生了强烈反响。该计划支持的多个项目作为案例在GEF网络传播，产生了国际影响。

（3）创新性

①该计划奉行“全球性思考、本土化行动”原则，采取自下而上的方式，支持本土社会组织参与生物多样性社区保护和全球环境治理。第一次系统地将原住居民和社区保护地、保护地治理类型的概念和在UNEP-WCMC注册“原住居民和社区保护地”的方式介绍给国内的社会组织和社区，支持建立了47个社区保护地，成为以社区为主体、通过遵守村规民约等方法保护重要生物多样性、生态系统服务功能和文化价值的典范。

生态文化节

项目社区

②推动成立“社区保护地中国工作组”，成员来自联合国开发计划署、学术机构、保护组织，对社区保护地在中国和国际上获得认可起到了重要作用。

③采用景观方法，将生态保护、减贫和社区赋权结合，为社区可持续发展和乡村振兴提供了可以借鉴的实践案例。

申报单位简介：联合国开发计划署全球环境基金小额赠款计划成立于 1992 年，是全球环境基金的共同项目。小额赠款计划覆盖全球 125 个国家，为社会组织以及原住居民、妇女、青年可持续发展项目的实施提供资金，促进基于社区发展的创新、能力建设和赋能。小额赠款计划在全球已经支持了 20 000 多个社区项目，主要工作包括保护生物多样性、减缓和适应气候变化、防止土地退化、保护国际水域，降低化学品的影响，同时发展可持续的生计。

以社区为基础的保护——“合作伙伴”原则

申报单位：国际雪豹基金会（SLT）
保护模式：就地保护行动
保护对象：高山
地　　点：雪豹分布的国家
开始时间：2016年

■背景介绍|

传统的保护方式不考虑当地社区的发展，限制人们进入保护区域，这种方式往往会遭到当地社区的排斥，导致保护行动以失败告终。基于社区发展的保护方式注重在落实生态保护措施的过程中，坚持公平、公正和包容。保护工作者在与社区居民的交往中，应基于尊重的原则，采取有效的方式，进行双方平等的对话，然而这样的对话机制在生态保护过程中通常是缺失的。

■主要活动|

为补齐这一短板，国际雪豹基金会（Snow Leopard Trust，简称 SLT）及其合作伙伴提出了一种具有开创性的方法，并开发了一个基于社区发展的生物多样性保护培训项目，名为“合作伙伴”原则（“PARTNERS”Principles），“PARTNERS”意为存在（Presence）、适宜（Aptness）、尊重（Respect）、透明（Transparency）、协商（Negotiation）、共情（Empathy）、响应（Responsiveness）和战略支持（Strategic

与社区分享项目成果有利于激发社区的保护意愿

support）。“合作伙伴”原则汇集了 20 年的生态保护经验，涉及应用生态学、保护和自然资源管理、社区健康、社会心理学、乡村发展、协商理论和伦理学等领域。该项目旨在大幅度提高一线保护工作者的技能，促进当地社区参与到保护野生动物和栖息地的行动中。项目定位为沉浸式培训模式而非灌输式教学模式，生物多样性保护工作者在沉浸式培训中分享过往成功或失败的经验，在分享中学习，从反思中成长。

项目团队在与150多个社区的合作中都使用了“合作伙伴”原则，这些社区守护着约150 000平方千米的雪豹栖息地。全球雪豹及其生态系统保护计划（Global Snow Leopard and Ecosystem Protection Program）也推荐使用该原则以提升保护工作的水平。

2016—2020 年，“合作伙伴”培训项目正式创建并开展试点工作，来自 20 多个国家的 200 多名保护工作者接受了培训。2020 年，该培训项目开通了旨在为一线保护工作者实时解决问题、提供帮助的热线。

实践表明，“合作伙伴”原则使保护工作者无论身处何地，都能在切实保护自然环境的同时，尊重当地社区，并保障社区居民的权利。

主要影响力

（1）社会经济价值

“合作伙伴”原则旨在让雪豹分布国、其他生态系统和其他国家的保护工作者了解“合作伙伴”原则所传授的知识和技能，以此改进生物多样性保护工作的实施方式，有效促进全球现行的自然环境保护工作实践，这有利于进一步提升物种和生态系统状态，增进人类福祉。

由于强制搬迁以及限制使用自然资源的传统方式，自上而下的保护行动会使当地社区边缘化。生物多样性保护工作者力图通过包容的沟通方式，以理服人，以情动人，进而推进保护工作。

（2）创新性

该项目蕴含的理念是确保保护工作者遵守道德准则，掌握有效方法，能在各自的工作地点与当地社区建立良好的伙伴关系。

申报单位简介：国际雪豹基金会是全球最大、成立最早的保护雪豹的国际组织之一，1981 年在西雅图创办。该基金会旨在保护现存雪豹及其栖息地，帮助在雪豹栖息地生活的人们，通过社区参与、利益相关者合作、知识交流和支持性政策制定保护受威胁物种雪豹及其栖息地。

第七篇
技术创新与
数据工具

连通保护

申报单位：互联保护基金会
保护模式：就地保护行动　技术创新
保护对象：森林生态系统　草原生态系统　农田生态系统　高山
地　　点：南非 肯尼亚
开始时间：2015年

背景介绍

2019 年的统计数据显示，超过 100 万种的物种正面临灭绝风险。联合国正在开展行动，力求到 2030 年将全球保护区面积占比从 15%增加到 30%。保护区是自然遗产保护实践的基石，但非洲的保护区及其野生动物仍面临如下困境：

①非法偷猎野生动物。在新冠肺炎疫情期间，野生动物非法偷猎率激增，旅游业的损失对当地人的生计造成冲击。在南非，每天都有一头犀牛和一头大象被猎杀。

②“人兽冲突”。随着自然空间的缩小和资源竞争的加剧，“人兽冲突”事件也在增多。大象破坏庄稼或食肉动物捕食牲畜，会使当地人对野生动物保护的观念变得消极。

③栖息地破坏。栖息地破坏会对野生动物产生威胁。因此，必须对宜居的栖息地加以保护。必须增加保护范围，让生态系统能够承载地球上的生命，实现人和野生动物的和谐共生。

主要活动

科技在帮助实现联合国目标和防止物种数量持续减少方面至关重要。互联保护基金会（Connected Conservation Foundation，简称互联会）的解决方案主要包括以下 3 个方面。

①建立保护区网络，将通信技术、最新传感器和网络设备覆盖到偏远地区。由此将警报系统、保护动态和实时视频从保护地连接到行动指挥中心。互联会在围栏上安装了红外相机和 LoRaWAN（低功耗远距离网络）传感器，以实现人员、巡护员、游客、车辆、自然资源和野生动物的追踪。让巡护员可以全天候观察整个保护区。系统具有早期预警功能，因此巡护员可以在偷猎和“人兽冲突”发生之前做出响应。

②互联会将网络基础设施、数字无线电设备、行动中心的数据服务器、边境入侵检测与远程热红外相机、全球定位系统、实时 PTZ 摄像机①、红外相机和低功耗传感器结合，监控围栏，管理水等环境资源。上述这些都集成到互联会的预警平台中，利用人工智能过滤信息，通过 Vulcan's Earth Ranger（福尔肯地球护卫）软件实现可视化操作。项目通过实时数据收集和分析，加强保护区的有效管理，提高决策和响应的速度。

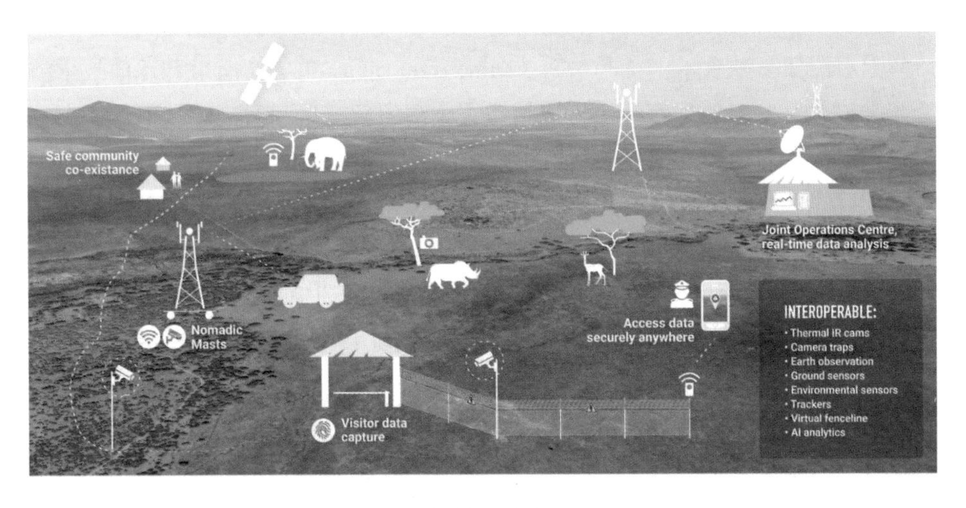

由传感器和相机组成的监测网络可以保护野生动物及人类

① PTZ 是“平移-倾斜-缩放”的英文缩写，代表云台全方位（水平、俯仰）移动及镜头变倍、变焦控制。

基础设施建设使联网和通信成为可能

③2021 年，互联会有幸与新的技术伙伴合作——微软和空客基金会，以及与创始技术合作伙伴日本电报电话公司（NTT）和思科（Cisco）联合。新的合作伙伴加入，整合他们的产品和资源，新签署的合作协议将空客基金会的高分辨率卫星图像与微软、NTT 和岱凯（Dimension Data）的人工智能和地面技术结合起来，为互联会的现有解决方案增添了关键的新数据和智能化技术。新项目旨在将巡护员的保护范围扩大到 1 000 多平方千米。

项目的总体成果：与 2 个国家的 5 个项目点合作；实时传感连接和通信覆盖了 1 000 000 公顷土地，帮助巡护员保护 30 多个受威胁物种；建立了 4 个联动中心，同时也作分析中心；目前有 100 多名配有联网和通信设备的巡护员；在试点过程中，结合技术与优秀的保护管理方式，试点前 18 个月偷猎率减少了 96%。

主要影响力

（1）生态环境价值

国际野生动物巡护员协会首席执行官 Sport Beattie 曾表示，IUCN 建议理想的巡护员与巡护面积比是 1∶50，但利用技术，我们可以将这一比例扩大到 1∶100 以上。

在过去的 5 年中，南非一处保护区点对多点的无线局域网覆盖面积达 62 000

通信设备对于保护人和野生动物安全至关重要

公顷。2017—2018年，该技术帮助当地团队减少了96%的偷猎率。

巡护员在工作中，经常会处于危险的境地。在肯尼亚某保护区的一项调查中发现，只有43.2%的巡护员随时能使用巡逻通信设备。这一统计数据令人担忧。现在，互联会的合作伙伴已将网络安全设备、通信系统和局域网覆盖范围扩展到了重要的保护区中，可以通过无线电通信设备的GPS坐标来跟踪巡护队。

（2）社会经济价值

野生动物非法贸易增加了当地的犯罪率。互联会的技术解决方案致力于保护野生动物，为周围社区营造和平与安全的环境。此外，互联会还帮助当地和平大使利用通信和数据分析技术与社区合作，缓解冲突。

（3）创新性

保护野生动物和生态系统需要多方协作并结合多种学科方法。互联会的解决方案结合了思科、NTT 和岱凯的前沿技术，可检测和追踪工作人员在保护区内的活动，目前该方案在环境保护领域是独一无二的，并且具有前瞻性。

申报单位简介：互联保护基金会成立于 2019 年，致力于保护野生动物和生态系统，通过联合当地伙伴、技术领导者和保护主义者的集体能力，应用技术解决方案解决保护问题。基于试点工作的成功经验，该基金会的项目地已扩展到非洲的其他地区，现在在肯尼亚和南非有 5 个长期运行的项目。

识别亚马孙森林砍伐风险的人工智能平台

申报单位：投资与发展基金
保护模式：政策制定及实施　传播倡导　技术创新
保护对象：森林生态系统
地　　点：亚马孙森林
开始时间：2020年

背景介绍

巴西亚马孙雨林的一种特别的坚果，巴西栗（*Bertholletia excelsa*）

作为世界生态服务宝库、全球生态系统以及南半球水文系统的一部分，亚马孙雨林生物群落发挥着至关重要的作用。有超过300万个物种生活在亚马孙雨林中，超过2 500个热带树种（占全球热带树木种数的1/3）帮助维持着亚马孙雨林的生态系统。

人类活动深入亚马孙雨林后，这里的物种受到威胁。2018年8月—2019年7月，亚马孙雨林损失了9 000多平方千米的森林，相当于180多万个足球场的面积，是上海面积的近1.5倍，这标志着这是10年来最高的森林砍伐率。大规模砍伐森林导致亚马孙雨林达到"临界点"的可能性越来越大，这意味着水循环将被破坏，进而引发大规模森林消减。

主要活动

普雷维斯人工智能平台（Previs IA）的目标是确保人类的未来是一个可持续发展的未来。Previs IA作为一个预防工具，可使用人工智能识别巴西亚马孙生物群落中有森林砍伐风险的区域，利用技术预测即将发生的破坏，并且提供数据加以预防。

Previs IA是亚马孙人类与环境研究所（Imazon）、微软和投资与发展基金合作创建的工具，通过分析一组变量，识别生物群落中森林砍伐风险最大的区域。变量数据包括地形、土地覆盖、合法和非法道路、城市基础设施和社会经济方面的数据。为了进行数据分析，该工具采用由Imazon开发的人工智能算法，并利用微软Azure（微软智能云）云计算的高级资源。

此外，Previs IA在一个向公众开放的控制平台中发布分析结果，并提供可访问的数据可视化资源，让各地的人们可以轻松找到可用的信息。

除热点图外，该工具还显示了亚马孙地区森林砍伐风险较大的城镇、保护单位、原住居民土地、农村的总面积和数量等信息。该工具支持按州级在巴西进行分析，并列出最有可能破坏林区的州。除向有责任保护森林的公共机构提供战略数据外，该工具还能让整个社会参与保护亚马孙森林的行动。

Imazon在监测亚马孙森林砍伐情况的行动中积累了广泛的经验。近10多年来，项目一直在开发森林砍伐警报系统（SAD），这是一个基于卫星图像监测亚马孙雨林的工具，由Imazon在2008年开发，可生成该地区森林砍伐和退化速度的月度报告。由于SAD不能很好地阻止森林砍伐的发生，Imazon又开发了一个模型，可以进行短期森林砍伐预测，该模型将概率模型和地质统计模型结合起来，提供概率和不确定性估计，对于即将发生的森林砍伐事件，其方位预测准确率超过90%。

资源多少取决于对巴西亚马孙森林保护程度的大小

Previs IA 解决方案对地球的重要性：

①防止森林砍伐，保护亚马孙雨林生物多样性。重点集中在确定砍伐森林的地点和具有森林砍伐风险的地区信息，这需要优先考虑预防措施。

②政策效力。该方案可用于更有效地评估不同的政策实施场景。

③提供更好的决策。森林砍伐风险建模有助于资源分配决策，扩大保护影响范围。

主要影响力

（1）生态环境价值

Previs IA 可以成为一个支持全球环境保护活动的工具，以在亚马孙雨林实现森林零净砍伐，保护基础资源，减缓气候变化影响，促进社会繁荣。“森林因我们的预测而安然无恙”，这是 Previs IA 追求的目标。

（2）社会经济价值

亚马孙河流域有 3 000 万人口。随着森林的减少，人们从森林生态系统提供的自然资源中获益的能力下降，这可能会导致贫困加剧。此外，巴西近 100 万原住居民居住在亚马孙雨林中，他们可以在其领土上维持生计。因此，有必要通过更好的经济措施，支持当地居民提高收入水平，降低环境影响。Previs IA 可提供环境服务费的资金渠道，甚至可以为在生物群落中开展的可持续活动提供金融信贷，这些活动既能为当地人创收，又可以促进环境可持续。

（3）创新性

Previs IA 于 2021 年 8 月启动，对亚马孙雨林砍伐地点、原因和方式的预测提升到了另一个层次，可运用设计思维更好地理解亚马孙雨林数据用户和决策者的需求和观点。

申报单位简介：投资与发展基金由一家矿业公司于 2009 年创建，在保护生物多样性上发挥关键作用。创建后的 10 年里，投资与发展基金已向由研究机构、社会组织和初创公司发起的 70 多项计划拨款。这些行动在整体上成为了一笔宝贵财富，将濒危地区的保护和恢复工作与具有社会和环境影响力的企业结合，保护的森林规模超过 2 300 万公顷。

联合国生物多样性实验室

申报单位：联合国开发计划署
保护模式：政策制定及实施　公众参与　传播倡导　生物多样性可持续利用
保护对象：生物多样性
地　　点：全球
开始时间：2018年

背景介绍

我们生活的世界互联互通，人和自然系统的健康支撑着地球的未来。空间数据的主要来源包括环绕地球运行的卫星、国家和全球科学团队提供的信息，以及原住居民和当地社区的信息。这些数据集创建的地图信息丰富，能够帮我们化解地球面临的危机。

联合国生物多样性实验室（UN Biodiversity Lab，简称 UNBL）以新的方式提供人类和地球的公共数据，帮助政府和利益相关者采取行动。UNBL 有 3 个使命：①作为全球公共产品免费为公众提供空间数据和分析工具；②支持决策者利用空间数据获得信息、确定重点和实施行动；③支持利益相关者使用空间数据进行监测和报告。UNBL 努力提供全面的服务，支持各级政府实现国际协定中关于自然的目标，包括“2020 年后全球生物多样性框架”和《2030 年可持续发展议程》中的目标。UNBL 的合作伙伴们，包括《生物多样性公约》秘书处，UNDP，联合国环境规划署（UNEP）及 UNEP-WCMC，以灵活紧密的合作方式来保持平台的长期可持续运行。

主要活动

UNBL 拥有 400 多个自然、气候变化和可持续发展方面的数据集，数据集质

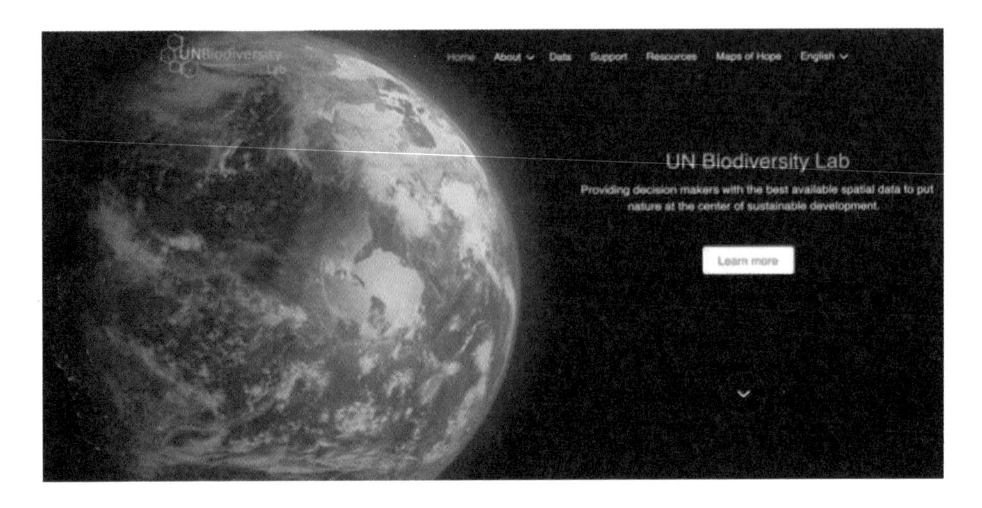

UNBL 网站主页（https://www.unbiodiversitylab.org）

量较好。UNBL 提供免费的开源环境，不需要任何地理信息系统经验。该平台为用户提供了以下服务：

- 使用可视化核心全球公共产品数据集，进行自然和可持续发展决策；
- 访问整合空间数据，获取信息并采取行动；
- 查看和下载任一国家的动态变化指标；
- 创造工作空间安全环境，上传国家数据并将其与全球数据进行分析对比；
- 创建提高数据透明度和促进跨部门合作的实践社区；
- 利用 UNBL 合作伙伴的专业知识制订国家计划。

由于 UNBL 提供了关键资源，《生物多样性公约》缔约方大会第六次会议的国家报告比第五次的国家报告涵盖的地图数量增加了 81%。UNBL 于 2018 年入围"联合国秘书长创新奖"，在激烈的竞争中获得了 UNDP 创新基金的两次拨款，并与顶级研究人员合作获得了两项美国国家航空航天局（NASA）拨款（2017—2021 年）。

为使该平台发挥更大作用，UNDP 于 2019 年召集世界一流的科学家开创各种方法，使用空间数据确定在何处采取基于自然的行动来保护、管理或恢复"基本生命支持区"（ELSA）（https:// www.unbiodiversitylab.org/maps-of-hope/），有效实施生物多样性保护、气候和可持续发展的重点项目。UNDP 首先与哥斯达黎加合作进行初步试点，建立了集政府、社会组织、研究机构和政府间国际组织于一体的强大联盟，现在已经可以根据国情和工作重点为其他国家提供定制的分析信息。在戈登和贝蒂·摩尔基金会（Gordon and Betty Moore Foundation）

的资助下，UNDP 和合作伙伴正在通过 UNBL 开发 ELSA 绘制方法，已在 3 个国家进行试点，这一功能有望在未来得到推广。

主要影响力

（1）生态环境价值

传统的保护规划专注于物种和生态系统保护，没有更多地考虑自然对人类福祉产生的价值。使用空间数据绘制 ELSA 地图，可指导自然保护和可持续发展的综合行动。UNBL 提供的空间数据也能监测保护措施的实施效果，为各国关键自然区域保护提供有力支持。

（2）社会经济价值

人类生产生活离不开健康的生态系统，而生态系统正面临危机。100 万种物种濒临灭绝；每 5 公顷土地中就有 1 公顷的土地发生退化；90%的野生鱼类面临过度捕捞危机；从亚马孙到南极洲，生态系统已在崩溃。生物多样性减少将危及一半以上的全球经济，使 20 亿人面临水源危机，并威胁超过 20 亿依赖农牧业、森林和渔业生存的人的生计。

UNBL 帮助各国确定其 ELSA，支持各国采取行动来保护、管理和恢复生态系统，以改善世界各地人民的福祉和生活水平，同时帮助缔约方兑现“里约三公约”和《2030 年可持续发展议程》中的承诺。

（3）创新性

项目为全球首创。维持一个人类和生态系统蓬勃发展的健康地球需要可靠、及时和与决策相关的信息。虽然生物多样性的全球信息源越来越多，但是信息获取方式并不便利，信息也不完善，无法帮助决策者进行全国范围内的政策制定。UNBL 认识到，无论在全球范围内生成多少数据，各国都需要一种机制来评估数据与本国的相关性。因此，项目立足各国国情，使用一流的科学方法，帮助各国确定政策任务和重点目标。

申报单位简介：作为联合国国际发展的牵头机构，联合国开发计划署（UNDP）在约 170 个国家和地区开展工作，其工作集中于 3 个重点领域：可持续发展、民主治理和和平建设，以及应对气候变化和灾害的韧性。UNDP 是 UNBL 的 4 个合作伙伴之一，也是开发和实施 ELSA 地图的牵头机构。这一案例是由 UNDP 代表 UNBL 伙伴提交的。

人工智能予力生物多样性保护

申报单位：微软（中国）有限公司
保护模式：公众参与　传播倡导　技术创新　生物多样性可持续利用　资金支持机制
保护对象：兽类　两爬类　鸟类
地　　点：中国
开始时间：2017年

背景介绍

在中国，致力于保护生物多样性的非营利组织共同面临着很多挑战：

①工作流程依赖人力完成。大量耗时费力的工作占用了专业人才的时间，影响机构整体效率和产出，由此也阻碍了非营利组织的发展。

②靠肉眼识别照片中是否拍摄到了野生动物，这个过程非常耗时，而且影响数据时效性。

③收集的海量数据相对独立，需要人为建立关联性以进行不同维度的分析。非营利组织相对缺乏数据集中和智能分析的技术支持，因此，如何将数据转化为可操作的或有价值的信息是一个挑战。

④缺乏数据可视化分析工具。调研结果或隐藏在数据背后的问题很难被发现，因此也无法将这些问题清晰地、简洁地、直观地展现出来。这为非专业人士理解数据和参与生物多样性行动设置了一个高门槛。

山水自然保护中心是中国领先的物种和生态系统保护组织之一，有强烈的数字化转型意愿。基于技术与公益相结合的共同愿景，微软和山水自然保护中心进行“地球人工智能计划”（AI for Earth）项目合作。2017 年，微软宣布在全球范围内发起“地球人工智能计划”，承诺在 5 年内投入 5 000 万美元，让世界各地的组织或个人可以使用人工智能来保护我们的地球。其关注领域为气候变化、农业发展、生物多样性和水资源。

基于微软智能云 Camera Trap API 的智慧管理系统，用于优化数据收集和处理流程

主要活动

①为了提高工作效率并从重复性的工作中解放人力，基于微软智能云和人工智能技术，山水自然保护中心在微软的支持下开发了一个平台，这个平台可以解决主要的数据收集和处理问题。山水自然保护中心可以使用红外相机动物识别工具（Camera Trap API），识别图片中是否拍到野生动物，进而对图片进行自动分类，辅助人工数据处理。除良好稳定的性能和数据隐私保护外，该技术方案可提升 50%的照片初筛工作效率，图像识别的准确率高达 90%，减少山水自然保护中心在图片标注上花费的时间，从而能投入更多的时间在保护创新等更体现专业价值的事情上。

②为了更好地管理和使用数据，山水自然保护中心在微软的支持下搭建了一个 Power BI（微软数据可视化工具）的解决方案，这个方案能对“物种情报”公民科学项目中收集的海量数据进行自动分析和可视化，（公民科学是一个鼓励公众参与自然观察的行动，为生物多样性数据的收集做出了贡献）。Power BI 生动直观的数据呈现形式，可促进与公众的互动交流，或为专家/环保政策制定者提供数据依据。

③山水自然保护中心还在微软的支持下开发出了生物多样性影响评估工具（BIA）。基于微软智能云授权的 BIA，旨在为专家、公众、教育者和环保政策制定者们提供具有指导性的生物多样性信息。圈定指定的位置，该工具就可以脱敏地显示出该区域范围内受威胁物种的分布情况。对于政策制定者、投资和建设者而言，这将为他们决策时考虑生态因素提供参考；对于公民和教育工作者来说，这是一个可以让他们认识自然、继而热爱自然的平台。

山水自然保护中心基于微软 Power BI 打造的“物种情报”公民科学数据平台展示页面，支持物种信息可视化呈现和分析

BIA 工具平台

微软认为，数据是非营利组织的宝贵资产之一。微软提供值得信赖的技术，特别是用于数据存储和处理的云资源，保护山水自然保护中心的隐私、数据安全和知识产权。微软的律师还为山水自然保护中心的人员提供了相关法规和法律的培训。

微软和山水自然保护中心的伙伴关系还包括了倡导、呼吁公众广泛参与到生物多样性保护的活动中来。

主要影响力

（1）生态环境价值

微软将云资源和人工智能工具提供给那些致力于解决全球环境问题的人们。在这一伙伴关系中，微软使保护工作者从耗时的重复工作中解放出来，让他们的生物多样性保护工作变得更加高效、更加可持续，间接地从技术层面为保护生物多样性做出了贡献。

（2）社会经济价值

①将人工智能和其他技术应用于生物多样性保护领域可以促进更多的跨行业合作。

②数据对生物多样性保护来说很重要，但如果不能理解数据背后的意义，数据就没有价值了。数据可视化技术可以真实、直观地反映出生物多样性情况，进而提高公众对生物多样性的认识，并为专家、决策者和环境保护政策制定者提供依据。

③这些技术解决方案是人工智能与人类智慧（HI）的结合。尽管有人担心人类的工作正在逐渐被“机器取代”，或是担心人工智能将对人类社会构成威胁，但这种结合表明，人工智能解决方案可以增强人类的创造力，提供人们的能力，人工智能和人类智慧可以扮演不同的角色，同时又相辅相成。

（3）创新性

①云端图像识别技术是中国野生动物保护的一种创新方法。该方法可以实现图片自动识别和分类捕获。

②BIA 工具支持将环境问题和社会关注的问题整合到决策过程中的工作。

申报单位简介：微软（中国）有限公司致力于成就“智能云与智能边缘计算”时代的数字化转型，予力全球每一人、每一组织，成就不凡。作为一家对可持续发展许下深刻承诺的科技公司，我们坚信，除履行自身责任外，要广泛利用创新技术，共同守护人类健康美好的未来。2017 年，公司发起了“地球人工智能计划“（AI for Earth）计划，旨在利用人工智能的力量“解决我们时代的一些最大的环境挑战”，聚焦气候变化、农业发展、生物多样性和水资源四大领域。

中华白海豚个体识别与公民科学工具

申报单位：海南智渔可持续科技发展研究中心
保护模式：就地保护行动　公众参与　传播倡导　技术创新
保护对象：海洋和沿海地区生态系统　兽类　海洋生物类
地　　点：广西泛三娘湾海域
开始时间：2019年

背景介绍

白海豚

中华白海豚（*Sousa chinensis*）是唯一一个以“中华”命名的海洋豚类，也是国家一级保护野生动物，因珍稀而被称为“海上大熊猫”“海上国宝”。在我国，中华白海豚主要分布在长江以南的东南沿海近岸海域，总数量在6 000头左右，至少有8个种群。但随着近岸海域的开发利用以及城市化进程，中华白海豚的生存前景不容乐观。据统计，珠江口中华白海豚数量以每年2.46%的速率在减少。

基于腾讯云AI的中华白海豚个体识别与公民科学工具开发（iDOLPHIN）项目，以广西泛三娘湾海域（以三娘湾为中心的连续性海域）的中华白海豚小种群为主要研究对象，结合粤东海域、厦门湾海域的其他小种群，从小种群保育研究协作、照片识别数据标准化以及公民科学工具开发三个不同方面入手，践行以社区、公益机构、互联网企业相结合的众包保育方式，让更多的人一起参与到中华白海豚的保育中。

主要活动

①在小种群保育研究协作上，iDOLPHIN 通过数据和技术，从时间以及空间上提高照片识别数据的解析度，结合 2011 年至今的历史数据，对泛三娘湾海域白海豚的栖息地使用、种群结构以及人为干扰进行分析，以评估种群状态，并针对不同的威胁因子制订优先保护计划。同时，与其他粤东海域、厦门湾海域的小种群进行比较，分析中华白海豚小种群的可能灭绝途径。

“wa 白海豚”微信小程序

②在照片识别数据标准化上，对汕头以及钦州的两个小种群数据集（>100 000 张照片，种群数量 258 头），进行 3 个主要模块（背鳍检测，背鳍评分，背鳍吻合）、1 个优化模块的交叉测试，其中 CNN（卷积神经网络）平均精确度可以达到 89.55%，在高质量照片上大于 95%；基于群体信息的优化模块可以将低质量照片的识别精确度提高约 3%，从而实现了照片

通过背鳍识别白海豚

标准化。同时，与腾讯云 AI 实现平台移植，识别速度为 11 秒/张，完成了在线云协作工具的开发。

③iDOLPHIN 项目通过配套微信小程序，将个体识别的数据与云计算结合，开发了公民科学工具，提高了社区的本土物种意识以及公共参与能力。同时，通过与乡村教育社会组织“担当者行动”合作，针对乡村学校开展海洋生物多样性平等教育，开发微信小程序“哇白海豚”（wa 白海豚），进行以海洋哺乳动物为主题的乡村儿童科学教育，并与山东科学技术出版社合作编写并出版

以白海豚为主题的儿童科普书籍《哇！白海豚》，填补海洋生物多样性儿童科普的缺口。

主要影响力

（1）生态环境价值

研究者只有对数据进行常年积累和分析，才能知道白海豚的社交、求偶、捕食习性，从而了解海豚的迁徙、流动和环境之间的关系，为白海豚的保育制订科学方案打下基础。iDOLPHIN 项目借助腾讯云的 AI 技术，可以快速进行“豚脸识别”，极大地提高了中华白海豚个体识别的运算速度，把研究者从庞大又机械的数据处理中解放出来，为科学研究和保护提供了依据。

（2）社会经济价值

目前国内缺乏关于中华白海豚的公民科学工具与公众参与平台，在本土物种的儿童科普创作上也存在缺口。iDOLPHIN 开发的公民科学工具及配套微信小程序，将中华白海豚保育从研究领域推向了公众。

（3）创新性

①照片识别数据标准化与人工智能、云计算的使用

在技术创新上，将照片识别与机器学习、云计算结合，实现科学数据与互联网技术的结合，为物种数据的自动化、云协作以及可视化提供参考。

②基于数据协作和技能共享的小种群研究工作方式

首先，采用数据协议的方式，在保护版权的同时，实现数据共享以及技术同步。其次，在提高数据解析度的前提下，设定不同的小种群白海豚保护议题，比较这些议题在不同小种群的栖息地使用、社会网络等方面的差异，为小种群保育提出保护策略。

③使用互联网以及 AI 云计算开发公民科学工具

项目通过互联网以及云计算，实现数据可视化以及公众参与，在服务科研团队的数据云协作的同时，提供便捷的公民科学工具。

申报单位简介：海南智渔可持续科技发展研究中心成立于 2015 年 2 月，是中国第一家致力于推动渔业可持续发展和建设本土蓝色公益圈的非营利组织，主张以社会、经济、环境并举的思维方式和研究手段，立足中国国情与文化，联合各利益相关方探寻人与自然和谐发展路径。

企鹅爱地球

申报单位：深圳市腾讯计算机系统有限公司
保护模式：公众参与　传播倡导　技术创新
保护对象：物种多样性
地　　点：中国
开始时间：2015年

背景介绍

深圳市腾讯计算机系统有限公司（简称腾讯）高度关注生物多样性和生态环境相关议题，于2015年发起了“企鹅爱地球”项目，致力于贡献科技和互联网的力量，推动人与自然和谐共生。

主要活动

（1）建立野生动物安全防护体系

2015年，“企鹅爱地球”项目开通了首个网络野动物非法贸易的直接举报渠道，联合全社会共同抵制网络非法贸易，并逐步形成从线上治理到依法协助执法机关开展线下打击的闭环，成功助力了野生动植物及其制品非法贸易重大犯罪案件的破获。

（2）推动政企社（政府、企业、社会公众）合作

2018年，“企鹅爱地球”项目在相关部门的指导下，与七大知名生态保护机构组建了自然生态保护顾问团，该顾问团为腾讯及互联网行业提供科学指导和专业支持。腾讯还与“打击网络野生动植物非法贸易互联网企业联盟”成员

共同探索出了一套有效预防网络野生动植物非法贸易的技术规范。2020 年，腾讯与学术机构、生态环境保护机构及相关企业在中国互联网协会平台共同发布了首部《网络平台非法野生动植物交易控制要求》团体标准。

（3）贡献互联网和科技的力量，探索人人参与的新模式

2021 年“99 公益日”（由腾讯公益联合相关机构共同发起的一年一度全民公益活动）期间，在 COP15 执委办的指导下，“企鹅爱地球”项目携手中华环境保护基金会、桃花源等开展了“用科技的力量与自然连接”迎接 COP15 生物多样性保护公益活动，依托微信、腾讯公益等的核心产品开展科普教育、自然保护地探索等活动。2020 年生物多样性国际日，在 COP15 执委办的指导下，“企鹅爱地球”项目推出“野生动物保护联萌”公益行动，产生亿级传播影响。2021 年春节，“企鹅爱地球”项目发起了拒食野生动物安全教育活动，活动覆盖全国 14 个重点城市约 6 500 万人次。2021 年世界环境日，“企鹅爱地球”项目联合中央电视台中文国际频道（CCTV-4）策划推出野生动物保护主题游戏，超过 2 000 万人参与。2020 年，“企鹅爱地球”项目联合桃花源等公益机构发起了首届腾讯 Light・公益创新挑战赛，近 3 000 名选手开发了兼具实用性、公益性和技术性的小程序，为生物多样性保护注入了科技新动能。

“企鹅爱地球”项目自然生态保护顾问团成立

受邀参加“雷电”暨“大地女神”第五期国际联合行动总结会

“用科技的力量与自然连接”自然保护地探索直播

主要影响力

（1）社会经济价值

成立以来，“企鹅爱地球”项目持续实施生物多样性保护项目，影响了上亿用户，获得了“WWF 自然生态守护者”“打击野生动植物非法贸易卫士行动”等称号和奖项，受到了各界的肯定，展示了中国互联网企业在生物多样性保护和生态文明建设领域的责任和担当。

“企鹅爱地球”项目多次受到相关部门和国际组织的邀请，参与国际交流活动。2020 年 1 月，联合国《生物多样性公约》秘书处时任执行秘书到访腾讯参观交流，对“企鹅爱地球”项目的相关工作给予了高度肯定。联合国《濒危野生动植物种国际贸易公约》秘书长也通过联合国官方新闻肯定了“企鹅爱地球”项目在野生动植物保护方面的相关成果。

（2）创新性

①政企社合作保护模式创新。在有关部门的指导下，“企鹅爱地球”项目开通了首个网络野生动植物非法贸易的直接举报渠道，组建了互联网行业首个自然生态保护顾问团，推动制定了首部互联网野生植物保护团体标准。

②“互联网＋科普探索”形式创新。“企鹅爱地球”项目开展了多元的生物多样性科普活动，如在“用科技的力量与自然连接”的公益活动中，公众通过视频号直播沉浸式地走进桃花源九龙峰自然保护区，体验了微信搜一搜、扫一扫、红包封面等功能的科普新模式。

科技助力生物多样性保护理念创新。秉持科技向善的理念，“企鹅爱地球”项目携手相关团队，积极利用并开放人工智能、腾讯云、小程序等新兴技术和产品，为科技在生物多样性保护领域的应用提供实践平台。

申报单位简介：深圳市腾讯计算机系统有限公司（腾讯）成立于 1998 年，是一家业界领先的互联网科技公司，用创新的产品和服务提升全球各地人们的生活品质。腾讯一直秉承“用户为本，科技向善”的宗旨，将社会责任融入产品和服务，推动科技创新与文化传承，促进社会可持续发展。2021 年，腾讯提出“可持续社会价值创新”的升级战略，将持续投入支持 “碳中和”、能源、水等环境领域的工作。

雪豹智能识别及监测数据管理云平台

申报单位：腾讯公益慈善基金会
保护模式：就地保护行动　技术创新　生物多样性可持续利用
保护对象：高山　兽类　种质资源
地　　点：省祁连山国家公园甘肃片区
开始时间：2021年

背景介绍

土地面积占国土面积 1/4 的青藏高原，是我国最为珍贵的自然遗产地之一。经过 50 多年的发展，青藏高原仍然是人口密度较低的区域，仍然拥有相对健康的野生动物种群，其中包括雪豹这种顶级食肉动物。雪豹不仅是荒野的象征，还是高山生态系统健康的指示物种，具有重大的寻踪保护价值。而目前，关于雪豹的科学研究是较少的，雪豹分布和种群信息极度缺乏，全球科学调查面积仅占雪豹栖息地面积的 2%，远远达不到全球雪豹保护策略的要求。

调查队员在祁连山寻找动物踪迹

主要活动

祁连山，青藏高原东北部的边缘山系，是我国雪豹的重要分布区之一。2021 年 4 月，腾讯公益慈善基金会团队（简称腾讯团队）携手

腾讯团队与 WWF 在绝美雪山下合影

WWF、深圳市一个地球自然基金会，前往雪豹栖息地——祁连山国家公园实地考察，发现存在基层管护员用红外相机采集到的雪豹图片识别难度极大、数据庞杂导致效率偏低等问题，严重影响了以科学数据制订保护方案的进展。

为了减轻基层管护员数据采集的工作量，把一线调查者从烦琐的记录、标注、识别工作中解放出来，腾讯团队自主开发了一套包含红外相机数据 AI 识别、巡护数据协同管理功能的数据平台，尝试协助科学家和保护区管理人员破解雪豹调查面临的困局。这套平台系统具备 AI 物种识别、数据上云、模型搭建与运算等功能，可对基础数据进行自动整理、精准分析，更高质量地协助科学家及专业保护人员做好物种监测及样线调查。

这套系统后续经过调试还可用于甄别更广泛的物种，打通数据隔离，形成有效调研报告，从而协助有关部门制定科学有效的生物多样性保护措施。这套系统还将共享到其他有雪豹分布的国家和地区，如尼泊尔、蒙古国、哈萨克斯坦等，可协助当地进行雪豹及其相关物种的调查及保护工作，同时建立多国参与的跨国界的生物多样性保护合作，在技术领域助力“地球生命共同体”建立。

主要影响力

（1）生态环境价值

2018 年数据显示，全球60%的雪豹栖息地位于我国，但我国境内雪豹栖息地调查面积仅为总面积的 1.7%。腾讯团队主导开发的这一个高效、准确的数据平台，该平台通过在我国境内先行试点，可提高数据收集效率，掌握我国雪豹分布和种群动态信息，制订基于科学数据的保护方案、实施保护行动，使中国雪豹种群数量保持稳定并逐步增长，从而推动制定全球雪豹保护策略。

雪豹调查者马堆芳（左）和阿诚（右）在查看拍摄的动物

（2）创新性

这套系统的创新性体现在以下 3 个方面。

①机器学习可建立物种有效识别的工作范式。随着识别数据的不断增加，机器学习的有效训练会不断优化识别效果，这是一个越用越好用、越用越准确，不断优化迭代的产品。

②加强监测数据与巡护数据的云端分类存储管理。日常巡护数据和经过识别分析的物种监测数据的获取，可以生成清晰的阶段性数据模型，帮助保护区管理人员及科研人员有效了解物种监测情况，便于制订更具有针对性的物种保育方案。

③优秀的交互体验设计，降低使用门槛。用户交互体验设计可以有效降低监测数据平台的使用门槛，降低保护区工作人员学习、使用的难度，让平台不仅能用，而且好用。

申报单位简介：腾讯公益慈善基金会是一家 2007 年 6 月在民政部注册的全国性非公募基金会，是我国第一家由互联网企业发起的公益基金会。秉承着“人人可公益的创联者”理念，腾讯公益慈善基金会推动互联网技术与公益慈善事业深度融合与发展，通过互联网的技术和服务推动公益事业的发展，推动人人可公益的生态建设。

中国自然观察推动生物多样性保护主流化

申报单位：北京市海淀区山水自然保护中心
保护模式：公众参与　传播倡导　政策制定及实施　技术创新　生物多样性可持续利用
保护对象：森林生态系统　草原生态系统　海洋和沿海地区生态系统　淡水生态系统与湿地生态系统　兽类　两爬类　鸟类　海洋生物类　淡水生物类　种质资源
地　　点：中国
开始时间：2014年

背景介绍

土地和海洋利用改变是引起当今全球生物多样性丧失的首要原因。我国采取了建立自然保护地体系、划定生态保护红线等举措，有效保护了大量重要的生态系统、野生动植物栖息地和遗传资源。然而生物多样性由于存存在信息的严重缺乏和不对称、保护的非主流化等问题，仍然存在较大保护空缺：很多重要生态系统和野生动植物栖息地仍处于保护区域之外，未受到法律法规的有效保护；这些区域甚至部分保护区域内，屡屡出现开发建设项目破坏自然的现象，造成生物多样性和社会经济效益的双重丧失，引起发展与保护的对立。

为寻求发展和保护的共赢途径，山水自然保护中心与多家保护机构共同发起了“中国自然观察”项目，通过完成生物多样性信息的收集和对称处理，促进相关数据在规划、投资、环境影响评价（环评）等领域中的应用，并倡导将其纳入相关政策，全面推动生物多样性保护主流化。

公众参与野生动物野外调查

主要活动

（1）建立自然观察数据库和保护机构伙伴关系

①对全国的濒危物种、生态系统和保护地现状进行全面梳理和数据收集、结构化处理，建立了自然观察生物多样性数据库。

②开发并运营自然观察联合行动平台和中国雪豹保护网络，共同开展全国范围的野外调查来补充物种分布数据。

③上线了生物多样性数据展示和公众参与收集的平台，自然观察网站和自然观察软件。

（2）自然观察报告

基于数据分析了物种、保护地和森林生态系统的保护现状及空缺，发布了《中国雪豹调查与保护现状 2018》和《2019 中国水獭调查与保护报告》等报告，并发表相关学术论文 11 篇。

（3）生物多样性影响评估和风险预警

①通过参与云南绿孔雀案等影响较大的案件，项目团队与规划、投资和环评领域的专家进行跨界对话，探讨和总结生物多样性数据的应用解决方案。

②与有关管理部门共同开发了 BIA 工具，通过数据叠加交互识别规划和建设项目在保护地和野生动植物栖息地的占用情况，评估生物多样性影响。

（4）政策和公众倡导

①山水自然保护中心持续关注立法、规划、投资和环评领域，倡导生物多样性保护的有效纳入，已针对法律法规、“十四五”规划、城市规划、建设项目环评等提交多份政策建议。

②2020 年，山水自然保护中心与多家机构联合开展了野生动物保护法修订的政策倡导活动，并进行了一系列面向公众的宣传倡导。召开“一个长江”可持续发展论坛，开展了生物多样性保护与金融的跨领域对话。

对有生物多样性影响的建设环评项目进行现场调查沟通

BIA 工具在“一个长江”可持续发展论坛上发布

主要影响力

（1）生态环境价值

①项目收集汇总了大量生物多样性本底数据，包括野生动植物物种分布数据和保护地数据，并建立了结构化数据库。已收录 1 985 个物种超过 37 万条的分布记录，超过了 7 类保护地共 1 162 个物种的数字化边界，为数据应用于科学决策建立了基础。并通过伙伴关系更新数据库，已涵盖 20 个社会组织、6 个国家公园/保护区管理局、6 个科研院校，以及企业、个人。

②收集了海量的发展建设数据，从超过 220 万条建设项目环评公示信息中提取出了 18.2 万条建设项目环评公示信息。为了解其与生物多样性保护空间的关系，以及对严重影响生物多样性的项目进行预警提供了依据。

③推进了生物多样性数据在规划、投资和环评等领域的应用，并开发了数

据交互工具，探索了企业、政府和公众认知、查询、识别生物多样性影响风险的解决方案。

④整合数据分析研究、政策研究和保护实践，通过发布研究成果和进行政策倡导，在可以起到生物多样性丧失预防性作用的几个领域中进行跨界合作和政策完善，推动生物多样性保护主流化。

（2）创新性

①生物多样性大数据支持科学决策：项目具有丰富的科研院所、管理部门、社会组织等资源，以及自身的研究能力，能够获取大量的物种和保护地数据；而拟搭建的数据库是国内第一个，也是最大的开放生物多样性数据库，将部分改变该类数据不足、难以汇总等的现状；丰富的实践和跨界对话，使生物多样性数据能够得到有效转化，得到跨行业、跨领域应用，并且支持有利于生物多样性保护的科学决策。

②着眼于预防性生物多样性保护：从规划、投资和环评这些尚未发生损失的早期阶段着眼，着重于解决提前预防和降低发展建设造成的不可逆转的生物多样性损失的问题，减少事后追责，减少发展与保护的对立。

③尝试跨界对话与合作：项目努力尝试走出生物多样性保护的传统领域及舒适区，与立法、规划、投资和环评等领域积极进行跨界对话和协作，推动形成和壮大跨行业同盟，各自发挥优势，共同探讨和实践生物多样性的主流化方式。

④创新的生物多样性影响评估及预警工具：项目开发的 BIA 工具是国内首个对建设项目环境影响评价中的生物多样性影响进行评估的工具，并将在未来继续升级迭代其风险预警的功能，预期将是首个具有跨行业应用场景的生物多样性数据交互工具。

申报单位简介：北京市海淀区山水自然保护中心成立于 2007 年，从事物种和生态系统的保护工作。保护中心关注的既有我国西部山区的雪豹、大熊猫和金丝猴，也有身边的大自然。保护中心依靠当地社区的保护实践，基于公民科学的保护行动，示范保护方案，提炼保护知识和经验，维护生态公平。生态公平是保护中心的愿景，即实现人与自然的和谐、传统与现代的结合、自下而上与自上而下决策间的平衡。

心心相融，@未来
与千岛共

第八篇

生物多样性可持续利用

生物多样性行动计划——西非的玫瑰茄

申报单位：道德生物贸易联盟
保护模式：生物多样性可持续利用
保护对象：干旱半干旱地区
地　　点：尼日利亚
开始时间：2018年

背景介绍

生物多样性行动计划为种植和采集天然原材料而设计和实施的可持续利用和保护生物多样性的具体方案提供了指导。本案例项目是该计划的项目之一，其内容是在尼日利亚种植木槿属植物玫瑰茄（*Hibiscus sabdariffa* var. *sabdariffa*）。

玫瑰茄是原产于热带和亚热带国家的一年生草本灌木，耐旱，能够在贫瘠的土壤中生长。通常种植在尼日利亚的耕地上，以低投入、劳动密集型的方式复种。其硕大的红色花萼是一种特殊的植物产品，用于花草茶等饮料行业，叶子通常用来制作动物饲料和提取纤维。

玫瑰茄花朵

在尼日利亚干燥的稀树草原上，一些本地树种本来能阻止人类活动引起的土地退化，然而植树造林计划中引进的具有经济价值的非本地树木却给当地的生态平衡带来了危险。这些树木很容易适应环境，并与本地树木竞争土地养分，加剧了当地的荒漠化。辽阔的草原上没有足够的植物屏障来阻挡从沙漠吹来的季节性干燥风，风吹走土壤颗粒和其中用于耕作的养分，导致水土流失，一些非沙漠地区也出现了沙丘。

晒干的玫瑰茄

主要活动

项目围绕以下目标做了大量工作。

（1）改善土壤条件

①在农场施用堆肥或粪肥：堆肥和粪肥等有机肥料可改善土壤的物理、化学和生物特性；有机肥的施用增加了土壤有机质含量。有机质对土壤健康至关重要，其功能广泛，包括促进水的渗透和储存、稳定土壤结构、改善养分循环、防止土壤侵蚀等。

②自然耕作方式：实施间作，有时与豆类共同种植，进行轮作，土地在耕种 3 年后休耕，确保养分能够在土壤中积蓄；不使用重型机械，用动物犁地，不破坏土壤结构和生物多样性。

（2）保护农场内外的生物多样性

①预防病虫害：农民自己繁育种子并在第二年使用这些种子。在这个过程中，他们采取苗床卫生措施，避免疾病传播。采集公司的农艺师根据需要为农民提供支持，确保遗传多样性，这有助于提高植物对病虫害的抵抗力。当一个品种的韧性不够时，其他品种可以弥补。

②减少农药的使用：尽可能不使用农药和化学用品。推荐实施综合虫害管理，包括预防病虫害、人工控制杂草、间作和使用适应当地气候和土壤条件的植物品种。农民还通过在农场内和农场周围为有益植物和昆虫创造栖息地来增加它们的数量。

主要影响力

（1）生态环境价值

项目通过种植本地树木为造林做出贡献。本地树木可以阻挡来自沙漠的季

当地人收割

节性干燥风，防止导致沙漠化的土壤流失。种植本地植物的地区比其他地区（栖息地）拥有更多的野生动物。重新种植本地树木有助于恢复这种功能。

（2）社会经济价值

玫瑰茄可以提供收入，可以在贫瘠的土壤条件下种植。然而，荒漠化正在降低土壤质量，采取行动改善土壤条件，保障土壤健康，可确保作物在不断变化的生态条件下具有韧性。

自然的害虫防治方法有助于重新平衡生态系统的结构、组成和功能，还增强了小农和自给农民的韧性，如外部资源有限的玫瑰茄种植者。

（3）创新性

当地采集玫瑰茄的公司通过技术和经济支持促进这些行动；道德生物贸易联盟认证计划的经理及其公司的农艺师团队与农民一起确定需求并采取适当行动；农民负责采取行动，公司会提供一些资金或其他激励措施；公司的技术人员为农民提供进一步的服务支持；技术人员还负责监督实施和评估结果；采购公司为多个农民制订了行动和工作计划。项目实施一年后开始监测。

申报单位简介：道德生物贸易联盟（Union for Ethical Bio-Trade，简称 UEBT）是一个非营利组织，致力于通过合乎道德的方式从生物多样性中获取资源，实现自然资源再生并为人们创造更美好的未来。目标是为一个所有人和生物多样性蓬勃发展的世界做出贡献。UEBT 提供了公司及其供应商为美容、食品、天然药物、草药和香料等行业采购特殊“成分”的良好做法。UEBT 因与公司合作从生物多样性中合乎道德地采购成分而获得国际认可。

印度尼西亚沿海碳和生物多样性走廊

申报单位：苏门答腊大象基金会（Yagasu）
保护模式：生物多样性可持续利用 遗传资源惠益分享
保护对象：森林生态系统 海洋和沿海地区生态系统 植物类 兽类 两爬类 鸟类 海洋生物类 红树林
地　　点：印度尼西亚
开始时间：2005年

背景介绍

印度尼西亚沿海地区拥有丰富的热带海洋生态系统，有河口岸滩、红树林、珊瑚礁、海草、藻床和小岛等生态系统，生物多样性丰富。红树林覆盖面积达 30 000 平方千米，占全球红树林总面积的 21%，包含世界 75 种真红树林种类中的 39 种。因此，就面积和物种多样性而言，印度尼西亚的红树林保护具有重要意义。大多数印度尼西亚人口来自沿海地区的各个民族。

银色乌叶猴（*Trachypithecus cristatus*）

由于气候变化和海平面上升，项目地点的沿海生物和社区处于脆弱状态。当地气候研究所的一系列数据分析表明，在过去的35年里，北苏门答腊海岸的气温、空气湿度、降水、太阳辐射时长和风速发生了显著变化。

非气候因素如沿海绿带土地使用变化和森林砍伐等，导致红树林生态系统数量在过去的30年中显著减少，苏门答腊大象基金会的地理信息系统分析显示，亚齐特别行政区、北苏门答腊省、廖内省分别减少了81%、79%和68%。

因为缺乏抵御气候风险的社会、技术和财政资源，印度尼西亚是最容易受到气候变化影响的发展中国家之一，生活在村庄的人们经常遭受自然灾害的侵袭，气候灾害每年导致数千人受伤和丧生，定居点和农业遭到破坏，很多人无家可归和失业。未来这些自然灾害可能更加严重，频率也可能越来越大。

为此，苏门答腊大象基金会设计了一项长期项目，即“沿海碳和生物多样性走廊”（CCBC）项目，项目加强了沿海生态系统的管理。

主要活动

项目地点绵延2 034千米，跨越苏门答腊岛亚齐、北苏门答腊和廖内的28个地区和城镇，目前范围仍在进一步扩大，连接了东爪哇—巴厘—西努沙登加拉和东努沙登加拉海岸线的生物多样性走廊。

社区巡逻队

项目目标是加强沿海生态系统的管理：①生物多样性保护；②通过碳储存和封存减缓气候变化；③防止海平面上升和不可预测的气候事件引起的自然灾害；④促进社区的绿色经济发展。项目长期目标是确保助力印度尼西亚沿海生态系统未来的生态、社会和经济发展，以及促进全球温室气体减排。

项目的主要活动：①开展生物多样性保护的公众活动，提升人民意识；②支持当地社区恢复退化的红树林生态系统；③动员社区巡逻队保护现有的红树林；④促进村政府制定村政策倡议[村土地利用计划（VLP）、红树林保护区（MPA）保护和村规章（VR）]；⑤支持当地社区和妇女团体开展创收活动；⑥开展各种科学研究［碳核算，生态系统经济估值，气候、社区和生物多样性（CCB）研究和实地评估］；⑦配合印度尼西亚在《生物多样性公约》、NDC（国家自主贡献目标）和 NPA（自然保护区）方面的国家政策。

主要影响力

（1）生态环境价值

2005—2021 年，CCBC 项目实施十几年后产生的生态价值：

①可持续的红树林管理。恢复了 18 100 公顷的红树林，当地社区团体妥善保护了 92 000 公顷的现有红树林。恢复的红树林每年帮助减排 724 000 吨二氧化碳。当地村庄在 VLP、MPA 和 VR 方面的政策和社区巡逻队已成功将非法采伐率和土地用途转换的威胁度降低到 5%以下。

②生物多样性保护。红树林生态系统稳定，已保护23种红树林、8种哺乳动物、16种两栖爬行类、32种无脊椎动物、73种鸟类（不包括候鸟）、41鱼类种和9种候鸟。一些标志性物种，如海豚、栗鸢和候鸟的主要物种已返回 CCBC。

③生态系统还支持商业生物多样性。每周生产7～12吨螃蟹、3～5吨虾和500～700吨鱼，全年不间断生产。项目区红树林管理的完善对渔业资源生产的贡献率为27.21%。

（2）社会经济价值

16 年间，苏门答腊大象基金会为社区做了如下工作。

①举办了 2 000 多次村会议和地区会议以及省级研讨会，促进项目的社会参与，促进当地社区对长期项目的支持。

②实施了 490 项宣传和环境教育计划，包括 4 455 名男性和 6 345 名女性。该计划社区参与数量达 32，400 人（57%的女性和 43%的男性）。性。该计划参与社区数量达到 32，400（57%的女性和 43%的男性）。

北苏门答腊的红树林修复

③与 235 个村政府和 298 个社区团体以及 15 个省区级政府机构签订了长期协议。

④为当地社区开展培训并提供资金、设备和材料，经营有机红树林“蜡染”、红树林生态旅游、有机森林渔业、睡莲叶商业发展、软壳蟹养殖场、虾酱生产、红树林食品加工、干/咸鱼和其他小型村庄业务。

⑤在项目实施 6 年后，当地社区的平均收入从每个家庭每月 190 美元增加到每个家庭每月 283 美元，增加了 49%。

申报单位简介：苏门答腊大象基金会（Yagasu）是一家成立于 2001 年 7 月 17 日的印度尼西亚社会组织。Yagasu 的成立是为了发挥其独特的作用，即为以下方面的长期计划组织创新的实地行动和提供资金：减缓和适应气候变化、保护物种和森林、促进当地社区在低碳经济方面创收。

磷虾负责任捕捞企业协会的自愿受限区域

申报单位：磷虾负责任捕捞企业协会
保护模式：政策制定及实施　生物多样性可持续利用
保护对象：海洋和沿海地区生态系统
地　　点：南极半岛西部
开始时间：2018年

背景介绍

自愿受限区域（Voluntary Restricted Zones，简称 VRZs）代表的是磷虾负责任捕捞企业协会（Association of Responsible Krill Harvesting Companies，简称 ARK）中的企业在夏季对捕食磷虾的企鹅的重要栖息地的保护区域。在企鹅孵化和育雏的关键时期对巴布亚企鹅（*Pygoscelis papua*）、阿德利企鹅（*Pygoscelis adeliae*）和帽带企鹅（*Pygoscelis antarctica*）的重要繁殖群体进行保护。

作为一项预防措施，这项志愿行动是由磷虾捕捞行业与在南大洋开展活动的多个社会组织协商制定的，于 2018 年 7 月在绿色和平组织、WWF 和皮尤慈善信托基金会的支持下推出，旨在促进南极磷虾的合理利用，促进磷虾渔业的可持续性发展，以及满足捕食者们在繁殖时期的需求。

主要活动

VRZs 对南极半岛西部企鹅的觅食地进行了保护，禁止在一年中的关键时期、在繁殖地附近捕鱼。ARK 成员遵守这一承诺，为 3 个企鹅物种提供顺利的繁殖环境。VRZs 保护着以下企鹅的繁殖地：50%～55%的阿德利企鹅繁殖种群；

饥饿的鲸鱼

75%的帽带企鹅繁殖种群，包括大型群体（>10 000 对）；南极半岛地区几乎所有的巴布亚企鹅繁殖群体，包括3 000多对繁殖群体(约占该地区总数量的52%)。

这项措施还惠及了其他捕食者，如南极的海豹和鲸鱼。

主要影响力

这是由捕鱼业在南大洋发起和维持的一项保护行动。虽然在其他地方实施过类似的监管措施，但在如此大的空间内发起这项措施是前所未有的。南极海洋生物资源养护委员会的 25 个成员的这一志愿行动，实现了物种保护与行业发展的双赢。

申报单位简介：磷虾负责任捕捞企业协会（ARK）汇集了多家磷虾捕捞企业，其主要职责：促进南极磷虾渔业的可持续发展；与南极海洋生物资源养护委员会（CCAMLR）协调、合作，提供磷虾和磷虾渔业的研究成果和信息；支持 CCAMLR 的科学研究和教育举措，从而可持续地管理磷虾渔业。

“熊猫森林蜜”助力大熊猫国家公园乡村绿色发展

申报单位：北京山水伙伴文化发展有限责任公司
保护模式：就地保护行动 公众参与 传播倡导 资金支持机制 生物多样性可持续利用 保护地乡村绿色商业能力的发展
保护对象：森林生态系统 淡水生态系统与湿地生态系统
地　　点：大熊猫国家公园四川、陕西、甘肃3个片区中的4个行政村
开始时间：2011年

背景介绍

建立社区可持续发展机制，实现生态保护和地方发展共赢，是大熊猫国家公园建设的重要工作之一。但在大熊猫栖息地，社区经济发展与生态保护矛盾又十分突出。中国的国家公园中，大熊猫国家公园涉及人口多，情况也较为复杂。区域多处偏远山区，居民生活与森林动物息息相关，无法分割。当地目前产业结构单一，以矿山、水利等资源消耗型产业为主。社区居民割竹、“打笋”、采药、放牧等传统资源利用型生产生活方式受到限制，群众脱贫致富途径有限。项目地30个县（市、区）中有16个曾是中国集中连片特殊困难县和国家扶贫开发重点县。

生物多样性优势难以转换为生态价值的原因：在社区层面，小农户分散生产经营，能力与资源有限；村民抗风险能力低，在产品市场前景不明朗时很难投入社区共创。因此，村民未能从生态和保护中受益，保护的意识、意愿、能力等参差不齐。

主要活动

针对上述情况，北京山水伙伴文化发展有限责任公司（简称山水伙伴）聚焦赋能与链接，提升当地合作社的商业能力，建立收入回馈保护机制，鼓励参与式保护行动。形成“好生态—好产品—好收入—好社区—好保护”的良性循环。

（1）赋能“森林合作社”

赋能商业能力建设：自然资源及社区本底调查、产品（“熊猫森林蜜”等）规划、品质提升与资质获得、包装传播、销售规划与销售资源对接。

培育团队：安排外出学习交流、建立管理机制、提供启动期小额配套资金，了解并对接乡村发展方向的政府及公益资源。

2016 年 8 月，甘肃白水江割蜜，志愿者与蜂农合影（王飞翔/摄）

2020 年 6 月，甘肃白水江夏季走访，山水伙伴社区发展部经理袁桂平与深沟村村民周超全、刘学鹏、周代平一起讨论生产小组工作计划（郑岚/摄）

（2）陪伴“森林好社区”

提升社区治理能力。项目销售收入的 10%以“社区保护与发展基金”的形式回馈社区，由村民自主管理，培育村民参与社区公共事务与社区保护的意识、意愿与能力。

（3）传播“森林厨房”的故事

面向城市公众和消费者开展理念倡导与品牌传播工作，讲述当地生态产品背后的生态、社区、保护故事。

（4）链接“森林创益家”

项目与保护区和社区一起发现他们在社区公益和保护中的真实需求，并对接城市志愿者资源。

当社区有了团队、生态产品和回馈机制后，就初步具备了吸引对接更强的政策、商业及公益资源利用能力，朝着良性循环的方向发展。

主要影响力

（1）生态环境价值

“熊猫森林蜜”项目扎根在大熊猫国家公园四川、陕西、甘肃 3 个片区中的 4 个行政村中，与村民合作巡护 328 人次/年，巡护涉及的面积约为 43.32 平方千米，守护动物 92 种（不包括鸟类）、植物 4 175 种、鸟类 248 种。

（2）社会经济价值

①生态产品开发及价值实现。形成对森林友好的中蜂养殖标准和管理体系，截至 2021 年 6 月，采购累计帮助蜂农实现 279 万元的收入，向 “社区保护与发展基金”捐赠 51.6 万元，协助社区绿色发展获得社会公益支持 27.4 万元。

王老师在蜂场指导（梁媛/摄）

②支持保护。孵化 2 个村民保护中心，并协助社区保护行动获得公益资金支持 13 万元。

③城市公众传播。于 2020 年，微信及微博社交平台的阅读量为 83 346 人次。因新冠肺炎疫情未开展公众活动，参照 2019 年数据，对接 304 小时志愿者服务。

④销售。携手中国医药保健品有限公司、瑞吉酒店、丽思•卡尔顿酒店、宜信财富、华泰证券股份有限公司等优质企业，共同推广“熊猫森林蜜”项目。

⑤复制推广。为大熊猫国家公园四川省管理局撰写《大熊猫国家公园友好建设大熊猫国家公园友好原生态产品认证体系研究报告》。

（3）创新性

①与保护区合作，通过赋能森林合作社，让村民认识并有能力实现，好生态转化为好产品和好收入。

②将10%的销售收入回馈“社区”保护与社区发展基金，引导社区以公开、公平、公正、透明的方式自主管理基金，协助社区发现需求、采取集体行动。将发展与保护紧密结合，积极营造充满幸福感的森林好村庄。

③建立城乡连接，积极开发新产品，如山水岁礼、礼盒等，提高初级农产品的附加值。以产品为媒介，宣传倡导生态公平理念，介绍保护地的生态和保护，以及村民的生产生活。

④待协助社区孵化出初步的产品、团队、集体行动力后，将社区作为平台，积极链接政府、商业、公益各方资源，共同支持社区的绿色发展和生态保护行动。

申报单位简介：北京山水伙伴文化发展有限责任公司成立于 2011 年，多年来致力于赋能自然保护地乡村绿色发展，是中国生态保护领域第一家经中国公益慈善项目交流展示会认证的社会企业。公司专注于赋能中国最后最美的自然保护地，链接自然保护地乡村发展需求与政府、企业及公众资源，开发和提供高品质的生态产品和服务，传播生态与保护的价值，探索以商业手段带动全社会参与生态保护的可能性。

朝阳村自然保护小区协同保护与发展双赢案例

申报单位：朝阳村左溪河流域自然保护中心
保护模式：就地保护行动
保护对象：森林生态系统　水生生态系统　植物类　兽类　两爬类　鸟类　淡水生物类
地　　点：陕西省洋县茅坪镇朝阳村
开始时间：2017年

背景介绍

朝阳村隶属于陕西省洋县茅坪镇，紧邻陕西长青国家级自然保护区的核心区和实验区。当地居民曾经以农耕收入为主要经济来源，由于国家退耕还林政策的实施，耕地面积减少；同时由于“野味”市场价高，不少村民开始上山下猎套捕捉野猪来赚钱，而猎套很多时候也会捕捉到其他野生动物。此外，村民为了获得野生大鲵（*Andrias davidianus*），不加节制地捕鱼毒鱼，造成河道里大鲵和其他鱼类、蛙类数量锐减。随着国家保护政策的完善和落实，村里的盗猎活动开始减少，村民意识到生态环境的重要性，并在2017 年自主成立了朝阳村左溪河流域自然保护中心（简称朝阳村保护中心），开展保护工作。

朝阳村保护中心刚刚成立，电鱼现象还很严重，巡护队员每个季度都在河道写“严禁捕鱼”的标语

主要活动

（1）开展栖息地保护工作

朝阳村当地社区停止了在秋收季节对野生动物进行报复性猎杀；在保持原有保护区域范围的基础上，朝阳村保护中心与朝阳村9组签订保护协议，使保护面积增加800亩，河道增加5千米，巡护队增加4名成员，保护区域不断扩大；社区的保护意识不断提高，资源管理的主体意识提高明显；朝阳村保护中心与陕西长青国家级自然保护区开展了联合森林防火行动，签订了《森林防火、野生动植物保护联防协议》；在中山大学教师张璐、北京红石青野自然生态科技有限公司的支持下，朝阳村社区放归了16条大鲵，开展了野生大鲵的物种恢复和行为研究工作。

在外打工的村民回村了，积极地参与到巡护工作中，巡护途中雪湿了鞋子，正烤火取暖

（2）发展绿色产业，进行中蜂（*Apis cerana*）养殖

中蜂养殖是朝阳村农户重要的传统生计之一，已形成一定的规模和市场品牌，具备实现中蜂保护和可持续发展的基础。目前朝阳村共有养蜂户约 200 户，占全村户数 60%以上，共有约 5 000 箱蜂种，蜂蜜年总产量 15 000 千克（约 3 千克/箱），每年户均养蜂收入约 10 000 元。

朝阳村10户蜂农连续6年与山水伙伴合作。朝阳村是“熊猫森林蜜”的产地之一，山水伙伴通过至少20%的收购溢价，收购符合质量要求的全部蜂蜜，产生至少10%的收入回馈，激励当地村民参与森林保护并提高社区集体行动力。

（3）开展自然教育活动

自 2019 年以来，朝阳村保护中心立足自身丰富的自然资源和中蜂产业优势，和多方机构合作，开展自然教育活动，自然教育课程包括中蜂介绍、巡护体验、自然观察等。目前，朝阳村自然教育活动还处于起步阶段，但有望给社区带来持续的资源，从而支撑保护工作。

村民收歇在高树上的新分蜂

主要影响力

（1）生态环境价值

保护对象状态改变：通过保护发展，细鳞鲑（*Brachymystax lenok*）得到有效恢复，河道水生生物增加，水獭（*Lutra lutra*）回到左溪河流域，野生大熊猫活动范围不断扩大，金丝猴、秦岭羚牛（*Budorcas taxicolor bedfordi*）等动物活动痕迹明显增多，森林里面黄麂数量增加。

关键威胁降低：根据陕西长青国家级自然保护区的反馈，朝阳村自保护小区成立以来，没有发生任何的盗猎、盗伐等林政案件，朝阳村林政案件梳理下降为零。

（2）创新性

朝阳村保护中心填补了洋县社会公益组织的机构空白，其建立是创新保护机制、完善现有自然保护地体系的有益尝试。

申报单位简介：朝阳村左溪河流域自然保护中心位于陕西省洋县，成立于 2017 年，保护范围主要是朝阳村 13 组的林地和河道，2019 年 3 月将朝阳村 9 组部分林地纳入保护范围，总计形成 6 525 亩的保护区域。保护中心以大熊猫、秦岭羚牛、川金丝猴、朱鹮、林麝、细鳞鲑等野生动物为保护对象，开展日常巡护、科研监测、河道恢复、本底调查、教育宣传等保护工作，带动当地社区居民共同参与大熊猫栖息地的管护。

熊猫故乡关坝村十二年的生态保护与可持续发展践行探索

申报单位：平武县关坝流域自然保护中心
保护模式：就地保护行动　生物多样性可持续利用
保护对象：森林生态系统
地　　点：四川省平武县木皮藏族乡关坝村
开始时间：2009年

背景介绍

关坝村位于野生大熊猫最多的四川省平武县，东邻四川唐家河国家级自然保护区，北连老河沟自然保护区，南接余家山县级自然保护区，既是大熊猫的栖息地，也是这几个保护区的走廊地带。历史上，因此地熊猫数量多，以及人与熊猫和谐共生的状态，当地白马藏族把以关坝村为中心的区域称为白熊大部落（白熊是熊猫的本地称呼）。

随着经济的发展，全球范围都发生了“人进兽退”的现象。在这里，经济发展从古老的 “靠山吃山”演变为以山的资源换取经济，到二十世纪八九十年代，短短不到20年的时间，青山已被砍成秃山荒山，山洪肆虐，野生动物数量锐减，大型食肉动物、食物链顶级消费者豺狼虎豹更是濒临绝迹，熊猫受到栖息地破坏的影响，也没有逃脱数量持续减少的命运。

事情开始发生变化的时间是2009年。

主要活动

2009年，山水自然保护中心通过实地调研，开始用“替代经济”的方式切入关坝村的生态保护。渐渐地，村子内部自己就形成了产业转型的内动力。关坝村2009年时养羊大约1 000只、牛100头，养蜂100箱。从2013年至今，关坝村养蜂数量增加到1 000箱左右，养羊户减少到只有两家，养羊100多只、牛不到10头。一些青年开始返乡，他们的回归保证了关坝村持续发展的内生动力。

随后村子的保护“主力军”从合作社上升到村两委（村党支部委员会、村民委员会），2016年成立了保护中区，成为四川省第一个村民自治的保护小区，村子在产业发展方面也成立了相应的合作社，如核桃合作社、旅游合作社。

2017年关坝流域自然保护小区通过协商，和“邻居”老河沟第一次打破边界意识，开展联合巡护反盗猎活动。活动发展到现在，已经成为岷山区域“两省三县”联合反盗猎的大型活动，参与单位囊括了周边的国家级、省级、县级以及关坝村周边的村级自然保护地。

2018年，关坝村被“蚂蚁森林”纳入第一个不需要种树的公益保护地。随着保护成效被认可，关坝村又思考怎么从保护中受益——探索自然教育并开始实施。

主要影响力

（1）生态环境价值

①生态好转，兽类回归。关坝村从2009年开始成立巡护队做保护，2009—2013年，红外相机没有拍到大型兽类。2014年开始拍到熊猫、黑熊、金丝猴等动物，同年，从养蜂产业的收益中拿出一部分买原生鱼苗做增殖放流，保护从山林扩展到水域。2017年河道开始出现已经10多年没有见到的

红外相机拍摄大熊猫

鱼苗，2019 年红外相机拍到水獭回归。2021 年捕捉到 20 年来未有纪录的金猫（*Catopuma temminckii*）和猕猴（*Macaca mulatta*）等野生动物“身影”。如今，巡山过程中很容易地看到重楼、天麻等中药材在逐渐恢复。恢复大熊猫栖息地 67 亩，大熊猫的活动痕迹点位逐渐向村子靠近。

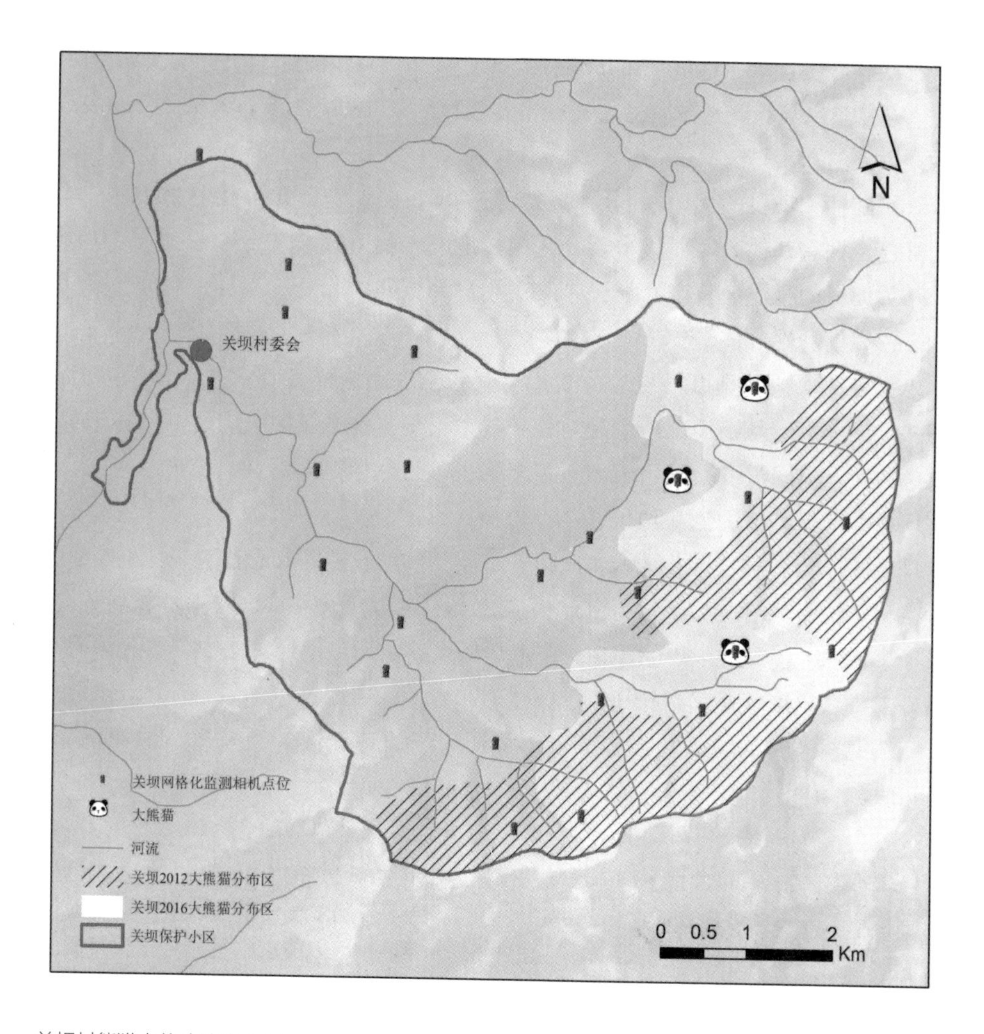

关坝村熊猫点位痕迹变化图

②清洁能源，替代薪柴。以太阳能代柴，为每户村民家庭提供了日常所需 1/3 以上的能量，仅此一项每年即可减少 5.5 万立方米的薪柴砍伐量，减少了水土流失，增加了碳汇，也保障了关坝村和木皮藏族乡场镇 600 余人的饮用水安全。

（2）社会经济价值

关坝村成为保护小区后，影响力和美誉度得到提升。

2018 年关坝村成为“蚂蚁森林”的自然保护地，得到 1 300 多万网友认领；通过关坝故事，以及蚂蚁科技集团股份有限公司和平武县的生态扶贫，关坝村的蜂蜜线上销售创造了第一次一小时卖出 10 000 瓶、第二次一分钟卖出 10 000 瓶、第三次一分钟预售 10 000 瓶的成绩。

从 2018 年至今，关坝村共开展自然教育活动 18 次，参与人数达 500 余人次，收入约 26 万元。

平武县关坝村的周边社区，纷纷效仿关坝村的保护模式，截至 2021 年，平武县已经拥有其他 6 家村级自治社区保护地成立和运行。

关坝村的合作社也都给村民带来了利润和分红。

（3）创新性

大多数保护都是以项目的方式来运营和推进。这样做有它的合理性，但是不一定放之天下都适用，特别是对保护的“前线”——保护区周边的乡村来说，更是如此。曾经很多公益组织做过很多保护项目，但是最后都没有办法可持续。关坝村案例可持续的创新体现在 3 个方面：

人——当地人的能力培养和压担子是实打实的，村里人成长起来，和外部平等对话、协商，村里的事情得到绝大多数人的参与和认可，这些都是成功关键。

事——所有想要推进的事情，一定是村里商量后主动愿意去做的事情，而不是外部推进，或者是项目推进。

钱——遵守市场原则，多劳多得兼顾村子的特殊性，须有普惠的比例。

申报单位简介：平武县关坝流域自然保护中心成立于 2016 年，是一家村民自治机构。2009 年关坝村在山水自然保护中心的支持下开始发展环境友好型产业。2016 年平武县关坝沟流域自然保护小区正式成立，保护小区以关坝村社区为主体开展区域生物多样性保护工作，2018 年成为“蚂蚁森林”的公益保护地之一。

昂赛自然体验项目试点

申报单位：杂多县昂赛乡年都村扶贫生态旅游合作社
保护模式：就地保护行动
保护对象：兽类
地　　点：青海省玉树藏族自治州杂多县昂赛乡
开始时间：2018年

背景介绍

青海省玉树藏族自治州杂多县昂赛乡位于三江源国家公园澜沧江源园区的核心保育区，自然资源丰富，有包括雪豹、金钱豹、西藏棕熊在内的大型食肉动物，也有岩羊、白唇鹿、马麝等食草动物以及众多鸟类。这里是雪豹的重要栖息地之一，经监测数据分析，已识别雪豹个体 80 只，金钱豹个体 12 只，也是国内首次发现金钱豹与雪豹活动重合的栖息地。

昂赛自然体验项目试点工作开展于 2018 年，经三江源国家公园澜沧江源园区昂赛管护站授权后，由牧民担任自然体验向导、司机和接待工作，并带领自然体验者在昂赛乡进行自然和人文景观观赏、牧区生活体验等活动。开展自然体验活动，有助于体验者领略三江源之美，唤醒其尊重和保护自然的意识。项目将自然保护和社会发展融为一体，当地牧民可以获得切实收入，直观地体会到保护好家乡的一片山水、爱护山林间的野生动物将有益家庭和社区发展。

主要活动

①从 2018 年开始，杂多县昂赛乡年都村扶贫生态旅游合作社和山水自然保护

社区会议上大家共同讨论自然体验路线（李雨晗/摄）

牧民向导学习使用望远镜等设备（李雨晗/摄）

中心合作，对选拔出的21户自然体验接待家庭开展了5次集中向导培训，设计建立了社区管理制度，对包括野生动物资源分布图、自然体验接待家庭资料等在内的自然体验项目产品进行设计，开展昂赛自然体验项目宣传和 建立“大猫谷”预约网站（https://www.valleyofthecats.org.cn/）。

②2019年3月，昂赛自然体验项目试点通过三江源国家公园管理局审批，获得我国首个国家公园生态体验特许经营试点之一。同年，社区从接待家庭中选出4位管理员，组成合作社管理小组，对自然体验活动的开展进行协调和监督。

③项目于2018年年底开始采取社区集体收益分配制度，在全部收益中，45%为接待家庭所得，45%纳入社区基金，10%用于昂赛乡生态保护工作。

主要影响力

（1）生态环境价值

项目提高了社区居民参与保护的能力；收集自然体验活动过程中所观察的野生动物的数据，有利于对生态系统进行进一步研究分析；通过增加社区收入激励当地人长期参与保护工作，将雪豹等旗舰物种与收益直接联系起来，改变当地人对该物种的态度，提高了保护意识及参与度。

向导与体验者在观测点等待野生动物现身（曾长/摄）

（2）社会经济价值

2018—2020 年年底，昂赛乡共接待了来自世界各地的 133 支自然体验团队，人数共计 408 人次；此外，项目给社区带来超过 136 万元的总收益，其中社区公共基金逾 48 万元。

充分赋权社区，从自然体验路线设计到管理体系的讨论，有效提高了社区的自我组织和管理能力，并提升了解决体验过程中的多样问题的效率。

（3）创新性

项目是国内首批获得国家公园特许经营权的生态体验试点项目之一，完全以当地牧民合作社为主体，山水自然保护中心以及当地政府分别提供技术和经济支持，无外部经济体干扰，所有收益都留在当地社区，真正使当地社区从中获益。同时，与国家公园直接合作，研究国家公园体系下的特许经营权制度。

申报单位简介：杂多县昂赛乡年都村扶贫生态旅游合作社成立于 2017 年，业务范围包括畜产品生产销售、民俗文化宣传、旅游接待、住宿和餐饮服务，目前负责昂赛自然体验项目试点的运营，该项目也是我国首个国家公园生态体验特许经营试点项目。

社区海洋的保护与恢复

申报单位：阿伦海床社区保护协会
保护模式：就地保护行动　法律途径　公众参与　传播倡导　传统知识　生物多样性可持续利用
保护对象：海洋和沿海地区生态系统
地　　点：苏格兰阿伦岛
开始时间：1995年

背景介绍

位于苏格兰西海岸的克莱德湾曾经是欧洲最富饶的“渔场”之一。然而，连续几十年的管理不善和过度捕捞导致了生物多样性的急剧丧失和有鳍鱼类渔业的崩塌。

为了应对这一问题，克莱德湾中部阿伦岛的居民在 1995 年成立了阿伦海底信托社区（Community of Arran Seabed Trust，简称 COAST）。这一家“草根”行动机构动员起当地社区，同时与其他部门建立了牢固的联系，加强海洋管理。项目最初是在阿伦岛当地，随后拓展到整个苏格兰地区进行，为苏格兰地区海洋的健康发展发挥了重要力量。

主要活动

①COAST 推动建立了苏格兰第一个，也是唯一一个社区主导的海洋禁渔区（NTZ），并在为阿伦岛周边更多的海洋保护区制订公众参与计划并改善管理的过程中发挥领导作用。

COAST 在生物和生态信息方面一直有着坚实的基础。多年来，COAST 通过公民科学和学术研究收集的数据是其呼吁建立 NTZ 和海洋保护区以及改进渔业管理措施的关键。经过 13 年的活动，2008 年，建立了面积为 2.67 平方千米的小型保护区，成为苏格兰第一个 NTZ，也是英国仅有的 4 个受到高等级保护的海洋区域之一。

COAST 进一步开展游说，2014 年一个面积更大的海洋保护区（也包含海洋禁渔区）得以在阿伦岛南半部建立。2016 年，COAST 的持续游说行动使南阿伦岛海洋保护区的大部分地区得以免受部分渔业影响。这些渔业管理措施禁止在海洋保护区内进行扇贝捞网捕捞作业，而拖网捕捞（允许针对底栖对虾进行拖网捕捞）仅可在 3 个外部区域进行。此外，管理措施也禁止在 4 个区域内使用被动渔具（包括渔网、捕笼和鱼线）以保护极为脆弱的生境。该地区海底的恢复成效显著，证明了苏格兰海洋保护区加强保护的必要性。

社区为海洋保护区庆祝

②COAST与相关机构合作，开展了有效的科学研究。在英国温带海洋系统中，空间保护（禁止捞网和拖网捕捞的区域）带来的生态变化尚未完全为大众所了解，因为大多数地区缺乏针对海底移动渔具的管控，以及保护措施实施后立即开展并持续进行的针对性研究。COAST在这方面做了尝试，2010—2020年，他们与约克大学合作，研究保护区在鱼类和贝类生命周期的各阶段帮助恢复和保护鱼贝种群的方式，以及禁渔后的生态变化。

COAST还与格拉斯哥大学一个互补研究领域的专家一起研究了海床相对复杂的栖息地环境如何影响不同鱼类的宜居性，包括大西洋鳕鱼、黑线鳕和牙鳕等具有重要商业价值的物种。研究表明，海底景观可能会影响鱼类种群的恢复，提高海洋保护区生态环境的复杂性可能有助于调整长久以来的物种种群数量失衡。

这些项目的成效，有助于对保护区内和其他地区的渔业未来管理进行相关决策，为具有重要商业价值的物种的恢复和可持续管理提供帮助。

③COAST的成功激励了英国乃至更远的其他本地社区自发行动起来，把握近岸海域生态的未来。COAST与FFI联手，建立了一个由社区组成的网络，旨在向COAST学习，效仿其保护当地海洋遗产免受破坏和损害的行动。该网络（沿海社区网络）现有18个活跃的社区团体，都跟随着COAST的脚步。针对海洋问题，COAST不仅在苏格兰，而且在世界范围内也发出受人尊敬的声音，其创始人之一在2015年获得了享有盛誉的“高盛奖”。

主要影响力

（1）生态环境价值

有关数据显示，自2010年以来，阿伦岛的欧洲大扇贝（*Pecten maximus*）种群密度增加了3.7倍。在禁渔区之外面积更大的海洋保护区（允许扇贝采集）内，自2016年禁止扇贝捞网捕捞以来，扇贝密度增加了6倍以上，反映了保护成效和禁渔区内扇贝的“溢出效应”。

龙虾

与扇贝种群数量变化趋势相似，禁渔区的欧洲龙虾（*Homarus gammarus*）种群数量也显著增加，在禁渔区内尺寸长到可进行合法捕捞的龙虾，其渔获率是邻近海域的4倍多，而且禁渔区内龙虾体形更大，产卵量更高。

（2）社会经济价值

①公众教育。COAST建立了一个海洋探索中心，赋予其所在社区和苏格兰其他社区信心和技能来应对自身面临的海洋环境和生计威胁。海洋探索中心将人们与阿伦岛周围和离苏格兰更远的海洋联系起来，日常实施广泛的意识提高计划，包括为居民和岛屿游客举办活动，包括学校团体和阿伦岛户外教育中心团体的考察活动。

COAST 海洋探索中心

②传递声音。COAST 与一系列部门建立了联系，并以前所未有的方式将社区的声音直接传达给规划者和决策者，有助于保护苏格兰海洋环境。作为沿海社区网络的领导者，COAST 帮助其他社区找到了自己的声音，并创建了一个平台协调这些声音，对政策产生真正的影响。

③生计发展。COAST 还致力于确保当地社区能更好地受益于其赖以生存的海洋，通过调动新的生计来源，宣传当地社区在海洋保护区上所取得的成就。

（3）创新性

COAST 的一系列“草根”行动具有开创性，不仅推动建立了苏格兰唯一的禁渔区，还促成了阿伦岛南部海洋保护区的建立，形成了英国首个以社区为主导的海洋保护区有效管理实施模式。

审报单位简介：阿伦海床社区保护协会（COAST）是苏格兰阿伦岛上社区主导的海洋保护慈善机构，成立于 1995 年，目的是当地渔业遭遇灾难、海底拖网捕鱼对海底动物及其栖息地造成不受控制的破坏时，确保对阿伦岛周围海岸和海洋进行更好的保护和管理。COAST 于 2008 年成功地在苏格兰建立了第一个海洋禁渔区（英国第一个由社区主导的海洋禁渔区），并实现了面积 280 平方千米的南阿伦海洋保护区的法定指定。

西印度洋的地方管理海域

申报单位：东非印度洋沿海海洋研究和开发组织
保护模式：就地保护行动　公众参与　传播倡导　政策制定及实施　奖金支持机制　传统知识
保护对象：海洋生物类
地　　点：西印度洋
开始时间：1999年

背景介绍

海洋支撑着人类的许多生计和全球经济活动，随着陆地压力的增大，人们越发意识到这一点。1998 年，受 20 世纪最强暖流的袭击，即厄尔尼诺暖流的袭击，珊瑚白化现象席卷全球，根据国际珊瑚礁学会的统计，全世界至少有 50 个国家的大量珊瑚发生白化现象，珊瑚白化的范围非常广，遍及太平洋、印度洋及大西洋的主要珊瑚礁区。受这一事件的推动，东非印度洋沿海海洋研究和开发组织（CORDIO East Africa，简称 CORDIO）于 1999 年成立，加入了印度洋沿海的保护与治理。

库鲁瓦图社区保护与福利组织（Kuruwitu Conservation and Welfare Community Based Organization，简称 KCWCBO）于 2006 年建立 NTZ 后，社区及周围的海洋生态系统得到了改善。这些改善虽然显著，但过程一直是渐进的，这反映了在推动恢复海洋生态系统时会遇到困难，只有对海洋生态系统恢复进行长期干预，关键工作才能取得切实进展。

参与式研究：使用宽网篮捕捞可促进可持续捕鱼

主要活动

在过去的 15 年里，CORDIO 在肯尼亚渔业部门及其他组织的支持下，成功扩大 KCWCBO 初步建立的 29 公顷 NTZ 面积。CORDIO 注重并支持能力建设，在地方、次国家和国家论坛中建立社区团体多层次网络，采用渔业生态系统方法并将其纳入气候变化应对措施，增强社区的复原力。以此为基础，在周围及其他海域进行了推广，且推广取得了成功，确保了渔业可持续，促进了渔获率控制和珊瑚礁的健康；开展参与性研究，改进捕捞方法，促进可持续性和复原力，并建立知识交流学习网络。

CORDIO 在生物多样性和自然资源管理方面取得的一些主要成果：渔业和旅游业收入增加，部分珊瑚恢复健康；提高了社会经济和社区的韧性；社区利益相关者向股东转变，能在渔业中享有主要资产和更多的经济收益。

成功因素主要是共管立法和渔业政策。政府的支持是必不可少的，在领导和对话的推动下，地方自主权对取得成果和长期成效也是有效的。来自主要资产的可持续收入改善了人民的生计，因此带给社区更大的海洋保护动力。获得倡议可行所需的初始资本投资也至关重要，因为资金不足可能会阻碍这类小规模项目的实施。最后，来自其他社区的外部关注和“旗舰身份”的认可能使项目在非洲小规模渔业领域得以推广。

主要影响力

（1）生态环境价值

①鱼类从禁渔区溢出到捕捞区，总体上改善了鱼类数量，从而改善了社区居民的生计。

②促进了珊瑚礁部分渔业的恢复。

③恢复了保护管理区的生物多样性和珊瑚礁健康，包括周边地区生物多样性。

（2）社会经济价值

①降低了当地对自给性捕捞的依赖。

海岸管理员监测捕鱼

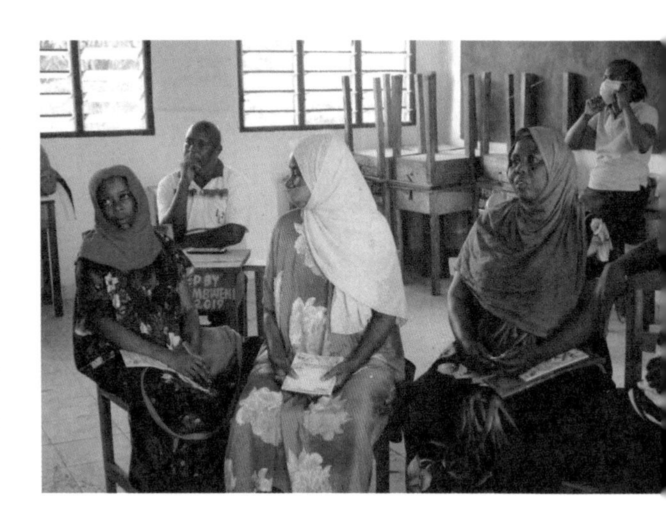
社区妇女团体的宣传和培训活动

②促进了其他沿海地区学习社区海洋资源管理方法，吸引社会组织、政府机构等其他合作者和伙伴了解海洋行动项目。

③增加福利和社区支持项目，为社区提供获得清洁水、教育和卫生设施的机会。

④项目通过替代创收企业和培训增加收入，如鱼类销售/营销以及农业、旅游、本地产品的销售渠道，减轻了海洋资源的压力。

⑤启动了水产养殖和珊瑚修复等相关项目。

⑥挖掘社区贷款计划的潜力，可能包括从企业利润中提取一定比例的红利计划。

⑦推广妇女创收集体的范例。

⑧社区改变对待两性的态度，如在理事会提出两性平等的问题等，产生了深远影响。

（3）创新性

①将管理责任从政府转移到民间社会，改善民主，促进民众参与、进行方式创新，建立了民主的海洋治理体系，使社区能够独立管理、使用海洋和沿海资源。

②提高市场交易中心价值链的机会，如内罗毕附近的小镇，提高可持续捕捞的鱼类买卖价格。

③以基于生态系统的方法，利用四大支柱（生态、经济、社会、治理）创建共管区。

项目单位简介：东非印度洋沿海海洋研究和开发组织成立于 1999 年，是西印度洋的一个区域研究网络，专注于珊瑚礁科学研究，它的成立受到 1998 年全球珊瑚白化事件的推动。该组织于 2003 年在肯尼亚正式成立为非营利组织，在过去的近 20 年中已发展成为东非沿海海洋科研与保护的领先中心。

省级保护林缓冲区贫困社区可持续生计的开发

申报单位：老挝生物多样性协会
保护模式：就地保护行动　公众参与　传统知识
保护对象：森林生态系统　植物类　兽类　两爬类　鸟类
地　　点：老挝
开始时间：2017年

背景介绍

项目地省级保护林位于老挝最北部的丰沙里省。区域内发现香坡垒（*Hopea odorata*）、铁坡垒（*Hopea ferrea*）、大果紫檀（*Pterocarpus macrocarpus*）等 70 余种树。该地区还有几种珍稀（包括濒临灭绝）的动物物种，包括黑熊、野山羊、果子狸、穿山甲等。

保护林所在县下辖 79 个村，10 个民族，约有 8 个村庄、240 户家庭、1 148 名妇女和 1 150 名男子参与项目。

主要活动

老挝生物多样性协会（Laos Biodiversity Association，简称 LBA）以促进森林和野生动物保护为使命，并于 2017 年开展可持续生计开发项目。项目将可持续生计与保护结合，主要通过促进豆蔻生产和竹家具生产这两种形式为项目地社区增加经济收入，降低当地对森林产品的过度依赖，从而达到生态保护的目的。

项目由资助方施世面包（Bread for the World）组织提供技术支持和建议，并与当地政府及社区共同开展。区政府部门派出专家讲解森林法规及种植技术，村民遵守法规，促进项目以有利森林和生态保护的方式实施。

在森林和野生动物保护方面，LBA 支持当地社区制定森林管理规定，如每个村庄的巡护计划、森林恢复策略等。

主要影响力

（1）生态环境价值

项目帮助加强了 23 635.88 公顷高原常绿和半常绿森林的保护；巡护发现了针对在这里栖息的 15 种野生动物的非法盗猎。

（2）社会经济价值

①LBA 在当地推广豆蔻、茶叶和竹子（竹笋）的种植、养护、采收技术，以提高生产力，为当地居民创收。

LBA 与区工商局合作，在试点村庄生产竹家具，作为一区一产品的示范。这种竹制家具在省内销售，并出口到中国市场。LBA 还为 6 个目标村庄的 185 户家庭提供了树苗、种植技术和豆蔻市场准入，使当地家庭收入从每公斤 30 000 基普[①]增加到 50 000 基普，豆蔻平均每年收入为 20 000 000 基普。

LBA 与森林管委会巡护乡村森林保护地

① 1 老挝基普≈0.000 55 元（2022 年 2 月）。

LBA 与乡村森林管理委员会一起巡护森林保护地

②研究具有营养和药用价值的珍稀野生植物和红菇，鼓励人们在自家菜园种植野菜，既保障了野菜的食用安全，又能对其进行保护。

申报单位简介：老挝生物多样性协会（简称 LBA）是一个由环境技术人员和保护者组成的非营利组织，支持国家在保护和发展生物多样性方面的任务，是老挝全国科学与工程协会联盟，老挝林业执法、治理和贸易民间社会组织，老挝社会组织协调委员会/老挝社会组织协调办公室、IUCN、土地信息工作组的成员。迄今为止，LBA 的工作已覆盖 6 000 多人（尤其是生活在老挝偏远地区的少数民族）。

1 亿棵树计划

申报单位：睿勒城市林业技术有限公司
保护模式：公众参与
保护对象：森林生态系统　城市生态系统　高山　干旱半干旱地区
地　　点：吉林省抚松县
开始时间：2021年

背景介绍

为了促进中国甚至全球拥有更清洁、更健康的气候环境，睿勒城市林业技术有限公司（简称 Trella）首先在吉林省启动造林项目，计划将在中国种植 1 亿棵树。Trella 与抚松县林业局合作启动了这个目标远大的项目，之后由 Trella 将项目扩展到其他省份，种植适合当地气候的本地物种。

主要活动

Trella 在造林中努力增加当地森林和种群的多样性。

在混交林中仅使用本地的、能适应当地条件的树种进行植树造林。项目中使用的树苗是本地植物，通过自行育种，用于营造混交林，并根据场地要求种植。场地同时种植针叶树和落叶树，保障土壤生态系统的健康，同时注重根微生物组、菌根多样性和健康，使树种更强壮、健康，更有韧性，从而增加林地碳封存能力。

使用森林管理方法，发展稳定且多样化的林下层，以最大限度地提高森林韧性、碳封存能力和增加物种多样性。物种丰富的森林更健康，因为不同的物种有利于增加更多数量的土壤栖息物种，如菌根可以捕获氮并输送给树木。

在种植前评估项目场地条件，秉承对现有森林的“不破坏”原则，设计良好的人工林修复项目。修复项目中种植的树木均为该地区的原生树木。注重控制种群密度，促进长期生存，使森林在几十年中遵循从先驱物种到晚期演替物种的自然过渡。建立可以自我复制的森林，使森林不会被砍伐，并建立能为传统中医所用的农林业系统。

Trella 泰州超级中心培育川鄂鹅耳枥（*Carpinus henryana*），这样的温室一年可以培育超过 1 000 万株树苗

主要影响力

（1）生态环境价值

通过种植原生树种来支持现有天然林林分。与其他农业系统相比，修复项目场地的土壤生态将更接近天然林的土壤生态，将有更多的物种生活在修复地

的土壤中。多物种的森林会比单一树种人工林吸收更多的碳。

①使用种子种植本地树种。原生树木有利于本地灌木和低矮植物的种群生长，从而为本地昆虫和小动物提供食物。健康的森林促进了物质循环，为吉林南部长白山地区的动物群提供支持，如欧亚猞猁、东北虎和各种类型的熊。

②管理森林的不同演替阶段，原生树木种植在混合林中，中药和其他不同的灌木和杂草生长在林下层。

（2）社会经济价值

①通过科学研究、基层社区参与和各国政府认可，Trella 成功地具备了执行该计划所需的能力，得到各方信任。

②通过创造就业机会、提供培训以及促进生态旅游来支持当地社区和农民。

Trella 认证的育苗基地

2021 年世界地球日，思爱普（中国）有限公司与 Trella 签订协议，协同上海师范大学第二附属中学一起栽种至少 1 000 株中国本土树种

（3）创新性

Trella 使用专用的库存管理系统支持造林修复项目，可评估林地植被生长和碳封存情况。

项目单位简介：睿勒城市林业技术有限公司（Trella）总部位于美国，是一家在中国运营的基于自然制订解决方案的公司，主要提供树木方面的解决方案，以满足中国快速增长的环境保护需求。通过合作关系，Trella 使消费者、企业、教育机构、当地和国际社会组织对自然领域进行投资，旨在增加全球社区的经济、环境和社会效益。

四川平武县：挖掘生物资源 带动生态扶贫

申报单位：中国环境科学研究院
保护模式：就地保护行动 公众参与 传播倡导 政策制定及实施 资金支持机制 生物多样性可持续利用 遗传资源惠益分享
保护对象：森林生态系统 植物类 遗传多样性
地　　点：四川省平武县
开始时间：2014年

背景介绍

平武县地处四川盆地西北部，隶属四川省绵阳市，位于涪江上游，森林资源异常丰富，森林覆盖率 74.58%，位于川滇森林及生物多样性生态功能区内，是长江上游重要的生态屏障区域。平武县生物资源极其丰富，位于岷山—横断山北段生物多样性保护优先区域，是全球 25 个生物多样性最丰富的热点地区之一。县内建有王朗、雪宝顶两个国家级自然保护区和小河沟省级自然保护区及 3 个其他类型自然保护地，受保护区域的总面积达 1 460 平方千米，占全县面积的 24%。全县面积 5 950 平方千米，辖 6 个镇、14 个乡，有汉、藏、羌、回等 20 个民族，总人口 18.6 万人。

平武县曾是秦巴山（秦岭—大巴山）集中连片特困地区，是“5・12”汶川地震极重灾区、少数民族地区、革命老区、边远山区，也曾是国家重点生态功能区“六区合一”的贫困县。由于地处偏远、自然灾害频发、发展滞后等因素叠加，平武县一直面临着基础设施差、产业发展慢、民生保障弱、增收渠道少等特殊困难，是典型的灾害多、条件差、底子薄、欠发达的县。2011 年 7 月，平武县被纳入秦巴山集中连片特困地区扶贫开发重点县。

主要活动

平武县立足自身自然保护区面积占比大的特点，积极创新绿色发展途径，多方合力，与四川西部自然保护基金会（现已更名）、阿里巴巴集团控股有限公司等合作，探索出了生态公益扶贫模式。同时，平武县依托大熊猫优势，拓展品牌，发展出了熊猫蜂蜜等生态产品，提高了农民收入，建设了“天下大熊猫第一县”民俗特色熊猫城，带动了全域旅游业发展，实现了生物多样性保护与绿色发展的双赢，引领当地百姓走上脱贫攻坚的康庄大道。

2018 年 5 月关坝村召开生态扶贫交流会

主要影响力

（1）生态环境价值

在生物多样性保护方面，通过蜜蜂养殖，倒逼除草剂、化肥、化学农药等退出农业生产领域，遏制农村面源污染。以关坝村自然保护小区为例，项目实施后，区内金丝猴、扭角羚等珍稀动物数量明显增加，丰富了物种资源，牛羊等牲畜数量下降了 83%，环境质量、生态功能得到了提升。通过电商平台等互联网时代新技术，项目让公众了解了丰富的平武产品及自然资源，每一个消费者都有机会参与到生态治理和保护工作中，从而提高生态环境的保护成效。生态农业和生态旅游业的发展降低了经济活动对生态环境的干扰。特别是，“平武中蜂+”扶贫模式既能有效利用自然保护地内的自然资源，又能促进自然生态系统中种子植物物种多样性的形成、珍稀植物的保护、生态平衡的维持以及生态系统的恢复。

（2）社会经济价值

平武县连续 6 年在四川省县域经济大会上被表彰为“县域经济先进县”，成功从贫困县转变为绿色发展示范县，人民收入得到大幅度提高。老河沟自然保护中心周边社区 113 户居民参与订单农业，户均增收 7 000 余元。“平武中蜂+”生态产业项目实施后，有效带动原贫困户户均增收 8 000 元、原贫困村集体经济年均增长 1 万余元。配套栽植的 2 万亩草本蜜源作物、4 万亩毛叶山桐子，投产后将为原贫困人口提供稳定的收入来源，促进贫困户可持续增收。在带动农村社区综合发展，帮助原贫困地区实现增收的同时，提升当地整体经济发展水平。全县产业经济实现由粗放型发展转变为资源节约型和环境友好型发展。

（3）创新性

平武县立足其独特的生物资源优势，重点探索生物多样性保护与减贫双赢模式，走出了一条“不挖山、不砍树、能致富”的生态环保扶贫之路。一是协调自然保护区建设与经济发展，集合多方力量形成利益连接机制，推进生态扶贫工作。依托国内科研机构开展生态价值评估，借助互联网巨头，拓展销售渠道。二是充分发挥特色农业资源优势，发展“原生原种”生态信息农业，打造特色农业产业，走出了一条山区农业增产、农民增收、农村繁荣的特色农业发展新路子。三是结合大熊猫保护，打造全域生态旅游减贫新格局。

平武县在“绿色打底、生态先行”发展思路的指导下，统筹推进生态保护与经济发展，依托生态与文化优势，通过打造生态农业、生态旅游产业，实现了生物多样性保护、经济发展、脱贫攻坚等多项目标。

申报单位简介：中国环境科学研究院隶属生态环境部，围绕可持续发展战略，开展具有创新性、基础性的重大环境保护科学研究，致力于为国家经济社会发展和环境决策提供具有战略性、前瞻性和全局性的科技支撑，服务于经济社会发展中重大环境问题的工程技术与咨询需要，在可持续发展和环境保护事业中发挥了重要作用。

千岛鲁能胜地生物多样性保护与可持续利用

申报单位：中国绿发投资集团有限公司旗下杭州千岛湖全域旅游有限公司
保护模式：生物多样性可持续利用
保护对象：淡水生态系统与湿地生态系统
地　　点：浙江省淳安县
开始时间：2018年

背景介绍

淳安县作为浙江省“绿水青山就是金山银山”实践基地与首创生态特区，旨在立足淳安特色，做强生态功能，着力通过深绿产业发展与升级实现秀水富民、共同富裕总体目标。淳安县域内山地众多、水域开阔、自然环境优美，拥有举办自行车、马拉松等赛事的传统“基因”，杭州 2022 年第 19 届亚运会淳安亚运分村位于金山坪区块千岛鲁能胜地内，有望以亚运赛事为契机打造国际休闲度假旅游目的地，助推西南湖区旅游产业转型升级。

项目基地位于界首列岛。整体呈指状延伸至湖中，湖岛相间、港湾错综、岸线曲折，岛屿纵横的独特空间肌理，包括山林、山湾、岛链、内湖、半岛等多种空间要素，景观环境资源极佳；区域内水质优良，达到国家 I 类地表水水质标准；区域内原生植被生长较好，经济果林种类较为丰富，土质为红砂土，酸性较强，容易风化，存在部分裸露地，须进行一定程度的生态复育；基地内日常可观测到的动植物种类仍较丰富，尤以鸟类、鱼类为重。

主要活动

以中国科学院动物研究所、保护地友好体系课题组的生态调查咨询报告为依循，按照“保护优先、生态开发”原则，在充分评估生态承载力的基础上进行修复式绿色开发，以“共生—联接—共享”的方式建立生态“乌有乡”，提出种子计划、色彩计划、生态互联计划、海绵计划、生境统建计划、动物恢复与保育计划、生态运营计划七大生态提升计划，从景观复育、水系管理、生物多样性保护、生态运营等多个维度，对基地内生态资源进行系统优化与可持续利用，打造生态修复展示基地、自然教育实践基地等，以寓教于学的方式践行绿色发展理念。

①种子计划：选种本地优势植物种子或幼苗，引入新的灌木品种，进行斑块化混合式种植，在未来几年内，生态系统自发培养出使自身趋于平衡的能力。

②色彩计划：对区域内不同空间进行划分，观赏性及参与性强的区域利用植物等景观材料赋予不同主色彩，提高本区域在千岛湖地区的景观性及识别性。

③生态互联计划：在不打扰动物的前提下，设立与生物通道结合的慢行通道（慢行道、绿桥、绿廊等），使人走进自然，自然向社区渗透，共建人与自然共生大生态。

基地自然

生物多样性调查

④海绵计划：在自然山体与冲沟形成的垂直生境中，引入生物滞留、雨水花园、湿地等生态措施，增大雨水入渗量，消减雨水径流污染负荷。

⑤生境统建计划：实施山体生态开发策略，冲沟生态开发策略，水体、驳岸生态开发策略，逐步恢复植被、森林、湿地。

⑥动物恢复与保育计划：开展鸟类保育、鱼类保护和昆虫类保护，使项目地成为动植物和鸟类的天堂。

⑦生态运营计划：建设生态修复展示基地、自然教育实践基地、生态生产实践基地、生态文化体验中心、生态社区体验区，满足不同群体的参与体验需求。

主要影响力

（1）生态环境价值

千岛鲁能胜地项目陆域与水域面积各 6 300 亩，保留西南湖区界首群岛相对完整的生态价值体系。千岛湖是华东地区至为重要的战略水源地，为华东区域提供了优质饮用水保障、为全国乃至世界人民提供重要的休闲旅游目的地和有机鱼来源。项目基地位于《中国生物多样性保护战略与行动计划》（2011—2030 年）生物多样性保护优先区的第 25 区（黄山—怀玉山区）范围内，具有重要生

湖岛资源

态保护价值；区域内水域是候鸟重要的栖息地，目前鸟类记录有179种；同时是浙江省重要的淡水鱼基地，记录有114种鱼类资源，昆虫资源也较丰富。区域内国家二级野生保护动物黑耳鸢（*Milvus migrans*）极为常见。

（2）社会经济价值

千岛鲁能胜地项目作为淳安县投资规模最大的文旅项目，承接着2022年淳安亚运分村建设与赛事保障双重重任。其绿色可持续的生态开发实践经验将为淳安、长江三角洲乃至全国类似项目开发提供经验借鉴，具有极强的案例典型性与推广性；其在生物多样性调查与保护、山水林田湖草沙生态系统治理与生态资源可持续利用等方面的实践方法与措施，可由点及面进行县域范围的推广，帮助地方开发商与居民提高生物多样性保护与可持续利用、创新发展路径的意识与能力，守护好千岛湖的“绿水青山”，转化好淳安百姓的“金山银山”。

（3）创新性

结合项目基地内湖岛相间、岛屿纵横的独特空间肌理及原生动植物资源分布情况，设置主要动植物观察站点，以此为基点进行特色湖岛游线串联，辅以自然研学教育课程，使有心参与者通过自然观察、轻自然探索，在原生态环境中发现自然奥秘，领悟生命的意义与价值。

申报单位简介：中国绿发投资集团有限公司是以绿色发展为主线，以绿色能源、幸福产业、绿色地产及国家鼓励的战略性新兴产业为主要发展方向的股权多元化中央企业。旗下杭州千岛湖全域旅游有限公司，本着生态为基、绿色发展的原则，从事千岛鲁能胜地文旅项目开发、建设与运营的工作，致力于开发长江三角洲生态文旅标杆项目。

内蒙古盛乐国际生态示范区林业碳汇项目

申报单位：中国绿色碳汇基金会
保护模式：就地保护行动
保护对象：森林生态系统　草原生态系统　干旱半干旱地区　植物类　兽类　鸟类
地　　点：内蒙古自治区和林格尔县
开始时间：2010年

背景介绍

和林格尔县位于内蒙古自治区中部，地形地貌多样，山、丘、川兼备，是内蒙古高原和黄土高原的过渡地带。气候属于干旱半干旱大陆性季风气候，多年平均降水量为392.8毫米。这里正好位于中国的农牧交错带上，而中国北方的农牧交错带，正是近50年来中国荒漠化进程最为严重的区域。现有水土流失面积1 053平方千米，占全县总土地面积的30.7%，水土流失程度5 000～10 000吨/平方千米；沙化土地面积396平方千米，占全县总土地面积的11.5%；风沙土面积290平方千米，占全县总土地面积的8.4%。另外，人们生产生活对水资源的需求不断扩大，而地下水位不断下降，水资源短缺问题愈加突出。在不断加剧的开发压力下，这些生态问题仍有继续恶化的趋势。前车之鉴提醒我们，必须修复发展给环境带来的创伤，逐步建立稳定的生态安全格局，缓解和解决目前的主要生态矛盾和问题，我们才有可能让这里永续发展。

主要活动

项目由内蒙古老牛慈善基金会、原内蒙古自治区林业厅、大自然保护协会

（TNC）、中国绿色碳汇基金会于 2010 年在内蒙古自治区和林格尔县启动，这是我国在干旱半干旱地区第一个成功开发的林业碳汇项目。

项目结合气候目标，示范乔、灌、草综合修复与管理技术，带动社区发展，吸引社会资源共同参与生态修复，共同巩固修复成果。项目规划区域地处内蒙古高原和黄土高原的过渡地带，是中国“两屏三带”北方防沙带，既属于呼包鄂榆国家重点开发区域，又是生态脆弱区。碳汇造林项目区的面积为2 191.21公顷。在项目实施30年的计入期内将实现减排量20万吨。

项目 2013 年成功在《联合国气候变化框架公约》执行理事会注册，同年获得“气候、社区和生物多样性标准（CCBS）的金牌认证。2015 年项目获得由民政部颁发的“中华慈善奖最具影响力慈善项目奖”，2016 年入选 UNDP“解决方案数据库”优秀案例。

主要影响力

（1）生态环境价值

探索出了干旱半干旱区适应气候变化的生态修复与保护规划方法。该方法引入生态区评估方法，考虑未来气候变化情景，通过对重要生态系统服务功能和重要生态系统、物种进行评估，确定评估区生态修复与保护优先区域，并根据重要生态功能、关键生态系统以及生态系统现状叠加分析，确定生态修复与保护的优先区域与修复目标。

项目试验示范了多种生态修复模式，包括采用多种乡土、适生树种造林，以及进行生态沟壑治理，使原本坡陡沟深、植被盖度低、岩石裸露、水土流失严重的区域植被得到了显著修复，恢复了当地植被生态系统和水文形态，保障了生态安全、用水安全和来之不易的生态修复成果。

内蒙古盛乐国际生态示范区林业碳汇项目沟壑修复改造前（左图）后（右图）对比

内蒙古盛乐国际生态示范区林业碳汇项目生态修复效果展示

结合气候变化情景分析及优先恢复区域规划，项目对当地的适生树种进行了科学设计规划，致力于恢复草、灌、乔相结合的森林生态系统。通过干旱半干旱区的森林生态系统修复和重建过程，项目可以吸收大气中至少 20 万吨的二氧化碳，为减缓全球气候变化影响做出贡献，同时能够大幅度提高区域范围内的生态系统稳定性，提高适应气候变化的能力。

项目区域位于西鄂尔多斯—贺兰山—阴山生物多样性保护优先区东缘，与太行山生物多样性保护优先区毗邻，项目实施可以有效地促进生态系统的连通性，在生态系统修复过程中，逐步连通重要的生物多样性保护优先区。与此同时，保护和修复稳定的森林、草原、湿地生态系统，为众多物种提供了潜在的栖息地。通过生物多样性系统监测，野生动植物的种群和数量有显著恢复。项

项目地内改造前的沟壑（左图）与改造后的沟壑（右图）

目开始时项目地植被种类不足 30 种，截至 2014 年，各样地植被种类已达 77 种。而以前在项目地逐渐消失的狐狸、獾等兽类，斑翅山鹑（*Perdix dauurica*）、环颈雉（*Phasianus colchicus*）、阿穆尔隼（*Falco amurensis*）、凤头百灵（*Galerida cristata*）等鸟类又重新出现在项目地中。

（2）社会经济价值

①对社区发展的带动效益。项目在设计之初以及实施过程中充分考虑了当地社区的发展需求。项目采取“自主、自愿”的原则吸引当地社区参与到生态修复与保护中。单就碳汇造林项目而言，项目预计将使当地社区居民人均年净收入较 2011 年相比平均增加 160.7 美元，创造出 114.1 万余个工日的临时就业机会，以及 18 个长期工作岗位。到目前为止，本项目使 4 个乡镇、13 个行政村的 2 690 个农户受益，受益人口达到一万余人。而管护期通过林下养殖、旱作农业、可持续放牧管理及合作社等形式与社区共同探索可持续的“生态扶贫”模式，一年来已使合作社部分农户户均增收 8 890 元。

②对社会资源的吸引效益。随着项目的推进，越来越多的社会力量正通过不同方式积极参与到项目地的生态修复与发展中。除政府的大力支持外，不同的社会资源，如科研院所、社会组织、企业，还有项目地的社区居民都以不同形式参与进来，共同维护和巩固生态修复成果。

申报单位简介：中国绿色碳汇基金会是经国务院批准，于 2010 年 7 月 19 日在民政部注册成立的我国首家以增汇减排、应对气候变化为主要目标的全国性公募基金会，同时也是经民政部认定具有公开募捐资格的慈善组织。业务主管单位是自然资源部，现为国家林业和草原局直属单位。2013 年和 2019 年先后被民政部评定为 4A 级（AAAA）基金会；2015 年成为 IUCN 成员单位。

第九篇

遗传资源惠益分享

金沙江流域纳西族社区生物多样性与传统生态文化保护利用

申报单位：南宁市绿种扶贫服务中心
保护模式：就地保护行动　生物多样性可持续利用　遗传资源惠益分享　传统知识
保护对象：遗传多样性
地　　点：云南省丽江市玉龙纳西族自治县石头城村及其周边村庄
开始时间：2014年

背景介绍

位于青藏高原和云贵高原交会处的滇西北地区地形复杂、气候多样，这里是世界上生物多样性和民族文化多样性最丰富的地区之一。2013 年丽江市玉龙纳西族自治县石头城村及周边村庄开展的农业生物多样性基线调研结果显示，1980—2012 年，当地的传统农作物数量呈逐年下降趋势，农家种逐渐减少，欠缺多样性的作物品种使石头城村的农业生产和农户生计深受影响，周边的其他村落也面临着同样的问题。

主要活动

2014 年初，在中国科学院昆明植物研究所、广西农业科学院、云南农业大学和南宁市绿种扶贫服务中心的帮助下，石头城村从农家种子保护利用入手，开展本土传统生态文化挖掘和社区综合整治，成立了以妇女为主体的选育种团队，并鼓励更多年轻人返乡参与种子选育和生产，组建了种子银行，利用种子田、参与式选育种、种子资源登记等方式可增加可利用的种子多样性。这一工作逐渐扩展至同流域的吾木村、拉伯村和油米村等，还利用“金沙江流域纳西山地社区网络”平台，传播传统生态文化和纳西族东巴文化，共同分享农业生物多样性保护、可持续利用方面的经验。

石头城村保种育种的老人和妇女骨干

主要影响力

（1）生态环境价值

金沙江流域丽江段长 615 千米，流域面积 2 万多平方千米，这一区域生态系统非常脆弱，河谷区地质构造复杂，水土流失严重，农业生产受气候影响较大。南宁市绿种扶贫服务中心、联合国环境规划署国际生态系统管理伙伴计划、中国科学院昆明植物研究所、云南农业大学等多家科研机构/院校和社会组织，联合当地在金沙江上游地区开展行动，激发了 4 个村落在农业生物多样性保护与利用、传统知识保育传承及社区综合发展工作的内生动力，社区种子银行、参与式选育种、东巴文化记录与传承等多个领域的工作，使当地生态逐步向好，农业生产得到恢复。

石头城村的社区种子银行

石头城村金沙江河谷和梯田

（2）社会经济价值

①金沙江流域的传统农耕系统，是纳西族可持续利用自然、实现生物多样性保护的智慧结晶，是环境和生计可持续发展的优良体现。

②从农业生物多样性和农家种子保护和利用切入，逐步建立包含本土传统的生态文化，促进社区综合发展，助力增强村民的文化自信和集体行动意识。

③纳西族传统的农耕文化挖掘和传承，多元群体的合作与模式创新，进一步促进了当地生物多样性保护和可持续利用。

（3）创新性

①实践活动将传统文化与现代科技结合，农业专家和村民合力发挥了互补作用。

②项目重视村民保护与利用农业生物多样性与传统生态文化的内生动力，村民们在科研机构的支持下建立交流平台，农耕文化多样性和农耕传统得以赓续。

申报单位简介：南宁市绿种扶贫服务中心创立于 2018 年，基于中国科学院农业政策研究中心行动项目的参与式选择育种工作成果而成立，以参与式发展和行动研究为指导原则，鼓励农村社区和公共科研机构合作开展农家种的保护、利用与创新，开展农业生物多样性、传统知识与可持续食物系统的行动研究与多元创新，促进城乡社区可持续发展。

中国生态小农联盟卧龙项目

申报单位：深圳市盐田区老土乡村生态文化服务社
保护模式：就地保护行动　公众参与　传播倡导　传统知识　教育创新
保护对象：生态系统多样性　森林生态系统　农田生态系统
地　　点：四川省卧龙国家级自然保护区
开始时间：2018年

背景介绍

卧龙国家级自然保护区是 50 多种兽类、300 多种鸟类和 4 000 多种植物的乐园，同时也是藏族、羌族、回族、汉族居民世代生活的家园。区内 90%以上的居民过着传统的农耕和放牧生活。

得益于得天独厚的自然资源和名声响彻海内外的大熊猫品牌，每年都有大量的生态游客造访该保护区，但是当地居民对资源的认知度不够，几乎没有参与高端、高生态产值的机会，只能提供廉价的住宿、餐饮等基础服务。生态收益不高、机会不多，村民参与保护的积极性也不大。为此，从 2018 年起，深圳市盐田区老土乡村生态文化服务社（简称老土）走进卧龙国家级自然保护区，实施了中国生态小农联盟卧龙项目。

主要活动

项目立足卧龙国家级自然保护区，将环境、文化、教育、经济以跨界多元的方式全面结合，呼吁更多民众参与生物多样性保护。项目扶持卧龙国家级自然保护区周边社区农户进行有机生态农业尝试，以音乐采风为主的文化项目提高了本地的文化影响力以及生态旅游、农旅资源优势，引入国内外优质资源实现多元的消费需求。编撰乡土教材，培养本地孩子的文化自信和认同感，使他们了解参与生物多样性保护工作的重要性。

老土牵头开展生物多样性和社区文化多样性倡导，与艺术家和人类学家合作在卧龙甘海子即兴音乐创作和演奏

2018 年 9 月起，项目以分享会和田野调研的方式走入卧龙国家级自然保护区，探索因地制宜设计生态农业的实践和推广方式的可能路径。同时，以社会企业模式运营的大山课等产品线，让村民获得更直接的收益。2019 年起，项目组深入卧龙社区，和基层政府工作人员一起走村入户考察当地农业发展、传统农作物、病虫害、农产品市场走向等方面的问题，完善现有官方报告和调研内容，对传统特色作物、老品种进行梳理，与农业专家交流意见，制订了卧龙生态农业发展方案。

2017 年起，老土带领青少年参与“大山里的公开课”，深入卧龙国家级自然保护区开展口述史、孵化社区发展公益项目等沉浸式教育体验

主要影响力

（1）生态环境价值

项目通过生态农业转型及环境教育等方式实现两大生态环境价值。首先，生态农业转型实现了从根本上改善当地农业对生态环境的影响。项目邀请农业专家与村民面对面解决遇到的农业技术问题，提供以生态有机方式解决病虫害等多方面的技术指导，并建立卧龙农业交流线上社群，持续提供农业机械、有机农药等支持。其次，生态农业转型提升当地经济效益，帮助当地居民认可案例的目标；同时，老土通过社群、工作坊、乡村教材等形式，帮助当地居民，尤其是年轻人更加了解当地生态的重要性，使更多人参与生态环境保护。

（2）社会经济价值

产生的影响包括卧龙国家级自然保护区、四川雪宝顶国家级自然保护区、

老土联合德国有机农业协会，带领当地居民进行农业有机化转型

三江源国家公园、祁连山国家级自然保护区周边近3 000名社区居民、50名当地环保组织和农民合作社成员，为四川卧龙国家级自然保护区管理局、四川雪宝顶国家级自然保护区管理局、大熊猫国家公园等政府部门提供了国家公园建设、乡村振兴、脱贫攻坚、教育创新等政策咨询。开发近10个乡村社区可持续发展项目，动员近200名城市青少年直接参与解决野生动物保护、垃圾处理、生态农业、乡村教育、留守儿童和老人、传统文化保育等乡村社会环境问题。项目通过与城市青年、乡村社区居民共创的多媒体文化展览、社区音乐会、生态农产品市集等活动影响近2 000名线上参与的城市居民。

（3）创新性

生态保护、文化传承与经济发展的矛盾，是当地面临的最重要问题。老土设计了一套融合文化发展与绿色经济发展的系统。充分调研当地状况后，不照搬西方模式和经验，因地制宜地进行理念更新，发起成立了中国生态小农联盟，走一条中国特色的探索之路。

有机农业集社会、经济、生态效益为一体，正是实现保护与发展平衡的有效手段，老土在卧龙镇全面赋能乡村，改变公益圈在解决生态农业、农村可持续发展和扶贫方面的问题中脱离主流的做法，让更多的农民真正有意愿地发展有机农业，并参与生物多样性保护的工作。

申报单位简介：深圳市盐田区老土乡村生态文化服务社是一家旨在引领绿色生活方式、为中国甚至世界提供创新可持续发展方式的社会企业。服务社讲述中国农村的故事，发挥乡村本地社区力量，致力于实现城乡平等对话、促进农村可持续发展。

三江源冬虫夏草自然资源可持续利用探索——青海省曲麻莱县团结村的实践

申报单位：北京富群社会服务中心
保护模式：就地保护行动　公众参与　传播倡导　政策制定及实施　生物多样性可持续利用　传统知识
保护对象：生态系统多样性　草原生态系统
地　　点：青海省玉树藏族自治州曲麻莱县巴干乡
开始时间：2016年

背景介绍

玉树藏族自治州曲麻莱县巴干乡地处“中华水塔”三江源地区，是全球高原生物多样性热点地区、我国主要水源地和全国生态安全重要屏障、青藏高原特有珍稀物种冬虫夏草（*Ophiocordyceps sinensis*）（又称虫草）产区之一。

近20年来，虫草的过度采挖方式已对高寒草甸生态系统造成破坏，虫草数量明显下降，团结村牧民家庭平均收入的75%以上来自虫草产业，一旦虫草资源枯竭，牧民未来生计将受到严重影响。

大量外来人员的采挖活动，严重威胁野生动物及其栖息地的安全，不可降解塑料垃圾剧增，垃圾露天焚烧和随意弃入河流的行为直接影响村民健康，危害水体和水质安全，牧民的牲畜也经常受到伤害。

主要活动

从2016年起，北京富群社会服务中心（简称富群）以与当地居民切身利益密切相关的虫草自然资源为切入点，与政府构建起以社区为基础的自然保护和可持续发展模式。

科学采挖虫草入户宣传

①与中国科学院地理科学与资源研究所徐明研究团队合作，在当地开展了参与式虫草自然资源可持续利用调研，对虫草采挖方式和采挖工具进行改进，以降低它们对植被和土壤的扰动，研究成果以书面报告的形式提交当地政府。链接社区牧民参与支持地方政府管理虫草基地；建立社区、政府和专家团队的三方沟通合作监督和激励机制。

②研讨虫草可持续发展与牧民替代生计，推动社区完善虫草管理制度、推进科学采挖；利用管理制度，限制外来采挖人员。

③建立社区保护地，制定保护制度，整合巡护队伍；开展科学采挖宣传教育，培养本地环境保护领袖、带动社区行动；组织编写了生动形象的汉藏双语虫草科普知识和科学采挖手册及挂图；组织师生野外捡拾塑料垃圾、编排虫草主题生态环保剧，带动社区参与。

④开发可持续的替代生计，帮助当地发展生态体验产业，减少牧民对虫草资源的过分依赖。

主要影响力

（1）生态环境价值

自2017年起，减少了30%的外来采挖人员数量，保护了24万亩草山；2019年，高达94%的牧民能将垃圾回收至指定收集点，遗留垃圾现象大为减少；牧民携带非一次性餐具和非包装食品的比例增加了10%以上；通过民众自发的垃

虫草采挖季草山垃圾收集

圾捡拾活动，两年回收垃圾 1 500 吨，牧民参与保护工作的比例增至 92%；推动社区建立巡护队伍，联合巡护；牧民参与虫草基地科研。

（2）社会经济价值

村民对虫草的认识提高，科学采挖实践逐渐增多；富群带领社区共同探索可持续替代生计，降低当地牧民对虫草的依赖；扶持当地社区建立可持续的藏糖生产和销售机制；培养生态体验接待带头人，梳理生态体验路线；引入外部资源，帮助当地社区改善生态体验接待方式；支持社区建立 150 平方米蔬菜种植大棚，进行蔬菜种植培训，社区实现蔬菜自给自足并支持生态体验餐饮；提高、增加妇女和青年参与社会事务的能力、机会，促进社区公平。案例被联合国教科文组织名录遗产地可持续旅游教席评选为优秀案例，累计阅读量超过 4 万人次。

申报单位简介：北京富群社会服务中心是致力于推动以社区为基础的自然保护和环境改善的公益机构，坚持以参与式学习和社区共管的方式，增强当地人参与自然保护的积极性，加强当地自然保护和促进社区发展，最终实现“人与自然和谐，保护和发展平衡”的美好愿景。中心的主要活动领域包括生态扶贫、学校和乡村生态环境教育、自然保护与社区可持续发展等，惠及 10 多所学校、24 个村子。

自然堂种草喜马拉雅

申报单位：伽蓝（集团）股份有限公司
保护模式：就地保护行动　公众参与　传播倡导　资金支持机制　技术创新　生物多样性可持续利用
保护对象：森林生态系统　草原生态系统　高山　干旱半干旱地区　植物类　种质资源
地　　点：西藏自治区日喀则市
开始时间：2017年

背景介绍

源自喜马拉雅山脉的自然主义品牌自然堂是伽蓝（集团）股份有限公司（简称伽蓝集团）旗下的核心品牌。秉承“取之自然，回馈自然”的品牌公益初心，自然堂将保护生态环境作为重要的企业社会责任。自然堂种草喜马拉雅公益活动持续开展 5 年，使 366 万平方米荒漠土地变成了绿洲，对促进地区可持续发展起到了积极作用，受到了社会各界的关注和肯定。

自 2009 年以来，伽蓝集团研发中心围绕喜马拉雅地区的水、植物、微生物、矿物、色彩、气息等进行可持续科学研究。截至 2021 年，已经调查和研究了喜马拉雅地区 836 种天然产物、524 株新菌种，建立了 6 种药用植物组织培养体系，建立了喜马拉雅地区资源的信息数据库，为保护性开发喜马拉雅地区资源、开展地区生物多样性保护提供了科学参考。

主要活动

2017年，自然堂喜马拉雅环保公益基金通过人工植草的方式助力西藏地区

自然堂公益草场标识

沙化土地治理和荒漠化防治，在西藏自治区环境保护厅的指导下，自然堂喜马拉雅环保公益基金的首个项目在西藏自治区日喀则市亚东县落地。截至2021年8月，自然堂喜马拉雅环保公益基金累计捐款2 000万元，支持在西藏自治区日喀则市亚东县、南木林县、拉孜县等地种植366万平方米绿麦草。除此之外，自然堂还在当地陆续开展植物多样性保护、产业扶贫等公益项目，助力地区发展。

主要影响力

（1）生态环境价值

①助力荒漠土地治理。开展人工种草，将366万平方米荒漠土地恢复成绿草地，起到防风固沙、涵养水源的作用，部分沙化区得到修复。

②促进耕地面积增大。2019 年项目在南木林县艾玛乡东部种植的 100 万平方米绿麦草，给土地带来显著的绿肥效果。绿麦草收割后改种土豆，草地成功

转变为耕地，提高了土地经济效益。

③为当地开展生态治理提供资金支持。

④运用生物发酵工程和植物组织培养等创新手段，对泛喜马拉雅地区珍贵资源进行保护性、可持续开发研究。

（2）社会经济价值

“生态+扶贫”效益：转移支付增加牧民收入；设备免费发放减轻农户开支；党建扶贫助力脱贫攻坚。

自然堂公益草场

以环保公益为起点，自然堂与当地合作，助力地区民生改善、经济发展。主要影响和效益：培育现代农业，促进旅游业的发展，助力鲁朗国际小镇的发展，每年举办喜马拉雅越野跑等活动；提升当地百姓生活品质，定期开展美丽课堂，宣传美丽健康生活理念。

（3）创新性

①项目兼顾社会和企业需求。项目选择在环保领域开展公益行动，聚焦喜马拉雅地区生态保护，既符合当地社会发展需求，也契合“自然堂”品牌内涵。

②公益战略具有系统规划和制度保障。

③公益传播注重品牌塑造。项目通过直播、短视频以及实地探访的形式，结合明星公益合伙人的影响力，提高公益项目的声量。

申报单位简介：伽蓝（集团）股份有限公司，是一家聚焦化妆品、个人护理品与美容功能食品产业，规模和实力领先的中国化妆品集团企业。公司坚持数字化驱动的生物科技美妆企业发展，努力树立世界顶尖科技与东方美学艺术完美结合的企业形象，在研发、制造、零售、服务、运营、形象各方面全面科技化发展。

承认原住居民权利，有效保护国家公园生物多样性重点区域

申报单位：非木材林产物组织
保护模式：就地保护行动　公众参与　遗传资源惠益分享　传统知识
保护对象：森林生态系统　植物类　兽类　两爬类　其他
地　　点：柬埔寨
开始时间：2007年

背景介绍

安纳米特山脉位于柬埔寨、老挝和越南三国交界处，是东南亚最大的完整森林地块之一，25 年来该地区的森林遭受了持续地掠夺，包括非法采伐、偷猎、野生动物贩运。项目地暹邦（Veun Sai Siem Pang）国家公园中栖息着 10 多种极危物种、250 种哺乳动物、爬行动物、两栖动物和鸟类。

主要活动

非木材林产物（Non-Timber Forest Product，简称 NTFP）组织在柬埔寨东北部，通过调动社区参与和开展环保培训来保护暹邦国家公园。其战略是通过让原住居民参与森林资源管理来改善暹邦国家公园的脆弱环境。项目建立两个社区保护区并与当地社区合作，获得了对暹邦国家公园社区保护的官方认可，进一步减少非法林业活动，并保护暹邦国家公园森林中的长臂猿种群。

项目促成暹邦国家公园于 2016 年正式落成，公园由 84.3%的常绿林、13%的落叶林和广阔的高地草原组成。创建了两个社区保护区（CPA）。

NTFP 组织确定了暹邦国家公园内和缓冲区内 5 个原住居民村庄的精神森林圣地。该公园 75%的面积由 5 个村的巡护员管理。

NTFP 组织在5个项目社区内成立了社区护林员小组，阻止偷猎者和非法伐木者的违法行动，护林员负责清除猎套并对违法行为进行处罚。项目还关注北黄颊长臂猿（*Nomascus annamensis*）及其栖息地，运用以社区为主体的森林监测技术、法律法规、设备（如 GPS 和地图）和基于 SMART 数据收集方法，通过每月一次的社区巡逻工作对长臂猿和受威胁物种的数量进行评估。

主要影响力

（1）生态环境价值

暹邦国家公园内的两个 CPA。这两个 CPA 于 2019 年 2 月获得了环境部的正式认可。公园恢复了 3 000 多公顷的茂密森林，使野生动物栖息地得到保护。

（2）社会经济价值

在整个项目规划、设计和实施的过程中，NTFP 组织始终坚持自由、事先和知情同意的指导原则。通过与社区和利益相关者合作，当地居民积极参与项目，社区在自然资源使用和保护的决策中发挥了积极作用。

项目还为基础组织和社区护林员团队提供了 10 个岗位，培训了大约 300 名社区管理员、药用林种植人员和兽医；建立了 5 个“水牛银行”，当地家庭养鸡、养猪、种植蔬菜的收入分别增长了 50%、20%和 47%；安装水井 24 口，为近 2 800 人提供安全用水，建设社区建筑 4 栋，改善当地家庭生活条件。

（3）创新性

①成立社区护林员小组，在阻止偷猎者和非法伐木者的违法行动中发挥了作用。②与环境部门建立了紧密的合作关系。通过合作，政府认定社区管理员为保护的重要参与者。③项目划定的两个 CPA，承认原住居民的权利并增强他们的责任感，当地社区人员开始维护自己的权利，驱逐资源掠夺者。④社区护林员主动把销售药材的收入的一部分用于资助未来的巡逻行动，继续对当地环境进行保护。

申报单位简介：非木材林产物（NTFP）组织成立于 1996 年，选择在本国东北部最原始的原住居民区域工作。NTFP 认为，生物多样性危机的解决方案必须由当地人来推动实施。

第十篇 传统知识

年保玉则生物多样性保护的在地行动

申报单位：年保玉则生态环境保护协会

保护模式：就地保护行动　公众参与　传播倡导　技术创新　生物多样性可持续利用　传统知识

保护对象：物种多样性　植物类　兽类　两爬类　鸟类

地　　点：青海省年保玉则

开始时间：2007年

背景介绍

位于青藏高原东部边缘的年保玉则分布着珍稀的野生动植物物种，其中包括国家一级保护野生动物雪豹、国家二级保护野生动物水獭、青藏高原特有物种藏鹀（*Emberiza koslowi*），以及全世界仅在年保玉则才有分布的久治绿绒蒿（*Meconopsis barbiseta*）。

主要活动

多年来，年保玉则生态环境保护协会（简称“年措”）带领当地牧民调查和监测年保玉则 2 000 多平方千米范围内的野生动植物种、湿地、河流、湖泊、冰川和雪山的分布和变化。调查显示：各种栖息地至少有 620 种植物、300 种真菌、42 种兽类、180 种鸟类、220 种昆虫、9 种两栖类、1 种爬行类、5 种鱼类。

年措与寺院、学校和保护机构合作，每年为本地的学生和百姓开展有针对性的自然教育活动。活动包括每年夏天带领白玉乡的小学生参加“花儿的孩子”

年措举办“花儿的孩子”自然教育活动

活动，邀请自然保护专家开设讲座，举办科学家和僧人的论坛向外界传播自然保护理念等。

年措与熟悉藏族传统文化的僧人和学者合作，组织收集和整理自然保护相关的传统文化，编著生物文化多样性的百科全书《青藏高原山水文化（年保玉则志）》。

年措培训当地牧民使用摄像机，拍摄记录正在发生的环境变化。目前已经制作完成近 50 部纪录片，包括《藏鸦》《我的高山兀鹫》等。促进了公众对藏区自然保护理念的了解，也让当地百姓更加积极地参与保护家乡的“神山圣湖”。

在年措的支持下，年保玉则及其周边地区已经孵化出 20 多个自然保护小组，如乡村之眼小组、黑颈鹤仙女小组、久治绿绒蒿保护小组等。年措为这些保护小组提供能力建设培训，帮助提高专业保护能力，同时获得更多外界的支持和帮助。

主要影响力

（1）生态环境价值

①年措在年保玉则当地记录了1 408种野生动物、植物和真菌并参考科学命名方法为超过700个物种命名了藏文名称，均收录于国家《汉藏英常用新词语词典》中。

年措成员在野外对真菌进行考察记录

②15平方千米的藏鹀保护区内至今已有近50只藏鹀，形成稳定的种群；位于玛柯河森林的白马鸡保护小区建成后，白马鸡数量从34只恢复至超过230只；与社区百姓和科学家合作开展了近50个保护项目，包括“果洛州藏鹀分布及繁殖状况的调查与保护”等项目，涵盖物种与生态系统调查、自然教育、保护能力建设、生计发展等领域。

（2）社会经济价值

藏鹀及其保护项目的研究成果等在国内权威期刊《动物学杂志》上发表。

年措拍摄的纪录片获得国内外的各种奖项，并在主流媒体上传播。

编著大量专著与手册，如《雪豹：高原的精灵》《论垃圾》《藏区旅游不可不知的 200 事》《青藏高原山水文化（年保玉则志）》《三江源生物多样性手册》等。

主办了“年保玉则论生态：传统与现代的对话”论坛等专家学者论坛。

年措获得 2011 年“福特汽车环保奖”“SEE-TNC 生态奖”，云之南纪录摄影展“社区影像奖”，第四届“我决定民生爱的力量——ME 公益创新资助计划”5 万元资助，2019 年第三届“迈向生态文明　向环保先锋致敬”环保公益资助计划 50 万元项目资金等。

（3）创新性

年措注重生物多样性方面的工作也注重文化多样性的相关工作，注重发掘藏区文化维系人与自然和谐共存的相关知识，并将这些知识运用到保护工作、出版等一系列工作中。例如，与当地 23 个寺院合作，确立藏鹀为年保玉则“神鸟”。

年措的工作不仅尊重传统，也结合科学知识，促进了当地社群的知识更新，并积极与外界机构密切合作，开展动植物监测研究等一系列研究，促进本土与外界保护价值观、工作方法与知识的平等对话。这也为许多当地人提供获得培训、生态岗位，以及进行巡护监测的机会。

申报单位简介：年保玉则生态环境保护协会于 2007 年 12 月在久治县民政局注册成立，会员以当地僧人和牧民为主。协会带领社区成员监测野生动物的活动以及野生植物、雪山和冰川的变化，面向当地学生和普通群众开展环境教育活动，以影像、文字等方式记录年保玉则周边地区生态环境变化和传统文化的变迁，实现传统文化和现代科学的结合。

甘加草原生态系统整合保护

申报单位：夏河达尔杰旅游文化发展有限公司
保护模式：就地保护行动　公众参与　传播倡导　生物多样性可持续利用　传统知识
保护对象：草原生态系统
地　　点：甘肃省夏河县甘加草原
开始时间：2016年

背景介绍

甘加草原位于甘肃省夏河县，面积约800平方千米，人口约0.8万人，多为藏族，畜牧业为主要收入来源产业。甘加草原位于青藏高原与黄土高原边界，平均海拔超过3 000米，生物多样性丰富，是雪豹、黑颈鹤等多种珍稀物种的栖息地，也是少数保留四季轮牧与共用草场传统草原治理方式的地区，基于此，形成人、草、畜共生的耦合系统，面对气候变化等不确定性影响有较强的适应能力，与生物多样性形成良好的互动关系。

甘加草原本土治理之游牧转场

项目的保护对象为甘加草原生态系统和大鵟（*Buteo hemilasius*）等野生动物。环保团队在工作中意识到，当地环境问题的源头在于现代化进程中人们的生活方式和对自然的态度迅速改变，但未形成适应改变的新观念。这导致人们只关注自然资源的工具价值，发展出一味追求便利与发展的失衡氛围和行为，引发草原生物多样性与传统生态文化的衰退，对气候、市场等变化的适应性与韧性降低，对草原生态系统的恢复和保护造成负面影响。

草原猛禽大鵟保护自然教育

主要活动

基于以上问题，团队确定了解决问题的方式：

①恢复当地社区在长期生产生活实践中形成的基于本土生态知识、注重整体平衡的传统草原治理活力。

②以对“鼠害”等生态问题有很好的调节作用、常见却未被重视的大鵟为旗舰物种，开展基于社区的保护行动。

③结合高原生物多样性与本地牧民羊毛手作进行绿色创收，提升牧民生计并降低草场压力，增强文化自豪感与保护意识。

环保团队邀请专家开展了以下活动：

牧民制作高原动物羊毛毡手工艺品“卓贝罗罗”

①对牧民进行社区访谈和野外调查培训，由牧民全面收集草原本土知识和猛禽生存状况信息，并整理并编写草原治理论文与猛禽保护手册，与政府、学者等交流分享，共同商定猛禽保护计划。

②对牧民进行影像记录培训，由牧民拍摄本土草原治理与猛禽调查保护视频并在线上线下同步传播，让牧民重新关注并改善草原治理方式。与当地村庄、学校合作开展猛禽观察与知识传播活动，建立“保护猛禽就是保护草原”的认知。

③结合当地动物自然文化特点设计羊毛手工艺品，对社区进行手工艺培训。组建线上管

理团队，销售动物羊毛毡产品，实现绿色创收，促进生物多样性可持续利用。

主要影响力

（1）生态环境价值

项目通过基于本土生态知识的草原整体治理、以大鵟为旗舰物种的社区保护、借助动物羊毛毡产品的生物多样性可持续利用，可以有效恢复并保护当地湿地、山地、草原、湖泊等多种生态系统，以及对草原生态有很好调节作用的大鵟、雪豹、荒漠猫、黑颈鹤、兔狲（*Felis manul*）、黑鹳（*Ciconia nigra*）等伞护种，从而促进当地生物多样性的保护与可持续利用，并加强更大尺度上的生态系统的功能性与连通性。

（2）社会经济价值

①社区参与保护的方法有效推动社区成为保护的治理主体，提高 300 名牧民的保护意识和文化认同，使其主动加强草场治理并保护野生动物。让 23 位牧民（其中有 13 位女性）以手工艺方式参与保护，减轻草原压力，促进可持续发展。

②梳理了甘加 13 个部落村的草原治理本土知识与猛禽生存现状信息，编写草原治理《科学》论文与猛禽手册，连接社区与政府、学者交流，改变学界对“甘肃只是大鵟迁徙地”的看法，形成基于共识的保护计划，进行多次生物多样性可持续利用分享。

③草原保护行动被中国西藏网等多家媒体报道，文章阅读量超过 10 万多人次，线下生态游学中的影像播放，其观看人数 500 人。售出 3 000 多个手工艺品，为社区带来 14 万元收入，月最高收入超当地人均净收入的一半。

（3）创新性

项目赋能社区参与保护，结合传统与科学的方法进行信息收集，多方交流促进不同体系知识的碰撞，打通了民间与决策者在保护认知与行动方面的壁垒，恢复了本土草原治理方式的活力，为基于社区的保护模式创造了更多空间。

申报单位简介：夏河达尔杰旅游文化发展有限公司位于甘肃省甘南藏族自治州夏河县，是一家提供生产高原动物羊毛毡手工艺品、开展生态文化游学等服务、具有草原特色的文旅社会企业。公司是由当地环保组织善觉甘加环保志愿者团队基于当地情境组织成立的，以可持续发展为核心价值观。

黄河源区域自然圣境生物多样性的保护

申报单位：青海省原上草自然保护中心
保护模式：就地保护行动　公众参与　生物多样性可持续利用　传统知识
保护对象：草原生态系统　淡水生态系统与湿地生态系统　兽类　其他
地　　点：黄河源（三江源之一）区域
开始时间：2016年

背景介绍

青海省原上草自然保护中心（简称原上草）将“文化景观保护地”即“自然圣境”的保护理念带入青海黄河源头。基于机构核心工作成员的教育背景，原上草从科学生态监测和传统生态文化两个维度切入，依托世代生活在此区域的藏族牧民所建立的文化体系，通过科学研究、公众倡导、社区赋能等工作，最终达到保护和维护黄河源自然生态系统中的动植物和生态服务功能的目的。

青藏高原因其特殊的地理位置，一直是监测全球生态平衡的重要地区。原上草不仅关注青藏高原的生态地位特殊性，同时也在保护实践中，将这个地区独特的文化纳入社区保护行动中，试图以原生文化为纽带，建立起人与自然环境、人与野生动物、人与人之间的和谐共生的关系。

主要活动

①通过公众教育、社区赋能，培养了 5 个本地环保社区。以共同实施或独立实施等工作方式，持续多年开展了雪豹种群监测工作，填补了黄河源区域旗舰物种本底调查的空白，并与国内科研机构一起对区域内种群进行花纹及 DNA

培训社区物种监测人员

个体识别，细致地掌握该区域雪豹种群及其伴生物种的相关信息。从 2019 年开始，原上草开始关注另一种高原濒危野生动物——马麝，在社区摸底物种种群的纵向变化情况，对儿童、青少年开展相关自然教育，加深他们对物种的了解，培训村民对马麝进行不定期预防盗猎巡护，拆除大量盗猎铁丝网套，推动社区向物种保护社区的方向转型。

②结合本地居民的文化体系，提炼信仰文化中与生态保护相关的部分，激发本地居民对生态保护的主观能动性，并使这种能动性的持续化。2018—2019年开展了黄河源“神山”及水源调查，摸清了区域内的“自然圣境”分布状况及水网情况；从2019年起，村民自主策划，已开展两届年度水源保护日活动，每年不定期自发组织“神山圣湖”的垃圾清理活动，连续4年监测阿尼玛卿冰川退缩情况，开展“自然圣境”植物物种调查等。

招募全国志愿者体验黄河源生态文化，了解和传播“自然圣境”的保护模式

主要影响力

（1）生态环境价值

项目在青藏高原黄河源生态敏感区域内关注传统文化对一个完整生态系统平衡具有保护作用，用自然科学和社会科学的手段双管齐下，有效缓解了人与自然的冲突。物种监测和公众教育让当地人能够更友善地对待野生动物，甚至自发地开展保护行动，将“人兽冲突”向“人兽共生”转变；挖掘当地居民的传统智慧，将文化中的“山水”与现实中的山水对应，激发本地居民对自然环境的保护热情；维护牧民及其传统生产生活方式是这片区域维持生态平衡的一个因素，避免人与自然二元对立；倡导牧民改变消费观念及消费模式，向低碳和环境友好型消费模式转变，减轻了环境压力，更好地保护当地生物多样性。

（2）社会经济价值

项目完全提炼和应用本地居民最熟悉的本土文化，在日常生产生活、宗教活动中融入环境保护行动。群众通过与环保或商业机构合作开展自然体验活动并获得生计补充。

项目中的雪豹监测保护等活动被中央电视台等媒体报道，产生了较大的社会反响。2020年年底召开了三江源“自然圣境”文化研讨会，参会的国内著名学者肯定了“自然圣境”保护模式的成效，收获良好口碑。

牧民监测到雪豹进食鹿的过程（旦增尖措/摄）

（3）创新性

①项目执行团队的成员为本地本民族的知识分子，均拥有相关专业硕士及以上学位，对本土文化非常熟悉，能够将相关文化要素进行提炼和“翻译”，成为文化的桥梁，让外部的人也能够避免掉入生涩的概念中，更容易理解相关文化内核与架构。

②将区域内生活的“人”考虑到所要维持的生态“平衡”中，让人与生态不再是二元对立的关系。项目通过社区工作等，充分发挥“人”维持生态平衡和保护物种多样性的主观能动性。

③将人文社科纳入保护物种多样性的思考以及实践范畴。不再仅仅由外来自然科学团队作为监测或保护的主力，尝试以本土文化为出发点，自然科考结合人文研究，让本地居民获得更多的话语权，从而多维度进行生物多样性监测及保护。

“自然圣境”保护模式适宜在原生本地居民（包括少数民族）聚居，并且传统文化仍然发挥社会作用的区域采用，我国生物多样性保护效果显著的地区往往与这些区域有高度重合。

申报单位简介：青海省原上草自然保护中心成立于 2016 年 8 月 19 日，在青海省民政厅注册，致力于在科学研究和地方传统文化的基础上，充分考虑当地人的需求，与各方合作伙伴一起选择可持续的方法保护青藏高原生物多样性和文化多元性，最终实现人类社会与自然生态系统的可持续共存与和谐发展。

中华水源地保护计划

申报单位：青海省三江源生态环境保护协会
保护模式：就地保护行动　公众参与　传播倡导　资金支持机制　生物多样性可持续利用　传统知识
保护对象：草原生态系统　淡水生态系统
地　　点：青藏高原
开始时间：2001年

背景介绍

青藏高原孕育了黄河、长江和澜沧江等著名河流，这些大江大河是中国乃至亚洲几十亿人民的生命之源。三江源区域河流密布，湖泊、沼泽众多，雪山冰川广布，是世界上海拔最高、面积最大、湿地类型最丰富的地区，三江源的水资源影响亚洲近 21 亿人的淡水资源。受气候变化、垃圾污染等原因影响，三江源地区出现严重的冰川和湿地退缩、水源干枯、土地沙化荒漠化、水土流失等问题，生态安全面临严重威胁，可持续的水源保护迫在眉睫。

主要活动

青海省三江源生态环境保护协会（简称三江源协会）实施当地游牧乡村社区水源地综合保护方案，以调研分析、社区参与讨论、建立水资源共管机制、设立水保护基金、开发生态服务型社区经济和开展社区共同体创新教育为综合保护方案的内容，涵盖监测收集、公众参与、生计发展、社区教育各方面，进行综合度高、参与度高、可持续性高的水源地保护。

村民在进行水源地垃圾清理

（1）进行社区水自然资源综合调研

自2016年以来，三江源协会在黄河、长江、澜沧江的源头调查水源地，共计调查了10 000个水源头，收集到了6 670个水源信息，是迄今为止三江源地区唯一一次大规模水源调查。经调研发现，940多个水源、30个小湖泊干枯，雪山厚度下降6米，雪线上升72米，共收集120个水源故事。水源保护参与人数2 330人次，水源信息收集人数超40人。

（2）以社区为主体的方式进行水资源保护

在三江源地区的 8 个社区设立了 60 多个水资源公益保护小区，并建立自然资源共同管理委员会。在 5 个社区设立了水保护基金，资金总额约 50 万元，社区成员共同承诺将基金的收益用于每年定期清理水源地垃圾行动，每年清理面积约 28.5 万亩水源地上的 460 吨垃圾。

（3）兼顾发展和保护进行可持续水源保护

对水源地社区进行水保护文化教育、水质监测培训，利用水源保护的文化恢复方式共恢复了 48 个重要水源；进行生态旅游、手工艺主题培训，在遵循生态保护的基础上，将传递当地水保护文化，进行水资源保护成果展示，发展旅游业和开发手工艺品，提升当地社区的生计。

主要影响力

（1）生态环境价值

中华水源地保护计划的综合保护方案，已经守护了三江源地区 28.5 万亩的水源地。以水源保护为切入，实则保持了青藏高原整个高山草地生态系统的良好运作，保护了青藏高原类型丰富的物种栖息地。

专家和当地村民进行水质监测

（2）社会经济价值

中华水源地保护计划的综合保护方案项目，其实施过程吸引了众多相关方的参与，包括政府、社会组织、科研机构等，对参与人员了解水源地有重要的启发作用。后期建设的亚洲水档案馆，已经接待近千人参观。水源地的保护方案中最突出的特点是始终以人为本，以社区为主体，强调当地牧民的公众参与，以提高他们的能力和增强文化自信为主要目标，在当地产生了极大的积极作用。

（3）创新性

①理念上的创新：体现在采取综合保护的方案，而不仅仅聚焦单一的水资源问题，将与水资源保护相关的文化、发展、教育、传播问题都纳入保护方案，从社区的整体全面发展出发，保障社区人员的利益，养成创造积极保护水源的态度和条件。

②方法上的创新：体现在三江源协会融合现代科学和传统文化两种方式，相辅相成，尊重本地文化和传统知识，提高当地人保护水源的能力和积极性。

申报单位简介：青海省三江源生态环境保护协会于 2001 年成立，2008 年成为省级社会环保组织。自成立以来，协会以青藏高原的生态哲学思想和优秀生态文化为依托，围绕“人的培养，水的保护，社区的可持续发展”主题，携手政府及社会各界人士，开展了一系列工作，致力于保护三江源地区生态环境和恢复有利于生态环境保护的游牧生活方式，推动三江源地区的生态保护与社区可持续发展，加强国内外社会各界对青藏高原环境与发展问题的关注。

国家公园周边生态保护和社区发展

申报单位：缅甸环境研究所
保护模式：就地保护行动　公众参与　传统知识
保护对象：森林生态系统　植物类　兽类　两爬类　鸟类
地　　点：缅甸
开始时间：2017年

背景介绍

项目区位于缅甸实皆省的一处国家公园外围保护林区中，为国家公园的潜在缓冲区。该国家公园是缅甸的关键生物多样性区之一，拥有丰富的植物群，估计有 1 720 种植物，拥有丰富的野生动物种群，包括云豹（*Neofelis nebulosa*）、爪哇野牛（*Bos javanicus*）、水鹿（*Cervus unicolor*）、苏门答腊鬣羚（*Naemorhedus sumatraensis*）、贡山羚牛（*Budorcas taxicolor*）、赤麂（*Muntiacus muntjak*）、野生大象（亚洲象）、老虎、黑熊、印度野牛、野猪、豺、多种灵长类动物和大量鸟类。

该国家公园存在的已知威胁包括栖息地丧失和野味狩猎、药材采收和宠物买卖。同时，居住在周边地带（潜在缓冲区）及附近的村民以农业（特别是以豆类种植为）主，部分村民通过采伐森林资源谋生。

主要活动

项目覆盖邻近国家公园的 5 个村级社区。项目采用社区保护特许协议（CCCA）模式，社区将通过保护生态系统和生物多样性获得收益。CCCA 模式

培训社区居民开展森林调研

由全球环境研究所引入缅甸，旨在推动社区保护主流化，开发可持续的替代生计，消除缅甸多样化生态系统面临的主要威胁。项目为生猪生产、豆类种植提供了生计方面的支持，投资养猪业，开展技术培训和支持，同时向社区提供节能炉灶。

主要影响力 |

（1）生态环境价值

社区保护地面积共900公顷，项目在生态系统和生物多样性保护方面开展社区巡护和监测。通过野生动物和植物监测、智能巡护、保护意识讲习和研讨会培训，社区获得了有效的保护技能，保护了受威胁的18种极危、濒危、易危、近危动植物。

项目通过社区和保护区的种植活动，减少了非法采伐、走私和偷猎行为，社区和地方政府签订协议，改善了缓冲林区内的森林状况，恢复了生态系统和生物多样性。

（2）社会经济价值

社区保护以村民自愿参与为主。社区表示自愿参与后，便成立村发展委员会。然而，在实施的不同阶段，需要更广泛的社区居民参与其中。参与式资源评估期间可确定此过程所需的大部分社会和自然资源使用信息。

5 个目标村中至少有 2 000 名女性和 2 000 名男性直接受益于农业、养猪和养蜂业改善。项目为 5 个目标村级社区都提供了豆类种植和养猪贷款支持。邀请农业和兽医专家进行技术培训，并定期访问和监测，以控制农业病虫害和猪瘟；为两个村级社区提供了 75 套太阳能电池板，向 5 个社区赠送了 300 个节能灶。5 个社区均从项目的农业改善、养猪和其他支持中享受到直接的效益。5 个村级社区的 5 所学校得到了教育支持。村里所有人都从项目中受益。

社区护林员小组在社区保护地里监测

社区护林员巡护森林

（3）创新性

根据项目报告，缅甸环境研究所（Myanmar Environment Institute，简称 MEI）和其他 3 个当地社会组织向缅甸中央政府提交了保护缅甸森林、生物多样性和其他重要生态系统的政策建议。

根据 MEI 和其他 3 个当地社会组织试点的 CCCA 模式，至少修订了一项国家或部门级别的政府政策，以更好地整合社区保护。林业部门讨论了至少一项政府政策，将尝试在 MEI 及其他 3 个当地社会组织示范的 CCCA 模式的基础上，将社区保护纳入其常态化工作范围。

申报单位简介：缅甸环境研究所（MEI）致力于环境保护、社会保障和气候变化减缓和适应的工作。MEI 的使命是识别和分析人为和自然的环境问题，并评估这些问题的风险，研究解决这些问题的替代和解决方案。MEI 的大部分成员曾是或仍是地理学、经济学、植物学、动物学、生态学和工程学领域的学者。MEI 旨在与国际组织合作，加强环境保护、实现可持续发展。